普通高等教育土建学科专业"十一五"规划教材
全国高职高专教育土建类专业教学指导委员会规划推荐教材

工程制图（第二版）

（供热通风与空调工程技术专业适用）

本教材编审委员会组织编写

尚久明　主编

中国建筑工业出版社

图书在版编目（CIP）数据

工程制图（含习题集）/尚久明主编. —2版. —北京：
中国建筑工业出版社，2009（2022.6重印）
普通高等教育土建学科专业"十一五"规划教材. 全国
高职高专教育土建类专业教学指导委员会规划推荐教材
ISBN 978-7-112-11626-3

Ⅰ. 工… Ⅱ. 尚… Ⅲ. 工程制图-高等学校：技
术学校-教材 Ⅳ. TB23

中国版本图书馆CIP数据核字（2005）第215130号

普通高等教育土建学科专业"十一五"规划教材
全国高职高专教育土建类专业教学指导委员会规划推荐教材

工 程 制 图（第二版）

（供热通风与空调工程技术专业适用）
本教材编审委员会组织编写
尚久明 主编

*

中国建筑工业出版社出版、发行（北京西郊百万庄）
各地新华书店、建筑书店经销
霸州市顺浩图文科技发展有限公司制版
北京圣夫亚美印刷有限公司印刷

*

开本：787×1092毫米 1/16 印张：21½ 字数：438千字
2010年1月第二版 2022年6月第十四次印刷
定价：**36.00**元（含习题集）
ISBN 978-7-112-11626-3
（18869）

版权所有 翻印必究
如有印装质量问题，可寄本社退换
（邮政编码 100037）

本书是在第一版的基础上，充分考虑读者意见、广泛征求相关专家建议后进行了修订。

本书保留了第一版的格式及风格，对内容进行了优化处理，充实了新的内容。

第一章～第七章是基础部分，内容分别为制图的基本知识；点、直线、平面的投影；立体的投影；轴测投影；剖面和断面；展开图；工程管道的表示方法。

第八章、第九章、第十章是工程图部分，内容分别为房屋建筑工程图；给水排水工程图；暖通空调工程施工图。

各章后附有思考题与习题。

本书还附有具一定难度的给水排水施工图、采暖施工图实例供读者参考。

本书配有《工程制图习题集》，可供教学和学生练习使用。

本书内容精练，通俗易懂，插图精美，语言简明扼要、叙述规范、层次分明。

本书为高职高专供热通风与空调技术专业教材。也可作为土建类其他专业制图选用教材，同时可作为生产一线工程技术人员参考书。

* * *

责任编辑：齐庆梅　朱首明

责任校对：袁艳玲　陈晶晶

本教材编审委员会名单

主　任：贺俊杰
副主任：刘春泽　张　健
委　员：陈思仿　范柳先　孙景芝　刘　玲　蔡可键
　　　　蒋志良　贾永康　王青山　余　宁　白　桦
　　　　杨　婉　吴耀伟　王　丽　马志彪　刘成毅
　　　　程广振　丁春静　胡伯书　尚久明　于　英
　　　　崔吉福

前　言

本书是普通高等教育土建学科专业"十一五"规划教材及全国高职高专教育土建类专业教学指导委员会规划推荐教材。

本书是在第一版的基础上，并充分考虑读者意见、广泛征求相关专家建议重建本课程。

本书保留了第一版的格式及风格，对内容进行了优化处理，充实了新的内容。

修订的主要内容如下：

1. 在每章增加了学习目标、知识重点、本章小结，使本书结构更合理，对教学起到引领作用，学生学习也有的放矢。

2. 增加了"手工制图工具使用及平面几何图形的绘制"等内容，以满足学生手工制图的需要；

3. 在第三章中增加了"平面与立体相交及两立体相贯"内容，使得本章的内容衔接得更好；

4. 对原来内容的不佳之处进行了完善，对插图作了精细处理。

5. 对附录的排版进行了改动，使读者用起来很方便。

本书配有《工程制图习题集》，可供教学和学生练习使用。

本书内容精练，通俗易懂，插图精美，语言简明扼要、叙述规范、层次分明。

本书为高职高专供热通风与空调技术专业教材。

本书也可作为建筑类其他专业制图选用教材，同时可作为生产一线工程技术人员参考书。

本次修订工作，由尚久明完成。

本书编写过程中参考了一些书籍，在此向有关编著者表示衷心的感谢。

由于编者水平有限，教材中如有疏漏和差错之处，诚望读者提出批评意见。

第一版前言

本书是全国高职高专教育土建类专业教学指导委员会规划推荐教材，适用于供热通风与空调工程技术专业。

本书是根据该专业的培养目标中，毕业学生懂设计、能施工、会管理等总体要求，及在高等职业供热通风与空调技术专业《工程制图》课程教学大纲的基础上，按照国家颁布的现行有关制图标准、规范和规定的要求编写的。

本书从高等职业教育供热通风与空调工程技术专业的教学特点出发，体现了投影理论与制图实践相结合的原则。遵循制图的基本规律，投影原理及制图投影理论与专业制图有机衔接。

本书配套有《工程制图习题集》，以加强实践性教学环节。同时供读者有目的地练习、巩固所学的知识。

本书在教材体系和教学内容上，力求简明扼要、通俗易懂。其中点、直线、平面的投影以及投影作图部分"以够用为度"，对识图与绘图的基本方法力求分析清楚。

本书还介绍了工程管道双、单线图，为专业绘图、识图奠定了基础。本书后列有具一定难度的附录A给排水施工图、附录B采暖施工图，可使学生在教师指导下对识图能力进行强化训练。

本书可作为高职高专供热通风与空调工程技术专业教材，也可作为建筑类计算机专业制图的选用教材，同时可作为生产一线工程技术人员参考书。

本书由沈阳建筑大学职业技术学院尚久明任主编、内蒙古建筑职业技术学院张敏黎任副主编、新疆建设职业技术学院王芳主审。参加编写工作有：沈阳建筑大学职业技术学院尚久明（绪论、第一章、第六章、第七章、第十章、附录A、附录B），内蒙古建筑职业技术学院张敏黎（第八章、第九章），广东建设职业技术学院徐宁（第二章），内蒙古建筑职业技术学院曾艳（第三章），徐州建筑职业技术学院王晓燕（第四章、第五章）。

本书编写过程中参考了一些书籍，在此向有关编著者表示衷心的感谢。

由于编者水平有限，教材中如有疏漏和差错之处，诚望读者提出批评意见。

目 录

绪论 ··· 1
第一章 制图的基本知识 ·· 3
第一节 图纸 ··· 3
第二节 图线 ··· 6
第三节 比例 ··· 7
第四节 尺寸标注 ·· 8
第五节 手工制图工具使用及平面图形的绘制 ············ 10
思考题与习题 ·· 13
第二章 点、直线、平面的投影 ································ 14
第一节 投影的基本知识 ··· 14
第二节 点的投影 ·· 19
第三节 直线的投影 ··· 23
第四节 平面的投影分析 ·· 34
思考题与习题 ·· 50
第三章 立体的投影 ··· 51
第一节 平面立体的投影图及尺寸标注 ······················ 51
第二节 曲面立体的投影图及尺寸标注 ······················ 53
第三节 平面与立体相交及两立体相贯 ······················ 57
第四节 组合体的作图及尺寸标注 ····························· 60
第五节 组合体投影图的识读 ···································· 64
思考题与习题 ·· 68
第四章 轴测投影 ··· 69
第一节 轴测投影的基本知识 ···································· 70
第二节 正等测图 ·· 72
第三节 正面斜等轴测图 ·· 77
思考题与习题 ·· 80
第五章 剖面和断面 ··· 81
第一节 基本概念 ·· 81
第二节 剖面图的分类 ··· 84
第三节 断面图与剖面图的区别 ································ 87
第四节 断面图的分类和画法 ···································· 88
思考题与习题 ·· 89
第六章 展开图 ··· 90

第一节　平面体表面的展开 …………………………………………… 90
　　　第二节　可展曲面体表面的展开 ………………………………………… 93
　　　第三节　过渡体表面的展开 ……………………………………………… 98
　　　思考题与习题 ……………………………………………………………… 100
第七章　工程管道的表示方法 …………………………………………………… 101
　　　第一节　管道、阀门单、双线图的画法 ………………………………… 101
　　　第二节　管道剖面图的画法 ……………………………………………… 106
　　　第三节　管道轴测图的画法 ……………………………………………… 109
　　　思考题与习题 ……………………………………………………………… 110
第八章　房屋建筑工程图 ………………………………………………………… 111
　　　第一节　概述 ……………………………………………………………… 111
　　　第二节　房屋建筑的组成 ………………………………………………… 111
　　　第三节　房屋建筑图的分类及特点 ……………………………………… 113
　　　第四节　首页图与建筑总平面图 ………………………………………… 117
　　　第五节　建筑平面图 ……………………………………………………… 122
　　　第六节　建筑立面图 ……………………………………………………… 133
　　　第七节　建筑剖面图 ……………………………………………………… 137
　　　第八节　建筑详图 ………………………………………………………… 139
　　　思考题与习题 ……………………………………………………………… 144
第九章　给水排水工程图 ………………………………………………………… 145
　　　第一节　概述 ……………………………………………………………… 145
　　　第二节　室内给水工程图 ………………………………………………… 148
　　　第三节　建筑内部排水工程图 …………………………………………… 154
　　　第四节　室外管网平面布置图 …………………………………………… 158
　　　思考题与习题 ……………………………………………………………… 163
第十章　暖通空调工程施工图 …………………………………………………… 165
　　　第一节　暖通空调工程施工图的有关规定 ……………………………… 165
　　　第二节　采暖施工图 ……………………………………………………… 169
　　　第三节　通风施工图 ……………………………………………………… 190
　　　第四节　空调施工图 ……………………………………………………… 193
　　　思考题与习题 ……………………………………………………………… 197
附录A　给水排水施工图 ………………………………………………………… 198
附录B　采暖施工图 ……………………………………………………………… 205
参考文献 …………………………………………………………………………… 216

绪　论

一、工程制图的发展概况

工程制图同其他学科一样，是人们在长期的生产实践活动中创造、总结和发展起来的。

我国是世界上文化发达很早的国家，在工程制图方面有很多成就。古代劳动人民根据建筑方面的需要，在营造技术上早已使用了类似现在所采用的正投影或轴测投影原理来绘制图样。在河北省平山县一座古墓（公元前 4 世纪战国时期中山王墓）中发掘的建筑平面图，不仅采用了接近于现在人们所采用的正投影原理绘图，而且还以当时中国尺寸长度为单位，选用 1∶500 的缩小比例，并注有尺寸。这是世界上目前罕见的、古代早期名副其实的图样。又如宋代李诫所著的《营造法式》（公元 1097 年奉旨编修，1100 年成书，1103 年刊行）中，也有大量类似的图例。这说明我国在工程技术上使用的图样已有悠久的历史和传统。

1795 年法国数学家加斯帕拉·蒙日，创造了按多面正投影法绘制工程图并发表了《画法几何》著作，使制图的投影理论和方法系统化，为制图奠定了理论基础。

解放前我国各个方面都很落后，工程制图方面也是如此，那时工程制图没有国家的统一标准。解放后 50 多年中，各方面有了突飞猛进的发展。为了适应生产、建设的需要我国颁布了涉及各领域工程制图的国家标准，促进了生产、建设的发展。目前建筑业采用的国家制图标准是《房屋建筑制图统一标准》（GB/T 50001—2001）、《总图制图标准》（GB/T 50103—2001）、《建筑制图标准》（GB/T 50104—2001）、《建筑结构制图标准》（GB/T 50105—2001）、《给水排水制图标准》（GB/T 50106—2001）、《暖通空调制图标准》（GB/T 50114—2001）。

随着科学技术的不断发展，工程制图技术有了长足进展，尤其是近年来微机技术的普及和应用。现已很难见到用丁字尺、图板、铅笔等制图的方法，而改用了速度快、质量好的微机绘图的方法，更进一步促进了制图技术的新发展。

二、本课程的地位、性质和任务

在建筑工程的施工中，都必须有设计图纸，所以工程图样被誉为工程师的语言，是表达、交流思想的重要工具和工程技术部门的一项重要技术文件，也是指导生产、施工管理等必不可少的技术资料。根据需要在供热通风与空调技术专业设置了"工程制图"这门主干技术基础课。这门课程研究绘制和阅读工程图样的理论和方法。学习这门课程，目的是培养学生的图示、图解、读图能力和空间思维能力，领会工程制图标准，掌握供热通风与空调专业工程图的识图方法与绘图技能，为学习专业课及其他课程打下良好的基础。并应在后继课程、生产实习、课程设计和毕业设计中继续培养和提高，使学生毕业后走向工作岗位时真正具有工程师读图和绘图方面的能力。

三、本课程的内容与要求

本课程包括制图的基本知识、正投影原理和投影图、专业图等。主要内容与要求是：

（1）通过学习制图的基本知识，应熟悉并遵守国家制图标准的基本规定，掌握一定的读图和绘图规律。

（2）通过学习正投影原理和投影图，应掌握用正投影法表示空间形体的基本理论与方法，具有阅读与绘制形体投影图的能力。达到能阅读较复杂形体投影图的能力，能根据制图标准、有关规定、投影原理正确绘制中等复杂投影图的技能。

（3）通过学习专业图，应熟悉有关专业图的内容和图示特点，包括专业制图有关标准的图示特点和表达方法；熟练掌握阅读、绘制与本专业相关工程图样的方法；能根据专业需要正确阅读和绘制较复杂的通风与空调专业工程图。

（4）在有条件的情况下，可通过微机，来训练学生的绘图能力。

四、本课程的学习方法

本课程具有很强的实践性，因此，必须加强实践性教学环节，作业练习是本课程教学过程中不可缺少的一个重要环节，要保证认真地完成一定数量的作业和习题，只有多读、多画，才能提高空间思维能力、掌握阅读和绘制工程图的技能。

在学习制图时，必须严肃认真、一丝不苟，千万不能马虎。一点、一线、一字、一个符号都要仔细推敲，真正领会其含义。要知道，图中或读图时很小的一点差错，可能给工程建设带来巨大的损失。所以教与学任务都是很重的。

在学习制图时，要多查阅参考资料，以补充读图量少、图涉及面窄的不足；要多向他人请教，尤其不懂的地方更是如此。

第一章 制图的基本知识

【学习目标】 了解国家制图标准；理解国家制图标准的重要作用，遵守国家标准的重要意义；掌握几种常见平面图形的画法。

【知识重点】 国家制图标准中的图纸、图线、字体、比例、尺寸标注等有关规定；手工制图工具及几种常见平面图形的画法。

为了统一房屋建筑制图规则，保证制图质量，提高制图效率，做到图面清晰、简明，符合设计、施工、存档的要求，适应工程建设的需要，国家制订了《房屋建筑制图统一标准》(GB/T 50001—2001)、《总图制图标准》(GB/T 50103—2001)、《建筑制图标准》(GB/T 50104—2001)、《建筑结构制图标准》(GB/T 50105—2001)、《给水排水制图标准》(GB/T 50106—2001) 和《暖通空调制图标准》(GB/T 50114—2001) 等国家标准。

标准是建筑制图的基本规定，适用于总图、建筑、结构、给水排水、暖通空调、电气等各专业制图。

标准适用于下列制图方式绘制的图样：
(1) 手工制图；
(2) 计算机制图。

标准适用于各专业的下列工程制图：
(1) 新建、改建、扩建工程的各阶段设计图、竣工图；
(2) 原有建筑物、构筑物和总平面的实测图；
(3) 通用设计图、标准设计图。

第一节 图　　纸

一、图纸幅面

(1) 图纸幅面及图框尺寸，应符合表 1-1 的规定及图 1-1～图 1-3 的格式。

幅面及图框尺寸 (mm)　　　　　表 1-1

尺寸代号＼幅面代号	A0	A1	A2	A3	A4
$b\times l$	841×1189	594×841	420×594	297×420	210×297
c	10			5	
a	25				

(2) 需要微缩复制的图纸，其一个边上应附有一段准确米制尺度，四个边上均附有对中标志，米制尺度的总长应为 100mm，分格应为 10mm。对中标志应画在图纸各边长的中点处，线宽应为 0.35mm，伸入框内应为 5mm。

(3) 图纸的短边一般不应加长，长边可加长，但应符合表1-2的规定。

图纸长边加长尺寸（mm） 表1-2

幅面尺寸	长边尺寸	长边加长后尺寸
A0	1189	1486　1635　1783　1932　2080　2230　2378
A1	841	1051　1261　1471　1682　1892　2102
A2	594	743　891　1041　1189　1338　1486　1635　1783　1932　2080
A3	420	630　841　1051　1261　1471　1682　1892

注：有特殊需要的图纸，可采用 $b×l$ 为 841mm 与 1189×1261mm 的幅面。

(4) 图纸以短边作为垂直边称为横式，以短边作为水平边称为立式。一般 A0～A3 图纸宜横式使用；必要时，也可立式使用。

(5) 一个工程设计中，每个专业所使用的图纸，一般不宜多于两种幅面，不含目录及表格所采用的 A4 幅面。

二、标题栏与会签栏

(1) 图纸的标题栏、会签栏及装订边的位置，应符合下列规定：

1) 横式使用的图纸，应按图 1-1 的形式布置。

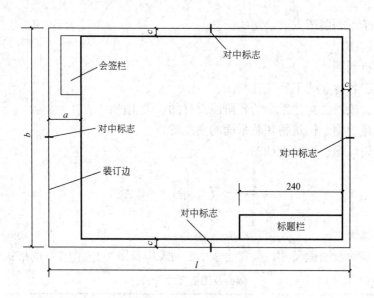

图 1-1　A0～A3 横式幅面

2) 立式使用的图纸，应按图 1-2、图 1-3 的形式布置。

(2) 标题栏应按图 1-4 所示，根据工程需要选择确定其尺寸、格式及分区。签字区应包含实名列和签名列。涉外工程的标题栏内，各项主要内容的中文下方应附有译文，设计单位的上方或左方，应加"中华人民共和国"字样。

(3) 会签栏应按图 1-5 的格式绘制，其尺寸应为 100mm×20mm，栏内应填写会签人员所代表的专业、姓名、日期（年、月、日）；一个会签栏不够时，可另加一个，两个会签栏应并列；不需会签的图纸可不设会签栏。

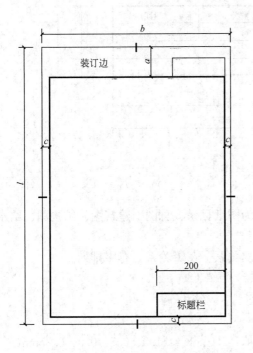

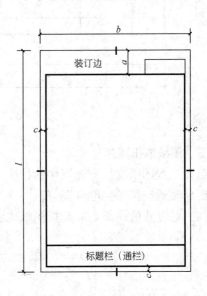

图 1-2　A0～A3 立式幅面

图 1-3　A4 立式幅面

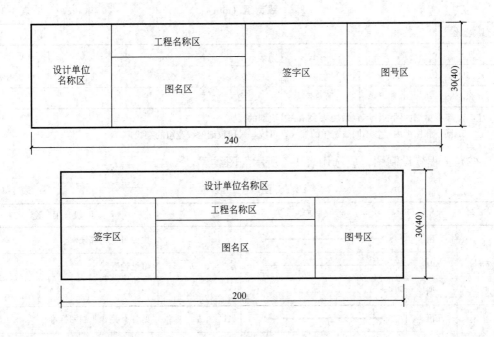

图 1-4　标题栏

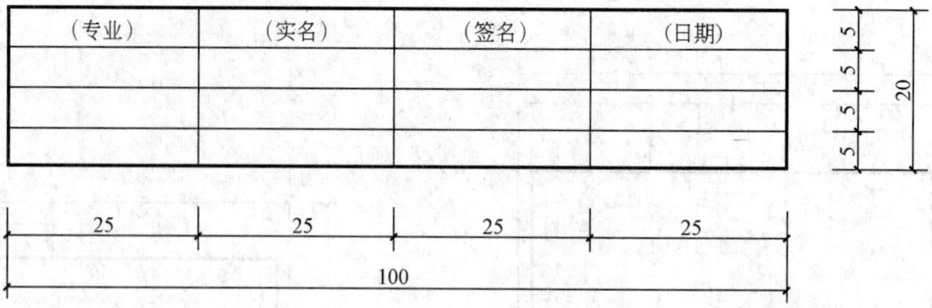

图 1-5 会签栏

三、图纸编排顺序

(1) 工程图纸应按专业顺序编排。一般应为图纸目录、总图、建筑图、结构图、给水排水图、暖通空调图、电气图等。

(2) 各专业的图纸,应该按图纸内容的主次关系、逻辑关系,有序排列。

第二节 图 线

(1) 图线的宽度 b,宜从下列线宽系列中选取:2.0、1.4、1.0、0.7、0.5、0.35mm。

每个图样,应根据复杂程度与比例大小,先选定基本线宽 b,再选用表 1-3 中相应的线宽组。

线宽组 (mm) 表 1-3

线宽比	线宽组					
b	2.0	1.4	1.0	0.7	0.5	0.35
$0.5b$	1.0	0.7	0.5	0.35	0.25	0.18
$0.25b$	0.5	0.35	0.25	0.18	—	—

注:1. 需要微缩的图纸,不宜采用 0.18mm 及更细的线宽。
　　2. 同一张图纸内,各不同线宽中的细线,可统一采用较细的线宽组的细线。

(2) 工程建设制图,应选用表 1-4 所示的图线。

图 线 表 1-4

名称		线型	线宽	一般用途
实线	粗		b	主要可见轮廓线
	中		$0.5b$	可见轮廓线
	细		$0.25b$	
虚线	粗		b	见各有关专业制图标准
	中		$0.5b$	不可见轮廓线、图例线
	细		$0.25b$	不可见轮廓线、图例线

续表

名　　称		线　　型	线　宽	一　般　用　途
单点长画线	粗	—·—·—·—·—	b	见各有关专业制图标准
	中	—·—·—·—·—	$0.5b$	见各有关专业制图标准
	细	—·—·—·—·—	$0.25b$	中心线、对称线等
双点长画线	粗	—··—··—··—	b	见各有关专业制图标准
	中	—··—··—··—	$0.5b$	见各有关专业制图标准
	细	—··—··—··—	$0.25b$	假想轮廓线、成型前原始轮廓线
折断线		——⋀——	$0.25b$	断开界线
波浪线		∽∽∽∽	$0.25b$	断开界线

(3) 同一张图纸内，相同比例的各图样，应选用相同的线宽组。

(4) 图纸的图框和标题栏线，可采用表 1-5 的线宽。

图框线、标题栏线的宽度（mm）　　　　　　　　　表 1-5

幅面代号	图　框　线	标题栏外框线	标题栏分格线、会签栏线
A0、A1	1.4	0.7	0.35
A2、A3、A4	1.0	0.7	0.35

(5) 相互平行的图线，其间隙不宜小于其中的粗线宽度，且不宜小于 0.7mm。

(6) 虚线、单点长画线或双点长画线的线段长度和间隔，宜各自相等。

(7) 单点长画线或双点长画线，当在较小图形中绘制有困难时，可用实线代替。

(8) 单点长画线或双点长画线的两端，不应是点。点画线与点画线交接或点画线与其他图线交接时，应是线段交接。

(9) 虚线与虚线交接或虚线与其他图线交接时，应是线段交接。虚线为实线的延长线时，不得与实线连接。

(10) 图线不得与文字、数字或符号重叠、混淆，不可避免时，应首先保证文字等的清晰。

第三节　比　　例

(1) 图样的比例，应为图形与实物相对应的线性尺寸之比。比例的大小，是指其比值的大小，如 1∶50 大于 1∶100。

(2) 比例的符号为"∶"，比例应以阿拉伯数字表示，如 1∶1、1∶2、1∶100 等。

(3) 比例宜注写在图名的右侧，字的基准线应取平；比例的字高宜比图名的字高小一号或二号（图 1-6）。

(4) 绘图所用的比例，应根据图样的用途与被绘对象的复杂程度，从表 1-6 中选用，并优先用表中常用比例。

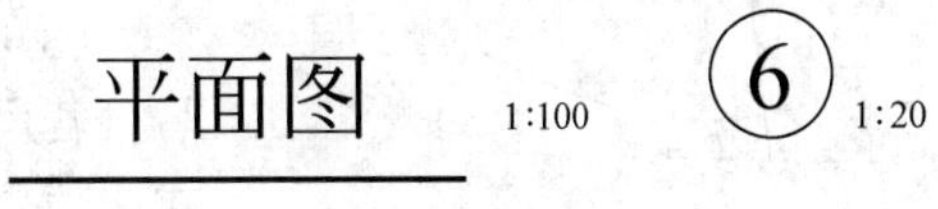

图 1-6　比例的注写

绘图所用的比例		表 1-6
常用比例	1∶1、1∶2、1∶5、1∶10、1∶20、1∶50、1∶100、1∶150、1∶200、1∶500、1∶1000、1∶2000、1∶5000、1∶10000、1∶20000、1∶50000、1∶100000、1∶200000	
可用比例	1∶3、1∶4、1∶6、1∶15、1∶25、1∶30、1∶40、1∶60、1∶80、1∶250、1∶300、1∶400、1∶600	

注：本书选用图样的比例已与原图所标比例不符，故图中均未标出比例，但在实际作图中，应标出实际比例。

（5）一般情况下，一个图样应选用一种比例。根据专业制图需要，同一图样可选用两种比例。

（6）特殊情况下也可自选比例，这时除应注出绘图比例外，还必须在适当位置绘制出相应的比例尺。

第四节 尺 寸 标 注

一、尺寸界线、尺寸线及尺寸起止符号

（1）图样上的尺寸，包括尺寸界线、尺寸线、尺寸起止符号和尺寸数字（图 1-7）。

（2）尺寸界线应用细实线绘制，一般应与被注长度垂直，其一端应离开图样轮廓线不小于 2mm，另一端宜超出尺寸线 2～3mm。图样轮廓线可用作尺寸界线（图1-8）。

（3）尺寸线应用细实线绘制，应与被注长度平行。图样本身的任何图线均不得用作尺寸线。

（4）尺寸起止符号一般用中粗斜短线绘制，其倾斜方向应与尺寸界线成顺时针 45°角，长宜为 2～3mm。半径、直径、角度与弧长的尺寸起止符号，宜用箭头表示（图 1-9）。

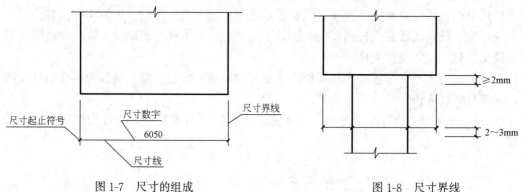

图 1-7 尺寸的组成　　　　图 1-8 尺寸界线

二、尺寸数字

（1）图样上的尺寸，应以尺寸数字为准，不得从图上直接量取。

（2）图样上的尺寸单位，除标高及总平面以米为单位外，其他必须以毫米为单位。

（3）尺寸数字的方向，应按图 1-10（a）的规定注写。若尺寸数字在 30°斜线区内，宜按图 1-10（b）的形式注写。

（4）尺寸数字一般应依据其方向注写在靠近尺寸线

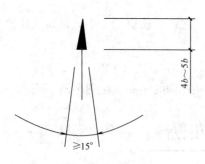

图 1-9 箭头尺寸起止符号

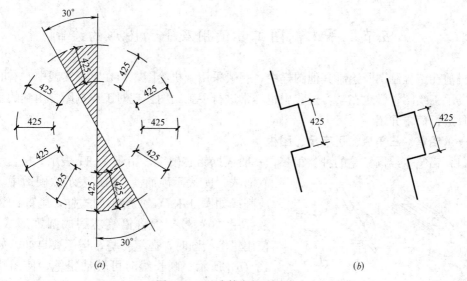

图 1-10 尺寸数字的注写方向
（a）在30°斜线区内严禁注写尺寸数字；（b）在30°斜线区内注写尺寸数字的形式

的上方中部。如没有足够的注写位置，最外边的尺寸数字可注写在尺寸界线的外侧，中间相邻的尺寸数字可错开注写（图1-11）。

（5）圆弧半径、圆直径、球的尺寸标注如图1-12所示。

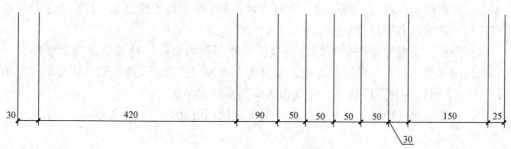

图 1-11 尺寸数字的注写位置

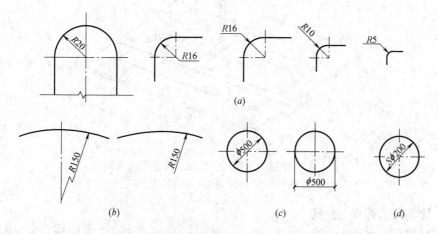

图 1-12 圆弧半径、圆直径、球的尺寸标注图
（a）圆弧半径；（b）较大圆弧半径；（c）圆直径；（d）球

第五节　手工制图工具使用及平面图形的绘制

目前在工程制图及绘制其他图样中，一般采用微机绘图，但在工程实践中，有时要用到现场手工绘图，学生在学习过程中也经常进行手工绘图。现对工程制图常用到的手工制图工具进行简单介绍。

一、铅笔、三角板、丁字尺、图板

(1) 铅笔。绘图铅笔的种类很多，一般根据铅芯硬度，用 B 和 H 表示，B 表示笔芯软而浓，H 表示硬而淡，HB 表示软硬适中。铅笔应削成如图 1-13（a）所示的式样，削好的铅笔一般要用"0"号砂纸将铅笔芯磨成圆锥形或矩形。使用铅笔绘图时，握笔要稳，运笔要自如，如图 1-13（b）所示。画长线时可转动铅笔，使图线粗细均匀。

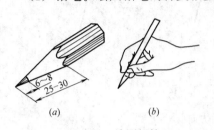

图 1-13　绘图铅笔
(a) 绘图铅笔的削法；(b) 握铅笔的姿势

(2) 丁字尺。丁字尺由相互垂直的尺头和尺身构成。丁字尺与图板配合主要用来画水平线。

(3) 三角板。三角板与丁字尺配合，可用来画铅垂线和某些角度的斜线，一副三角板包括 45°和 30°～60°三角板各一块。使用三角板画铅垂线时，应使丁字尺尺头靠紧图板的工作边，以防产生滑动，三角板的一直角边紧靠在丁字尺的工作边上，再用左手轻轻按住丁字尺和三角板，右手持铅笔，自下而上画出铅垂线。

(4) 图板。图板主要用做画图的垫板。因此图板板面应质地松软、光滑平整、有弹性、图板两端要平整，四角互相垂直。图板的左侧为工作边，又称导边。图板的大小有 0 号、1 号、2 号等各种不同规格，可根据所画图幅的大小选定。

图板、丁字尺、图纸、铅笔及三角板等配合使用情况如图 1-14 所示。

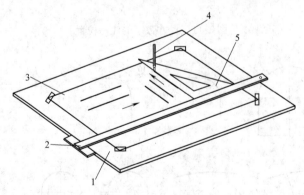

图 1-14　图板、丁字尺、图纸、铅笔及三角板
1—图板；2—丁字尺；3—图纸；4—铅笔；5—三角板

二、比例尺、圆规、分规

(1) 比例尺。也称为三棱尺。如图 1-15 所示。是用来按一定比例量取长度时的专用量尺，可放大或缩小尺寸。外形成三棱柱体，上面有六种（1∶100、1∶200、1∶300、1

：400、1：500、1：600）不同的比例。

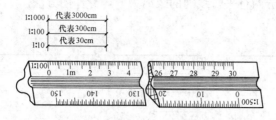

图 1-15　比例尺（三棱尺）

（2）圆规。主要用来画圆及圆弧，如图 1-16 所示。

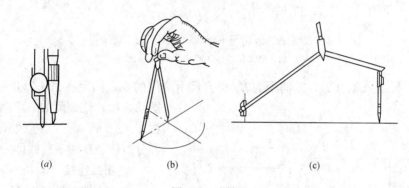

图 1-16　圆规

（a）钢针台肩与铅芯端部平齐；（b）画圆的方法；（c）绘制较大的圆或圆弧的方法

（3）分规。主要用来量取线段长度和等分线段，如图 1-17 所示。其形状与圆规相似，但两腿都是钢针。

三、平面几何图形的画法

1. 已知线段为任意等分

如图 1-18 所示为已知线段 5 等分作图方法。

已知直线 AB，过 A 点作任意一直线 AC，在 AC 上任意截 5 等分，标注 1、2、3、4、5 点；分别过各等分点作 B5 的平行线交 AB，所得到的 5 个点，即为 AB 的 5 个等分点。

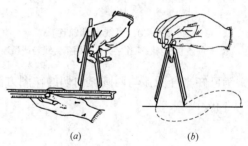

图 1-17　分规

（a）量取长度；（b）使用方法

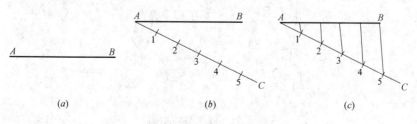

图 1-18　已知线段 5 等分

2. 两行平行线间的距离为任意等分

如图 1-19 所示为分两行平行线间的距离为 5 等分作图方法。

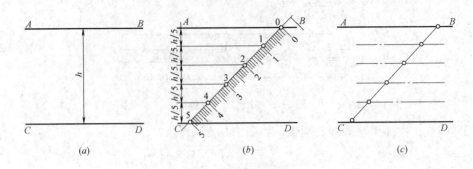

图 1-19 分两行平行线间的距离为 5 等分
(a) 已知条件; (b) 找点; (c) 完成

已知平行线 AB、CD，其间距为 h；将直尺上刻度的 0 点固定在 AB 上并以 0 为圆心摆动直尺，使刻度的 5 点落在 CD 上，在 1、2、3、4、5 各点处作标记；过各分点作 AB 的平行线即为所求。

3. 圆弧连接

(1) 直线与圆弧连接。如图 1-20 (a) 所示为一条直线与圆弧连接；如图 1-20 (b) 为两条直线与圆弧连接。

(2) 已知半径圆弧与两圆相切。如图 1-21 (a) 所示为已知半径圆弧与两圆弧外切的作图方法；如图 1-21 (b) 为已知半径圆弧与两圆弧内切的作图方法。

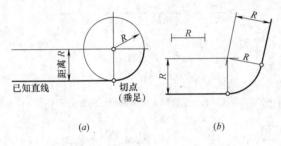

图 1-20 直线与圆弧连接
(a) 一条直线与圆弧连接; (b) 两条直线与圆弧连接

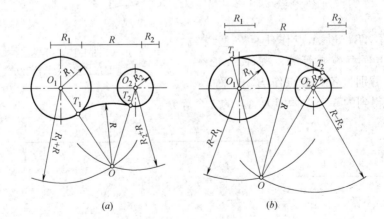

图 1-21 圆弧与圆相切
(a) 与两圆外切; (b) 与两圆内切

本 章 小 结

本章介绍了国家制图标准中的部分内容，如图纸、图线、比例、尺寸标注等。这些内容是学习本课程乃至以后工作时绘制工程图中应首先掌握的，也是很重要的。要注意图纸的幅面及格式、线型线宽的使用、比例的选用、尺寸标注的规定等。掌握常见平面图形的画法。还要经常查阅国家制图标准，做到绘图严格执行国家制图标准的有关规定、读图以国家制图标准为依据。

思考题与习题

1. 学习工程制图为什么必须严格执行国家制图标准的有关规定？
2. 图纸幅面有哪几种规格？它们之间有什么关系？
3. 什么叫比例？举例说明比例的具体含义。
4. 在尺寸标注时应注意哪些问题？
5. 常用的绘图工具有哪些？
6. 如何进行已知线段为任意等分、两行平行线间的距离为任意等分？
7. 如何进行直线与圆弧、已知半径圆弧与两圆的相切？

第二章 点、直线、平面的投影

【学习目标】 了解形体投影的形成、投影法分类；掌握点的投影规律及作图方法；掌握点的三面投影特性；了解重影点的特性。掌握各种位置直线的投影特性；掌握一般位置直线求真长及倾角的方法。了解各种位置平面的投影特性，掌握特殊位置平面的投影特点及作图；理解点和直线在平面上的几何条件，掌握投影图的作图方法。

【知识重点】 投影基本理论；点、直线、平面投影的投影规律。

第一节 投影的基本知识

一、投影的基本概念和分类

我们生活在一个三维空间里，一切形体（只考虑物体所占空间的形状和大小，而不涉及物体的材料、重量及其他物理性质）都有长度、宽度和高度（或厚度）。在日常生活中，我们经常可以看到经阳光或灯光照射的形体，会在地面或墙面上产生影子的现象，这就是投影现象。

如图 2-1 所示，三角形 ABC 在点光源 S 照射下，在平面 P 上投下的影子为三角形 abc，该影子称为投影；光源 S 称为投射中心；光线 SAa、SBb、SCc 称为投射线；投影所在的平面 P 称为投影面。

很明显，"影子"只能概括地反映形体的外轮廓形状，而不能确切地反映形体上各个不同表面间的界限，如图 2-2 (a) 所示。如果设想从光源 S 发出的投射线能够透过形体向选定的投影面 P 投射，并且将各个顶点和各条侧棱线都在平面 P 上投落它们的影，这些点和线的影将组成一个能够反映出形体形状的图形，这种方法称为投影法，如图 2-2 (b) 所示。也就是说，对形体的投影，应包括形体的全部几何要素，而不仅仅是只对形体的外形轮廓。

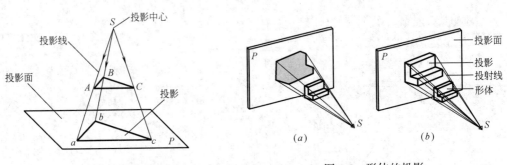

图 2-1 中心投影法　　　　图 2-2 形体的投影

投影面、投射线、形体、投影是诠释投影法的四个基本要素。

工程上常用的投影法分为两类：中心投影法和平行投影法。

1. 中心投影法

如图 2-1 所示，投射中心 S 在有限的距离内发出放射状投射线 SA、SB、SC，延长这些投射线与投影面 P 相交，作出的投影点 a、b、c 即为三角形各顶点 A、B、C 在 P 平面上的投影。由于投射线均从投射中心出发，所以这种投影法称为中心投影法。在日常生活中，照相、放映电影等均为中心投影的实例。工程上应用中心投影法绘制能体现近大远小、形象逼真的透视图，但由于作图麻烦，且度量性差，常用于建筑工程和机械工程的效果图。

2．平行投影法

假设将投射中心 S 移至无限远处时，所有投射线将依一定的投射方向互相平行地投射下来。用平行投射线作出的投影称为平行投影法。如图 2-3 所示的三角形 abc 称为平行投影。在平行投影法中，S 表示投射方向。根据投射方向 S 与投影面 P 不同的倾角，平行投影法又可分为斜投影法和正投影法两种。

（1）斜投影法　当投射线采用平行光线，而且投射线倾斜于投影面时所作出的平行投影，称为斜投影，如图 2-3（a）所示。作出斜投影的方法称为斜投影法。工程上应用斜投影法绘制直观性很强的轴测图，在工程图样中作为辅助图样而得到广泛的应用。

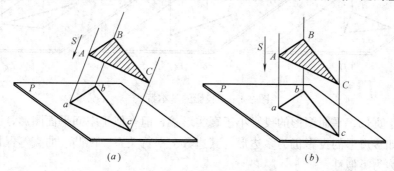

图 2-3　平行投影法分类

（2）正投影法　当投射线采用平行光线，而且投射线垂直于投影面时所作出的平行投影，称为正投影，如图 2-3（b）所示。作出正投影的方法称为正投影法。根据正投影法所得到的图形称为正投影图。正投影图直观性不强，但能准确反映形体的真实形状和大小，图形度量性好，便于尺寸标注，而且投影方向垂直于投影面，作图方便，因此，绝大多数工程图纸都是用正投影法画出的。

二、正投影的基本特征

在建筑工程图中，最常使用的投影法是正投影法。正投影有如下基本特征：

1．真实性

如图 2-4（a）、（d）所示，当直线段或平面图形平行于投影面时，直线段的正投影反映真长，平面图形的正投影反映真形，这种特性称为度量性或显实性。反映线段或平面图形的真长或真形的投影，称为真形投影。

2．积聚性

如图 2-4（b）、（e）所示，当直线段或平面图形垂直于投影面时，直线段的正投影积聚成为一点，平面图形的正投影积聚成一条直线，这种投影特性称为积聚性。具有积聚性的投影称为积聚投影。

3．类似性

如图 2-4（c）、（f）所示，当直线段或平面图形倾斜于投影面时，直线段的投影仍为

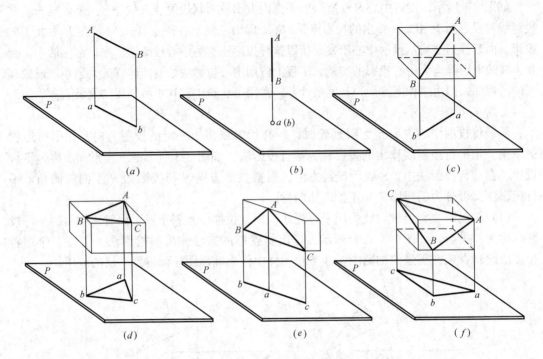

图 2-4 正投影的基本特性

直线，但小于真长。平面图形的投影小于真实形状，但类似于空间平面图形，图形的基本特征不变，如多边形的投影仍为多边形，其边数、平行关系、凹凸、曲直等保持不变，这种投影特性称为类似性。

依据正投影法得到的空间形体的图形称为空间形体的正投影，简称投影。若无特殊说明，本教材中所指的投影均为正投影。

三、三面投影

1. 三面投影体系的建立

在投影面和投射中心或投射方向确定之后，形体上每一点必有其惟一的一个投影，与其建立起一一对应的关系。但是形体的一个投影却不能确定形体的形状。

如图 2-5 所示的两个完全不同形状的形体，在同一投影面上的投影却相同。这说明仅仅根据一个投影是不能完整地表达形体的形状和大小的。要确切地反映形体的完整形状和大小，必须增加由不同的投射方向、在不同的投影面上所得到的几个投影，互相补充，才能将形体表达清楚。

根据工程实际的需要，通常是将空间形体放在三个互相垂直相交的平面所组成的投影面体系中，如图 2-6 所示，然后将形体分别向三个投影面作投影。这三个相互垂直相交的投影面就组成了三投影面体系。三个投影面分别称为正投影面（简称正面，用 V 表示）、水平投影面（简称水平面，用 H 表示）和侧面投影面（简称侧面，用 W 表示）。三个投影面分别两两相交，形成三条投影轴。V 面和 H 面的交线称为 OX 轴；H 面和 W 面的交线称为 OY 轴；V 面和 W 面的交线称为 OZ 轴。三个轴线的交点 O 称为投影原点。

2. 三面投影的投影规律

将形体放置于三投影面体系中，按照正投影法分别向 V、H、W 三个投影面进行投

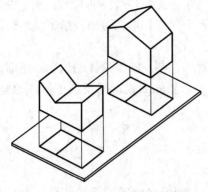
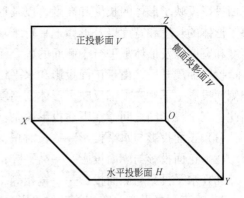

图 2-5 不同形状形体的投影相同　　　　　图 2-6 三投影面体系的建立

影,即可得到该形体的三面投影。由形体的前方向后投射,在正面上所得到的投影称为正面投影或 V 投影;由形体的上方向下投射,在水平面上所得到的投影称为水平投影或 H 投影;由形体的左方向右投射,在侧面上所得到的投影称为侧面投影或 W 投影。

如图 2-7 (a) 所示的基本房屋形体,由前向后投射在正面上得到房屋的正面投影,由上向下投射在水平面上得到房屋的水平投影,由左向右投射在侧面上得到房屋的侧面投影。在工程图样上,形体的三个投影是画在同一平面上的。为了使处于空间位置的三面投影能画在同一张图样上,在绘图时必须将相互垂直的三个投影面展开摊平成一个平面。其展开的方法是:正面保持不动,将水平面绕 OX 轴向下旋转 90°展开,将侧面绕 OZ 轴向右旋转 90°展开,直到都与 V 面摊平在同一个平面上,得到如图 2-7 (b) 所示在同一图纸平面上的形体的三面投影。这时,水平投影必定在正面投影的下方,侧面投影必定在正面投影的右方。

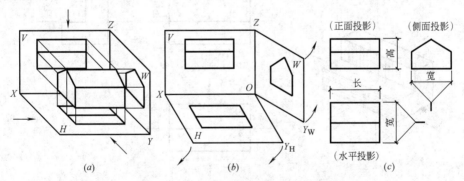

图 2-7 三面投影图的形成及其投影规律

需要注意的是在投影面展开时,OX 轴和 OZ 轴保持不动,OY 轴展开后分为两根,一根随 H 面旋转到 OZ 轴的正下方(表示前后关系),与 OZ 轴成一条直线,用 OY_H 轴表示;另一根随 W 面旋转到 OX 的正右方(也表示前后关系),与 OX 轴成一条直线,用 OY_W 轴表示。由于在实际画图时不必画出投影面的边框,所以省去边框不画就得到如图 2-7 (c) 所示的三面投影图。

形体具有长、宽、高三个方向的尺度。通常规定:形体最左和最右两点之间平行于 OX 轴方向的距离为形体的长度;形体上最前和最后两点之间平行于 OY 轴方向的距离为形体的宽度;形体上最高和最低两点之间平行于 OZ 轴方向的距离为形体的高度。那么,正面投影反映了形体的长度和高度,以及形体上平行于正面的各个面的真形;水平投影反映了形体的长度和宽度以及形体上平行于水平面的各个面的真形;侧面投影了反映形体的高度和宽度以及形体上平行于侧面的各个面的真形。

投影面展开后,由于正面投影和水平投影左右对齐,都反映了形体的长度;正面投影和侧面投影上下对齐,都反映了形体的高度;水平投影和侧面投影都反映了形体的宽度。因此,三个投影图之间存在下述投影关系:

(1) 正面投影与水平投影——长对正;
(2) 正面投影与侧面投影——高平齐;
(3) 水平投影与侧面投影——宽相等。

"长对正、高平齐、宽相等"的投影对应关系是三面投影之间的重要特性,也是画图和读图时必须遵守的投影规律。这种对应关系无论是对整个形体,还是对形体的每一个组成部分都成立。在运用这一规律画图和读图时,要特别注意形体水平投影与侧面投影的前后对应关系。

3. 三面投影图与形体的方位关系

如图 2-8 所示,形体有前、后、上、下、左、右等六个方向。正面投影反映了形体的上下和左右位置关系;由于三投影面在展开的过程中,水平面向下旋转,所以水平投影的下方实际上表示形体的前方,水平投影的上方则表示形体的后方,因此,水平投影反映了形体的左右和前后位置关系;侧面向右旋转展开,侧面投影的右方实际上表示形体的前方,侧面投影的左方则表示形体的后方,即侧面投影反映了形体的上下和前后位置关系。所以,形体的水平投影与侧面投影不仅宽度相等,还应保持前、后位置的对应关系。

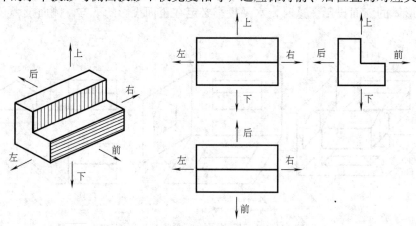

图 2-8　三面投影图与形体的方位关系

请读者参照如图 2-8 所示立体图上分别用横线和竖线表示的两个平面,在水平投影和侧面投影上指出这两个平面的位置,并在正面投影上分析这两个平面的前、后位置关系。

【例 2-1】 根据图 2-9 (a) 所示形体的立体图,绘制其三面投影图。

分析:

图示形体是底板的左前方被切去一角的直角弯板。为了便于作图,应使形体的主要表面尽可能与投影面平行。画三面投影图时,应先画反映形体形状特征的投影图,然后再按投影规律画出其他投影图。

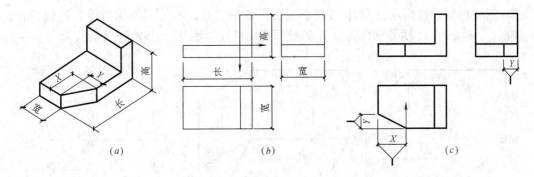

图 2-9 直角弯板三面投影图的作图步骤

作图:

(1) 量取弯板的长和高画出反映特征轮廓的正面投影,再量取弯板的宽度,按长对正、高平齐、宽相等的投影关系画出水平投影和侧面投影,如图 2-9 (b) 所示。

(2) 量取底板切角的长 (X) 和宽 (Y) 在水平投影上画出底板左前方切去的一角,再按长对正的投影关系在正面投影上画出切角的图线。再按宽相等的投影关系在侧面投影上画出切角的图线,如图 2-9 (c) 所示。必须注意:在水平投影和侧面投影上"Y"的前、后对应关系。

(3) 检查无误后,擦去多余作图线,描深完成三面投影图,如图 2-9 (c) 所示。

第二节 点的投影

任何形体的构成都离不开点、直线和平面等基本几何元素。例如图 2-10 所示的房屋建筑形体是由 7 个侧面所围成的,各个侧面相交形成 15 条侧棱线,各侧棱线又相交于 A、B、C、D、……J 等 10 个顶点。从分析的观点看,只要把这些顶点的投影画出来,再用直线将各点的投影一一连接起来,便可以作出一个形体的投影。所以,掌握点的投影规律是研究直线、平面、形体投影的基础。

一、点的三面投影

在画形体投影图时,为了表达清楚起见,通常规定空间的点用大写字母 A、B、C……等表示;相应的点的水平投影用相应的小写字母 a、b、c……等表示;正面投影用相应的小写字母加上上标"′"表示,如 a′、b′、c′……等;侧面投影用相应的小写字母加上上标"″"表示,如 a″、b″、c″……等。

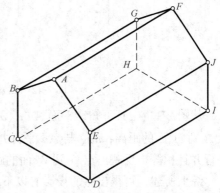

图 2-10 房屋形体

如图 2-11 (a) 所示,表示空间点 A 在三投影面体系中的投影。将 A 点分别向三个投影面投射,就是过点 A 分别作垂直于三个投影面的投射线,则其相应的垂足 a、a′、a″ 就是点 A 的三面投影。点 A 在水平投影面上的投影 a,称为点 A 的水平投影;在正投影面上的投影 a′,称为点 A 的正面投影;在侧面投影面上的投影 a″,称为点 A 的侧面投影。将投影面按图 2-11 (b) 中箭头所指的方向旋转展开后,就得到如图 2-11 (c) 所示的点 A 的三面投影图。在图 2-11 中，连接点 A 的相邻两个投影点的细实线，如 $a'a$ 等称为投影连线，a_X、a_Y（a_{YH}、a_{YW}）、a_Z 则分别称为点 A 的投影连线与投影轴 OX、OY、OZ 的交点。

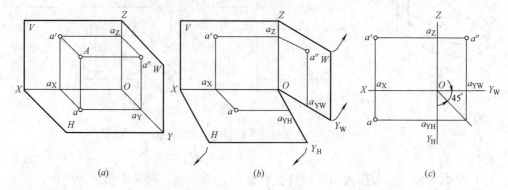

图 2-11　点的投影规律

从图 2-11（a）可以看出，投影线 Aa' 和 Aa 所决定的平面与 V 面和 H 面垂直相交，交线分别是 $a'a_X$ 和 aa_X。V 面和 H 面的交线，即投影轴，必定垂直于平面 $Aa'a_Xa$，同时也垂直于该平面上的 $a'a_X$ 和 aa_X，因此，$\angle a'a_XX = \angle aa_XX = 90°$。将 V、H 两投影面展开之后，这两个直角保持不变，合起来等于 $180°$，即 $a'a_Xa$ 成为一条垂直于 OX 轴的直线，如图 2-12（c）所示。同理可证，连线 $a'a_Za''$ 垂直于 OZ 轴。

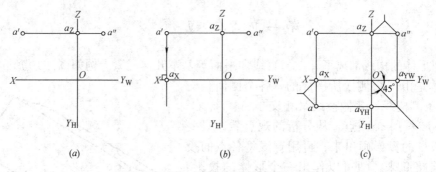

图 2-12　已知点的两面投影求第三投影

从图 2-11（a）可知，平面 $Aa'a_Xa$ 是一个矩形，$a'a_X$ 与 Aa 平行并且相等，反映出点 A 到 H 面的距离；aa_X 与 Aa' 平行并且相等，反映出点 A 到 V 面的距离；aa_Y 与 Aa'' 平行并且相等，反映出点 A 到 W 面的距离。

综上所述，可得出点的投影有以下规律：

(1) 点的 V 面投影和 H 面投影的连线垂直于 OX 轴，即 $a'a \perp OX$。

(2) 点的 V 面投影和 W 面投影的连线垂直于 OZ 轴，即 $a'a'' \perp OZ$。

(3) 点的 H 面投影至 OX 轴的距离等于其 W 面投影至 OZ 轴的距离，即 $aa_X = a''a_Z$。

应用上述投影规律，可根据一点的任意两个已知投影，求得它的第三个投影。

【例 2-2】 已知点 A 的正面投影 a' 和侧面投影 a''，求作水平投影 a，如图 2-12（a）所示。

分析：

根据点的投影规律可知，$a'a \perp OX$，过 a' 点作 OX 轴的垂线 $a'a_X$，所求 a 点必在 $a'a_X$ 的延长线上。由 $aa_X = a''a_Z$ 可确定 a 点在 $a'a_X$ 延长线上的位置。

作图：

（1）过 a' 点按箭头方向作 $a'a_X \perp OX$ 轴，并适当延长，如图 2-12（b）所示。

（2）在 $a'a_X$ 的延长线上量取 $aa_X = a''a_Z$，可求得 a 点。

也可按如图 2-12（c）所示方法作图，通过 O 点向右下方作出 45°辅助斜线，由 a'' 点作 Y_W 轴的垂线并延长与 45°斜线相交，然后再由此交点作 Y_H 轴的垂线并延长，与过 a' 点且与 OX 轴垂直的投影连线 $a'a_X$ 相交，交点 a 即为所求点。

二、点的投影与直角坐标

如图 2-13 所示，在三投影面体系中，空间任意点的位置可由该点到三个投影面的距离来确定，有时也可以用它的坐标来确定。如果将三投影面体系看作是空间直角坐标系，即把三个投影面看作三个坐标面，三个投影轴看作坐标轴，投影原点 O 相当于坐标面的原点 O，则空间点 A 的空间位置可用其直角坐标表示为 $A(X_A, Y_A, Z_A)$，A 点三投影的坐标分别为 $a(X_A, Y_A)$，$a'(X_A, Z_A)$，$a''(Y_A, Z_A)$。点 A 的直角坐标与点 A 的投影及点 A 到投影面的距离有如下关系：

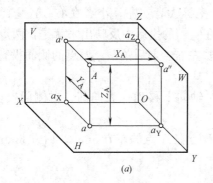
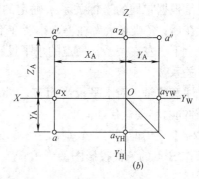

图 2-13 点的投影与直角坐标的关系

（1）点 A 的 X 坐标（X_A）= 点 A 到 W 面的距离 $Aa'' = a'a_Z = aa_Y = a_X O$；

（2）点 A 的 Y 坐标（Y_A）= 点 A 到 V 面的距离 $Aa' = a''a_Z = aa_X = a_Y O$；

（3）点 A 的 Z 坐标（Z_A）= 点 A 到 H 面的距离 $Aa = a''a_Y = a'a_X = a_Z O$。

由于空间点的任一投影都包含了两个坐标，所以一点的任意两个投影的坐标值，就包含了确定该点空间位置的三个坐标，即确定了点的空间位置。可见，若已知空间点的坐标，则可求其三面投影；反之亦可。

【例 2-3】 已知空间点 A 的坐标为：$X=12$mm，$Y=12$mm，$Z=15$mm，也可写成点 A（12，12，15）。求作 A 点的三面投影图（如图 2-14 所示）。

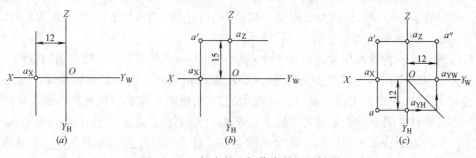

图 2-14 已知点的坐标作点的三面投影

分析：

已知空间点的三个坐标，便可作出该点的两个投影，从而作出该点的另一个投影。

作图：

（1）先画出投影轴（即坐标轴），在 OX 轴上从 O 点开始向左量取 X 坐标 12mm，定出 a_X，过 a_X 作 OX 轴的铅垂线，如图 2-14（a）所示。

（2）在 OZ 轴上从 O 点开始向上量取 Z 坐标 15mm，定出 a_Z，过点 a_Z 作 OZ 轴的垂线，两条垂线的交点即为 a'，如图 2-14（b）所示。

（3）在 $a'a_X$ 的延长线上，从 a_X 向下量取 Y 坐标 12mm 得 a；在 $a'a_Z$ 的延长线上，从 a_Z 向右量取 Y 坐标 12mm 得 a''。

或者由投影 a' 和 a 借助 45°辅助斜线的作图方法也可作出投影点 a''。a'、a、a'' 即为 A 点的三投影，如图 2-14（c）所示。

三、两点的相对位置

两点的相对位置是指空间两个点的上下、左右、前后关系。在投影图中，空间两点的相对位置是根据它们的坐标关系来确定的。X 坐标大者在左，小者在右；Y 坐标大者在前，小者在后；Z 坐标大者在上，小者在下。在它们的投影中反映出来就是：两点的正面投影反映上下、左右关系；两点的水平投影反映左右、前后关系；两点的侧面投影反映上下、前后关系。

需要注意的是，对水平投影而言，沿 OY_H 轴向下移动代表向前，对侧面投影而言，沿 OY_W 轴向右移动也代表向前。

【例 2-4】 已知空间点 A（15，12，16），B 点在 A 点的左方 5mm，后方 6mm，上方 4mm，求作 B 点的三面投影图。

分析：

B 点在 A 点左方和上方，说明 B 点的 X、Z 坐标大于 A 点的 X、Z 坐标；B 点在 A 点的后方，说明 B 点的 Y 坐标小于 A 点的 Y 坐标。可根据两点的坐标差作出 B 点的三面投影。

作图：

（1）根据 A 点的三个坐标可作出 A 点的三面投影 a、a'、a''，如图 2-15（a）所示。

（2）在 OX 轴上从 O 点开始向左量取 X 坐标 15mm＋5mm＝20mm 得一点 b_X，过该点作 OX 轴的垂线，如图 2-15（b）所示。

（3）在 OY_H 轴上从 O 点开始向下量取 Y 坐标 12mm－6mm＝6mm 得一点 b_{YH}，过该点作 YO_H 轴的垂线，与 OX 轴的垂线相交，交点为 B 点的 H 面投影 b，如图 2-15（c）所示。

（4）在 OZ 轴上从 O 点开始向上量取 Z 坐标 16mm＋4mm＝20mm 得一点 b_Z，过该点作 OZ 轴的垂线，与 OX 轴的垂线相交，交点为 B 点的 V 面投影 b'。再由 b 和 b' 作出 b''，完成 B 点的三面投影，如图 2-15（d）所示。

空间两点有一种特殊位置，就是两个点恰好同在一条垂直于某一投影面的直线上，其三个坐标中有两个相同。如图 2-16 所示，如果 A 点和 B 点的 X、Y 坐标相同，只是 A 点的 Z 坐标大于 B 点的 Z 坐标，则 A、B 两点的 H 面投影 a 和 b 将重合在一起，V 面投影 a' 在 b' 之上，且在同一条 OX 轴的垂线上，W 面投影 a'' 在 b'' 之上，且在同一条 OY_W 轴的垂线上。这种投影在某一投影面上重合的两个点，称为该投影面的重影点，它们在该投影面上的投影 a（b）称为重影。

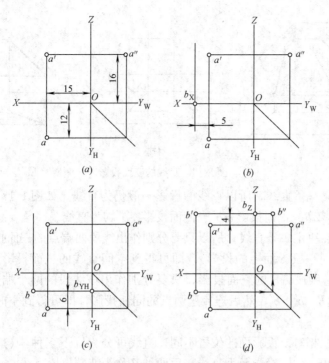

图 2-15 空间两点的相对位置

对 V 面、H 面、W 面重影点的投影的可见性判别，分别应是前遮后、上遮下、左遮右。如图 2-16 所示，由于点 A 在上，点 B 在下，向 H 面投影时，投影线先遇到点 A，后遇到点 B，点 A 视为可见，点 B 为不可见。重影点在标注时，将不可见的点的投影加上括号，如图 2-16（b）所示。

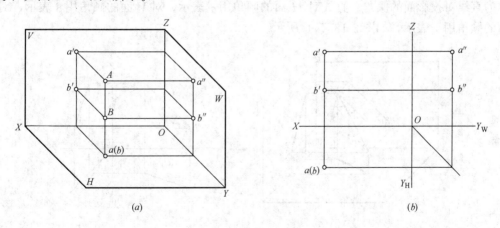

图 2-16 重影点的投影

第三节 直线的投影

一、各种位置直线的投影

直线在某一投影面上的投影，就是通过该直线的投影平面与该投影面的交线。由于两

23

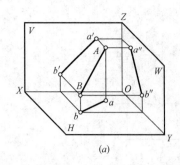 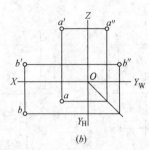 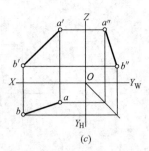

图 2-17 直线的三面投影

平面的交线必然是一条直线,所以直线的投影一般仍为直线。如图 2-17 (a) 所示,直线段 AB 的水平投影 ab、正面投影 a'b'、侧面投影 a"b"均为直线。

因为空间两点决定一条直线,所以只要分别作出线段两端点的三面投影,再连接该两点的同面投影(同一投影面上的投影),即可得到空间直线的三面投影。如图 2-17 (b)、(c) 所示,欲作直线段 AB 的三面投影,只要分别作出该线段的两个端点 A 和 B 的三面投影 a、a'、a"和 b、b'、b",然后连接这两点的同面投影,即可得到空间直线段 AB 的三面投影。

根据空间直线相对于投影面的位置不同,直线可分为以下三种:(1) 一般位置直线;(2) 投影面平行线;(3) 投影面垂直线。后两种又称为特殊位置直线。

1. 一般位置直线

既不平行,也不垂直于任何一个投影面,即与三个投影面都处于倾斜位置的直线,称为一般位置直线,如图 2-18 所示直线 AB 即为一般位置直线。

一般位置直线与投影面之间的夹角,就是该直线和它在该投影面上的投影所夹的角,称为直线对投影面的倾角。直线对 H 面的倾角用 α 表示,对 V 面的倾角用 β 表示,对 W 面的倾角用 γ 表示,如图 2-18 (a) 所示。

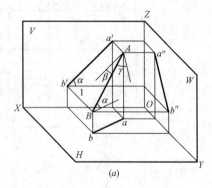 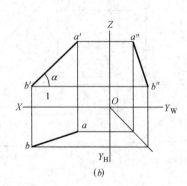

图 2-18 一般位置直线的投影

一般位置直线的投影特性如下:

(1) 一般位置直线的三个投影均不反映真长,其投影长度均小于该直线段的真长。

如图 2-18 (a) 所示,线段 AB 的 H 面投影 ab,其长度等于 $AB \cdot \cos\alpha$。同理,$a'b' = AB \cdot \cos\beta$,$a"b" = AB \cdot \cos\gamma$。由于一般位置直线的各个倾角都小于 90°,其余弦必小于 1,所以,一般位置直线的三个投影的长度都小于直线段的真长。

(2) 一般位置直线上各点到同一个投影面的距离都不相等,所以一般位置直线在各投影面上的投影都倾斜于投影轴,且直线的投影与投影轴的夹角,不反映空间直线对投影面的倾角。如图 2-18 所示,AB 的 V 面投影 $a'b'$ 与 OX 轴所夹的角 α_1 是倾角 α 在 V 面上的投影,由于 α 不平行于 V 面,则 α_1 不等于 α。同理,直线与其他投影面的倾角也是如此。

在读图时,一条直线只要有两个投影是倾斜于投影轴的,则这条直线一定是一般位置直线。

2. 投影面平行线

只平行于某一个投影面,而倾斜于另外两个投影面的直线,称为投影面平行线。根据直线所平行投影面的不同,投影面平行线又有三种位置:平行于水平面,同时倾斜于正面和侧面的直线称为水平线;平行于正面,同时倾斜于水平面和侧面的直线称为正平线;平行于侧面,同时倾斜于正面和水平面的直线称为侧平线。

表 2-1 列出了三种投影面平行线的直观图、投影图和投影特性。

投影面平行线 表 2-1

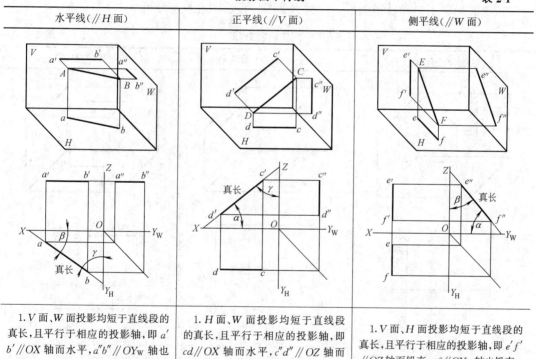

水平线($/\!/H$ 面)	正平线($/\!/V$ 面)	侧平线($/\!/W$ 面)
1. V 面、W 面投影均短于直线段的真长,且平行于相应的投影轴,即 $a'b'/\!/OX$ 轴而水平,$a''b''/\!/OY_W$ 轴也水平 2. H 面投影倾斜而反映直线段的真长,即 $ab=AB$ 3. ab 与水平线和铅直线的夹角,反映直线段 AB 对 V 面和 W 面的实际倾角 β、γ	1. H 面、W 面投影均短于直线段的真长,且平行于相应的投影轴,即 $cd/\!/OX$ 轴而水平,$c''d''/\!/OZ$ 轴而铅直 2. V 面投影倾斜而反映直线段的真长,即 $c'd'=CD$ 3. $c'd'$ 与水平线和铅直线的夹角,反映直线段 CD 对 H 面和 W 面的实际倾角 α、γ	1. V 面、H 面投影均短于直线段的真长,且平行于相应的投影轴,即 $e'f'/\!/OZ$ 轴而铅直,$ef/\!/OY_H$ 轴也铅直 2. W 面投影倾斜而反映直线段的真长,即 $e''f''=EF$ 3. $e''f''$ 与水平线和铅直线的夹角,反映直线段 EF 对 H 面和 V 面的实际倾角 α、β

投影特性

投影面平行线的三个投影都是直线,其中在与直线段平行的投影面上的投影反映该直线段的真长,而且与投影轴线倾斜,与投影轴的夹角分别等于该直线段对另外两个投影面的实际倾角

另外两个投影都短于直线段的真长,且分别平行于相应的投影轴,其到投影轴的距离,反映空间直线到线段真长投影所在投影面的真实距离

现以表中水平线 AB 为例，分析如下：

直线 $AB/\!/H$ 平面，其水平投影 $ab=AB$，反映直线段的真长，ab 与 OX 轴、OY_W 轴的夹角分别反映直线 AB 与 V 面、W 面的倾角 β、γ 的真实大小。

直线 $AB/\!/H$ 平面，其上各点的 Z 坐标相等，正面投影 $a'b'/\!/OX$ 轴，侧面投影 $a''b''/\!/OY_W$ 轴，反映直线 AB 到 H 面的距离；$a'b'=AB\cdot\cos\beta$，$a''b''=AB\cdot\cos\gamma$，均小于直线段 AB 的真长。

同理，可分析正平线、侧平线的投影特性。

在读图时，一条直线如果有一个投影平行于投影轴，而另有一个投影倾斜于投影轴时，这条直线就是一条投影面平行线，并平行于该倾斜投影所在的投影面。

3. 投影面垂直线

当直线垂直于某一个投影面时（必定同时与另外两个投影面平行），称为投影面垂直线。根据直线所垂直投影面的不同，投影面垂直线也有以下三种位置：垂直于水平面的直线，称为铅垂线；垂直于正面的直线，称为正垂线；垂直于侧面的直线，称为侧垂线。

表 2-2 列出了三种投影面垂直线的直观图、投影图和投影特性。

投影面垂直线　　　　表 2-2

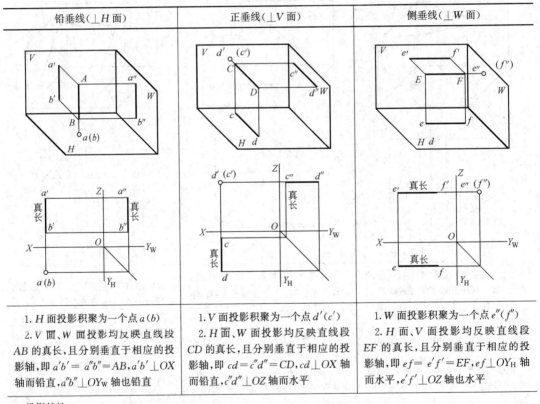

现以表中铅垂线 AB 为例，分析如下：

直线 $AB\perp H$ 平面，其水平投影必积聚成为一个点 $a(b)$。直线 $AB/\!/V$ 平面、直线

AB//W 平面，正面投影反映直线段 AB 的真长，即 $a'b'=AB$，且 $a'b'$//OZ 轴而铅直；侧面投影反映直线段 AB 的真长，即 $a''b''=AB$，且 $a''b''$//OZ 轴而铅直。

同理，可分析正垂线、侧垂线的投影特性。

在读图时，一条直线只要有一个投影积聚为一个点，这条直线必然是一条投影面垂直线，并垂直于积聚投影所在的投影面。

【例 2-5】 如图 2-19 所示正三棱锥的投影图，试分析各棱线与投影面的相对位置关系。

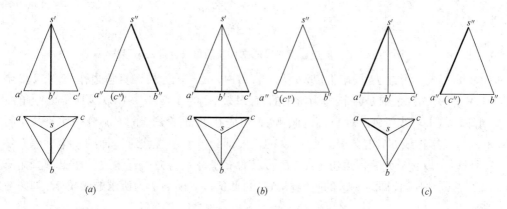

图 2-19 正三棱锥各棱线与投影面的相对位置

（1）棱线 SB。如图 2-19（a）所示，sb 与 $s'b'$ 分别平行于 OY_H 轴和 OZ 轴，可确定棱线 SB 为侧平线，侧面投影 $s''b''$ 反映棱线 SB 的真长。

（2）棱线 AC。如图 2-19（b）所示，侧面投影 $a''(c'')$ 为重影点，可判断棱线 AC 为侧垂线，其正面投影与水平投影均反映棱线 AC 的真长，即 $a'c'=ac=AC$。

（3）棱线 SA。如图 2-19（c）所示，棱线 SA 的三个投影 sa、$s'a'$、$s''a''$ 对各投影轴均倾斜，由此可判断出棱线 SA 必定是一般位置直线。

其他各棱线与投影面的相对位置关系请读者自行分析。

二、求一般位置直线段的真长及对投影面的倾角

由上述可知，一般位置直线与三个投影面都处于倾斜位置，它的三面投影均不反映直线段的真长及其与投影面的倾角大小。如何求作直线段的真长和对投影面的倾角呢？方法有很多种，下面介绍常用的直角三角形法求作一般位置直线段的真长及其对投影面的倾角。

如图 2-20（a）所示，在一般位置直线 AB 与其水平投影 ab 所决定的平面 $ABba$ 上，过线段端点 B 作一水平线与投影线 Aa 相交于点 C，可得到一直角三角形 ABC。其中，斜边 AB 的长度是一般位置直线本身的真长，$\angle ABC$ 就是直线段 AB 对 H 面的倾角 α，直角边 BC 的长度等于投影 ba 的长度，直角边 AC 的长度即是线段两端点 A、B 到 H 面的距离差（亦称两端点的 z 坐标差）。在投影图中，z 坐标差可由线段两端点 A、B 的正面投影确定。只要作出这个直角三角形的真形，就能反映出直线段 AB 的真长和倾角 α 的大小。这种作图方法就是直角三角形法。

在投影图上的求解过程如图 2-20（b）所示。可在 V 面投影上过 b' 点作一水平线平行于 OX 轴，与投影连线 $a'a$ 相交于 c' 点，$a'c'$ 的长度即为 A、B 两点到 H 面的 z 坐标差。

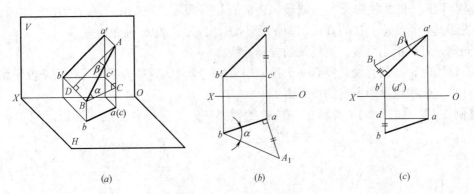

图 2-20 求一般位置直线段的真长及倾角（直角三角形法）

要求 AB 的真长，可在 H 投影上以 ab 为一直角边，$a'c'$ 长为另一直角边作与 △ABC 全等的直角三角形 abA_1，则 bA_1 长即为所求的直线段 AB 的真长，$\angle A_1 ba$ 为所求的倾角 α。

同理，欲求直线段 AB 对 V 面的倾角 β，可先在 H 面投影上过 a 点作一水平线平行于 OX 轴，与投影连线 $b'b$ 相交于 d 点，bd 的长度即为 A、B 两点到 V 面的 y 坐标差。然后在 V 面投影上以 $a'b'$ 为一直角边，A、B 两点的 y 坐标差为另一直角边，作出一直角三角形 $a'b'B_1$，则 $a'B_1$ 长即为所求的直线段 AB 的真长，$\angle B_1 a'b'$ 为所求的倾角 β，如图 2-20（c）所示。

由此可得出用直角三角形法求直线段真长和对投影面倾角的方法是：以线段在某一投影面上的投影为一条直角边，线段两端点到该投影面的坐标差为另一条直角边，所形成的直角三角形的斜边就是该线段的真长，斜边与该面投影的夹角就是该线段对这个投影面的倾角。

一个直角三角形中三条边及一个锐角这四个要素，只要已知其中任意两个要素，就可求出另外两个要素。因此，利用直角三角形法，我们可以根据不同的已知条件求解线段的真长及其一倾角，或者求线段的一个投影及其某一倾角，或者求线段的一个投影及其真长，或者求线段的两面投影。下面可用例子来具体说明。

【例 2-6】 如图 2-21（a）所示，已知点 A 的两面投影 a' 和 a，并已知直线段 AB 的真长为 L，α=30°，β=45°，由 A 至 B 的方向为向右、向后、向下，求作直线段 AB 的两面投影。

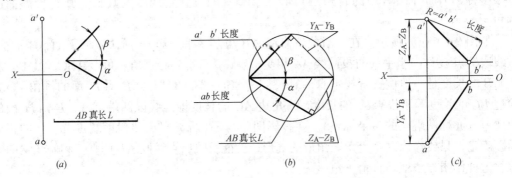

图 2-21 过点 A 作已知真长和方向的线段 AB
(a) 已知条件；(b) 直角三角形法求线段真长和两端点坐标差；(c) 作图过程及结果

分析：

这是一个已知直线段的真长和对两投影面的倾角，求直线段的两面投影的问题。按照直角三角形法，即已知斜边和两个锐角，构造两个直角三角形，可求出两面投影长及 Y 坐标差和 Z 坐标差。

作图：

(1) 利用半圆所对的圆周角一定是直角的原理，由真长 L、α 角、β 角构造两个直角三角形，如图 2-21 (b) 所示。图中 α 角的邻边为直线段 AB 的水平投影 ab 长，对边为 A、B 两点的 Z 坐标差 $Z_A - Z_B$；β 角的邻边为直线段 AB 的正面投影 $a'b'$ 长，对边为 A、B 两点的 Y 坐标差 $Y_A - Y_B$。

(2) 以 a' 点为圆心，$R = a'b'$ 为半径作圆弧，从 a' 点向下，作距 a' 点为 Z 坐标差 $Z_A - Z_B$ 的 OX 轴的平行线交圆弧于 b' 点，即得到直线段 AB 的正面投影 $a'b'$；再从点 a 向后，作距 a 点为 Y 坐标差 $Y_A - Y_B$ 的 OX 轴平行线，与由 b' 点所作的 OX 轴垂线的延长线交于 b 点，即可得到直线段 AB 的水平投影 ab，如图 2-21 (c) 所示。

三、直线上的点

1. 直线上的点的投影特性

直线上任意一点的投影，一定落在该直线的同面投影上，且符合点的投影规律。这一特性称为从属性。如图 2-22 (a) 所示，因为 C 点在直线 AB 上，过 C 点作一投影线垂直于 V 面，则这一投影线必然落在与 V 面垂直的投影平面 $ABb'a'$ 上，投影线 Cc' 与 V 面的交点，即点 C 的 V 面投影 c'，必然落在平面 $ABb'a'$ 与 V 面的交线（即直线段 AB 的 V 面投影）$a'b'$ 上。

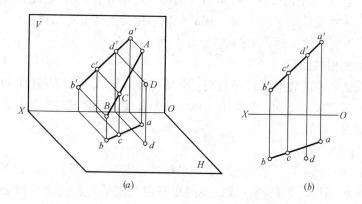

图 2-22 直线上点的投影

在投影图中，如图 2-22 (b) 所示，C 点的正面投影 c' 点必定落在直线段 AB 的正面投影 $a'b'$ 上；C 点的水平投影 c 点必定落在直线段 AB 的水平投影 ab 上。同时，c、c' 的连线必定垂直于 OX 轴。反之，点的投影只要有一个不在直线的同面投影上，则该点一定不在该直线上。如图 2-22 所示，D 点就不在直线段 AB 上。

2. 点分直线段成定比

若直线段上的点将直线段分成定比，则该点的投影也必将该直线段的同面投影分成相同的定比，这种关系称为定比关系。

如图 2-22 所示，若 C 点将直线段 AB 分成 AC 和 CB 两段，则 C 点的投影 c 也分 ab

为 ac 和 cb 两段,由于 Cc 平行于 Aa 和 Bb,所以线段及其投影之间有如下定比关系:
$AC:CB=ac:cb=a'c':c'b'=a''c'':c''b''$。

【例 2-7】 如图 2-23（a）所示,已知侧平线 AB 的 V、H 面投影以及线上一点 K 的 H 面投影 k,求作 K 点的正面投影 k'。

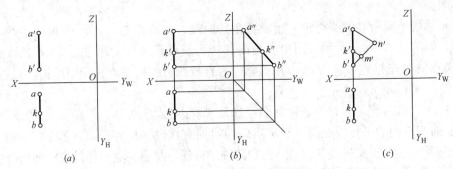

图 2-23 求作直线段上点的投影

分析:

侧平线的 H、V 面投影 ab 和 $a'b'$ 在同一铅垂线上,不能根据 k 直接在 $a'b'$ 上找到投影 k'。因此要先作出侧平线 AB 的 W 面投影 $a''b''$,然后再根据 k 作出 k'',再根据 k'' 作出 k'。

作图:

作图过程省略,如图 2-23（b）所示。

求侧平线上点 K 的正面投影,也可以应用 $bk:ka=b'k':k'a'$ 的定比关系。过 b' 点作一任意直线,在该线上截取 $b'm'=bk$,$m'n'=ka$,然后连接 $a'n'$,并过 m' 点作直线平行于 $a'n'$,交 $a'b'$ 于所求的点 k',如图 2-23（c）所示。

四、两直线的相对位置

空间两直线的相对位置有平行、相交、交叉三种情况。从几何学中可知,相交的两条直线或平行的两条直线都在同一平面上,称为共面直线;而交叉的两条直线不在同一平面上,称为异面直线。

1. 平行两直线的投影

若空间两直线互相平行,则它们的各同面投影必定互相平行。反之,若两直线的各同面投影都分别互相平行,则此两直线在空间也一定互相平行。如图 2-24 所示,当 AB //

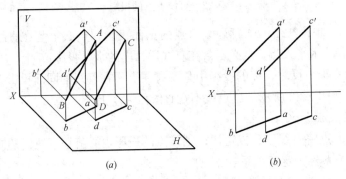

图 2-24 平行两直线的投影

CD 时，它们的同面投影 $ab /\!/ cd$、$a'b' /\!/ c'd'$、$a''b'' /\!/ c''d''$。

对于一般位置直线和投影面垂直线，只要两条直线的两组同面投影相互平行，即可判断两条直线在空间也平行。但对于投影面平行线，则需要作出所平行的投影面上的投影，才可以判断两条直线是否平行。如图 2-25（a）所示，侧平线 AB 及 CD 的正面投影和水平投影均相互平行，但是侧面投影却不平行，所以 AB 不平行于 CD。在图 2-25（b）中，侧平线 EF 和 GH 的正面投影和水平投影均相互平行，而且侧面投影也相互平行，所以 EF 平行于 GH。

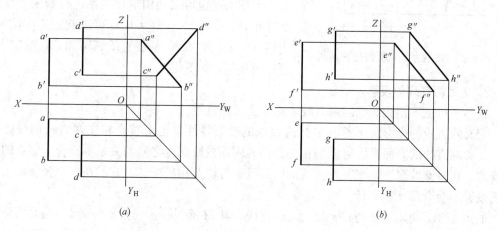

图 2-25 两条直线是否平行的判断

2. 相交两直线的投影

若空间两直线相交，则这两直线的各同面投影也必定相交，并且各同面投影交点之间的关系应符合点的投影规律。反之，若两直线的同面投影都相交，且交点的投影符合空间点的投影规律，则该两空间直线也一定相交。如图 2-26（a）所示，直线 AB 与 CD 相交，交点为 K。根据交点为两直线共有点的几何性质，K 的 H 面投影 k 一定在直线 AB 的 H 面投影 ab 上，同时也一定在直线 CD 的 H 面投影 cd 上，即 k 是 ab 与 cd 的交点。同样 k' 是 $a'b'$ 与 $c'd'$ 的交点，k'' 是 $a''b''$ 与 $c''d''$ 的交点，并且 $k'k$ 垂直于 OX 轴、$k'k''$ 垂直于 OZ 轴，如图 2-26（b）所示。

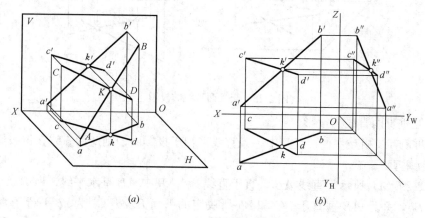

图 2-26 相交两直线的投影

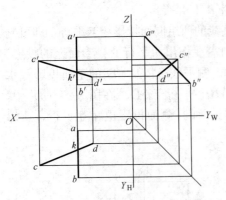

图 2-27 两条直线是否相交的判断

若两直线之一为投影面平行线,则在判断它们是否相交时应特别注意。如图 2-27 所示,直线 CD 为一般位置直线,AB 为侧平线,尽管其正面投影和水平投影均相交,且正面投影交点和水平投影交点的投影连线也垂直于 OX 轴,但侧面投影交点和正面投影交点的连线不垂直于 OZ 轴,故两直线并不相交。

上述问题也可以利用定比关系进行判断。在图 2-27 中,$a'k':k'b'\neq ak:kb$,可以判定 K 点不在直线 AB 上,即 K 点不是直线 AB 和 CD 的交点,所以 AB 与 CD 不相交。

3. 交叉两直线的投影

既不平行也不相交的空间两直线,称为交叉两直线。

交叉两直线的投影既不符合平行两直线的投影特性,也不符合相交两直线的投影特性。交叉两直线的同面投影可能都相交,但各同面投影交点之间的关系不符合空间点的投影规律。在特殊情况下,交叉两直线的同面投影可能互相平行,但它们在三个投影面上的同面投影不会全都互相平行。

如图 2-28 所示,AB 与 CD 为交叉两直线,其 H 面投影 ab 与 cd 的交点 g(j) 实际上是 AB 上的 G 点与 CD 上的 J 点在 H 面上的重影点,G 点在上,J 点在下。也就是说,向 H 面投影时,直线 AB 在点 G 处挡住了直线 CD 上的点 J。因此,点 G 可见,点 J 不可见。同样,其正面投影 $a'b'$ 与 $c'd'$ 的交点 $e'(f')$ 实际上是直线 CD 上的 E 点与直线 AB 上的 F 点在正面上的重影点,E 点在前,F 点在后。直线 CD 在 E 点处挡住了直线 AB 上的点 F,因此,点 E 可见,点 F 不可见。

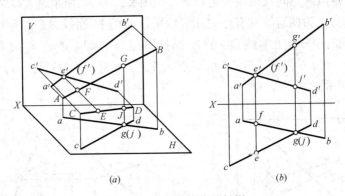

图 2-28 交叉两直线的投影

4. 相互垂直两直线的投影

如果两条直线相互垂直,且其中一条直线平行于投影面,则此两直线在该投影面上的投影也相互垂直。

如图 2-29(a) 所示,直线 AB 垂直于直线 BC,其中 AB 是水平线,所以 AB 必垂直于投影线 Bb,并且 AB 垂直于 BC 和 Bb 所决定的平面 BCcb。因为 ab 平行于直线 AB,所以 ab 也垂直于平面 BCcb,因而也必然垂直于该面内的 bc 线,如图 2-29(b) 所示。

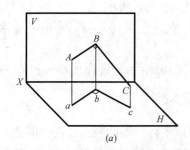 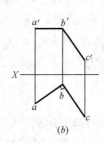 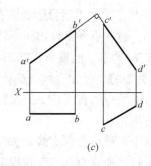

图 2-29 相互垂直两直线的投影

如图 2-29（c）所示，正平线 AB 与一般直线 CD 是交叉两直线，延长 $a'b'$ 和 $c'd'$，如果它们的夹角是直角，即 $a'b'$ 垂直于 $c'd'$，则直线 AB 与直线 CD 交叉垂直。

【例 2-8】 已知平面四边形 ABCD 的正面投影及两条边的水平投影，如图 2-30（a）所示，请完成该平面四边形的水平面投影。

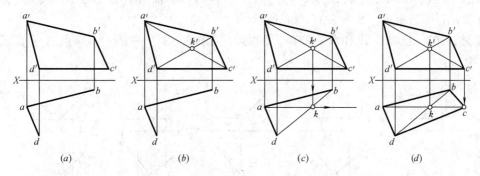

图 2-30 求作平面四边形的水平面投影

分析：

平面四边形 ABCD 的四个顶点在同一个平面上，它的对角线 AC 和 BD 必定相交于点 K。因此，可先在投影图上作出对角线 AC 和 BD 及交点 K 的水平面投影，从而确定点 c 的位置，完成整个平面四边形 ABCD 的水平面投影。

作图：

(1) 连接 $a'c'$ 和 $b'd'$，得到两条对角线交点 K 的正面投影 k'，如图 2-30（b）所示。

(2) 过 k' 点向下作出铅垂线与对角线 BD 的水平面投影 bd 交于 k 点。连接 ak 并延

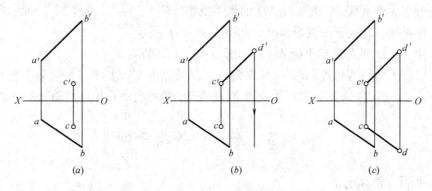

图 2-31 过已知点作已知直线的平行线

长，顶点 C 的水平面投影必定在 ak 的延长线上，如图 2-30（c）所示。

（3）过 c' 点向下作出铅垂线并与 ak 的延长线交于 c 点。连接 cb、cd，完成平面四边形 ABCD 的水平面投影，如图 2-30（d）所示。

【例 2-9】 已知直线 AB 和点 C 的投影，如图 2-31（a）所示，请作出经过点 C 并与直线 AB 平行的直线 CD 的投影。

分析：

对于一般位置两直线，如果它们的两组同面投影互相平行，则此两直线在空间也一定互相平行。所求直线 CD 的投影应该在各个投影面上经过点 C 的投影并与直线 AB 的投影相平行。

作图：

（1）过点 c' 作 a'b' 的平行线 c'd'，并从 d' 点向下作 OX 轴的铅垂线，如图 2-31（b）所示。

（2）过点 c 作 ab 的平行线 cd，与过点 d' 所作的 OX 轴的铅垂线的延长线交于点 d，则 cd 和 c'd' 即为所求，如图 2-31（c）所示。

【例 2-10】 已知点 A 和水平线 BC 的投影，如图 2-32（a）所示，求点 A 至直线 BC 的距离。

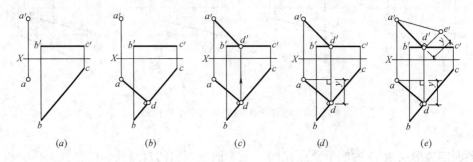

图 2-32　求已知点到水平线的距离

分析：

求一点到某一直线的距离，即是求由该点到该直线所引的垂线长度。因此，本题的求解应该分为两个步骤来完成，即先过已知点 A 作水平线 BC 的垂线，然后再求该垂线的真长。

作图：

（1）过点 a 作直线 BC 的垂线 AD 的水平投影，使 ad⊥bc，如图 2-32（b）所示。

（2）作垂线 AD 的正面投影 a'd'，如图 2-32（c）所示。

（3）作 A、D 两点的 Y 坐标差 y，如图 2-32（d）所示。

（4）以 a'd' 为一直角边，d'e'（长度为 A、D 两点的 Y 坐标差 y）为另一直角边，作三角形 a'd'e'，斜边 a'e' 的长度即为点 A 到直线 BC 的距离的真长，如图 2-32（e）所示。

第四节　平面的投影分析

一、平面的表示方法

平面的范围是无限的，它在空间的位置可用下列的几何元素来表示：

(1) 不在同一条直线上的三个点，如图 2-33（a）的点 A、B、C；
(2) 一条直线及直线外一点，如图 2-33（b）的点 A 和直线 BC；
(3) 相交的两条直线，如图 2-33（c）的直线 AB 和 AC；
(4) 平行的两条直线，如图 2-33（d）的直线 AB 和 CD；
(5) 平面图形，如图 2-33（e）的三角形 ABC。

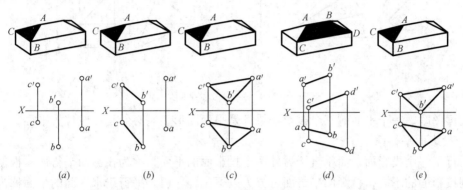

图 2-33 平面的表示方法

在上述用各种几何元素表示平面的方法中，较多的是采用平面图形来表示一个平面。需要注意，这种平面图形可能仅表示其本身，也有可能表示包括该图形在内的一个无限广阔的平面。例如，说"平面图形 ABC"，是指在三角形 ABC 范围内的那一部分平面；说"平面 ABC"则是指通过三角形 ABC 的一个广阔无边的平面。

此外，平面也常用"迹线"来表示。所谓迹线，是指空间平面与投影面的交线。由于空间平面与三个投影面都可能有交线，因此用大写字母 P 表示空间平面，相应的平面的水平迹线用相应的小写字母 p 表示；平面的正面迹线用相应的小写字母加上上标"'"表示，如 p'；平面的侧面迹线用相应的小写字母加上上标"″"表示，如 p''。

二、平面对投影面的各种位置

位于空间三投影面体系中的平面，相对于投影面有三种不同位置：(1) 一般位置平面；(2) 平行于投影面的平面（简称投影面平行面）；(3) 垂直于投影面的平面（简称投影面垂直面）。后两种平面统称为特殊位置平面。在建筑形体上的平面，以投影面平行面和投影面垂直面为主。

平面对 H 面的倾角用 α 表示，对 V 面的倾角用 β 表示，对 W 面的倾角用 γ 表示。平面平行于投影面，对该面的倾角为零；垂直于投影面，对该面的倾角为 90°。

1. 一般位置平面

当平面与三个投影面都倾斜时，称为一般位置平面。

如图 2-34 所示，图中用三角形 ABC 来表示一个平面，该平面与 V、H、W 三个投影面都倾斜，所以在三个投影面上得到三个投影三角形 $a'b'c'$、三角形 abc 和三角形 $a''b''c''$，均为封闭的线框，与三角形 ABC 类似，但不反映三角形 ABC 的真形，面积均比三角形 ABC 小。三个投影面上的投影都不能直接反映该平面对投影面的倾角。

一般位置平面的投影特性是：三个投影都没有积聚性，仍是平面图形，反映了原空间平面图形的类似形状，但比空间平面图形本身的面积小。

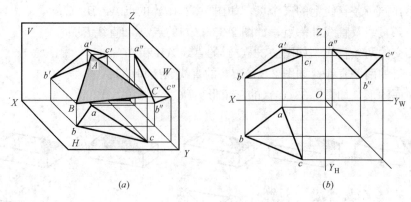

图 2-34 一般位置平面

在读图时,一个平面的三个投影如果都是平面图形,它必然是一般位置平面。

2. 投影面平行面

平行于一个投影面,而垂直于另外两个投影面的平面,称为投影面平行面。根据其所平行的投影面的不同,投影面平行面可分为以下三种:(1) 平行于水平面的平面称为水平面平行面(简称为水平面);(2) 平行于正面的平面称为正面平行面(简称为正平面);(3) 平行于侧面的平面称为侧面平行面(简称为侧平面)。

表 2-3 列出了三种投影面平行面的直观图、投影图和投影特性。

投影面平行面　　　　　　　　　　　　　　　　　　　表 2-3

水平面(//H 面)	正平面(//V 面)	侧平面(//W 面)
1. H 面投影反映平面图形的真形 2. V、W 面投影积聚为一条直线,且分别平行于相应的投影轴 OX 轴和 OY_W 轴	1. V 面投影反映平面图形的真形 2. H、W 面投影积聚为一条直线,且分别平行于相应的投影轴 OX 轴和 OZ 轴	1. W 面投影反映平面图形的真形 2. H、V 面投影积聚为一条直线,且分别平行于相应的投影轴 OZ 轴和 OY_H 轴

投影特性
1. 在与平面平行的投影面上,该平面的投影反映平面图形的真形
2. 其余两个投影为水平线段或铅垂线段,都具有积聚性,且分别平行于相应的投影轴

现以表中水平面为例,分析如下:

因为平面图形 P // H 面,则其水平投影 p 反映平面图形 P 的真形;同时平面图形 P

与 V 面、W 面垂直,则它的正面投影 p' 和侧面投影 p'' 分别积聚为一条直线,且由于该平面上各点的 Z 坐标相等(平行于 H 面),这两个积聚投影还平行于相应的投影轴 OX 轴和 OY 轴。

同理,可分析正平面、侧平面的投影特性。

在读图时,一个平面只要有一个投影积聚为一条平行于投影轴的直线,该平面就平行于非积聚投影所在的投影面。那个非积聚的投影反映该平面图形的真形。

3. 投影面垂直面

垂直于一个投影面,而倾斜于另外两个投影面的平面,称为投影面垂直面。根据其所垂直投影面的不同,可分为以下三种:(1)垂直于水平面而倾斜于 V、W 面的平面称为水平面垂直面(简称铅垂面);(2)垂直于正面而倾斜于 H、W 面的平面称为正面垂直面(简称为正垂面);(3)垂直于侧面而倾斜于 H、V 面的平面称为侧面垂直面(简称为侧垂面)。

表 2-4 列出了三种投影面垂直面的直观图、投影图和投影特性。

投影面垂直面 表 2-4

铅垂面($\perp H$ 面)	正垂面($\perp V$ 面)	侧垂面($\perp W$ 面)
1. H 面投影积聚为一条直线 2. V、W 面投影均为小于平面图形真形的类似形	1. V 面投影积聚为一条直线 2. H、W 面投影均为小于平面图形真形的类似形	1. W 面投影积聚为一条直线 2. H、V 面投影均为小于平面图形真形的类似形

投影特性
1. 在与平面垂直的投影面上,该平面的投影积聚成一条直线
2. 这个积聚投影与投影轴的夹角,反映该平面对投影面的的倾角(平面图形与投影面所夹的二面角)
3. 其余的两个投影均反映该平面图形的类似形状,投影的面积都比平面图形的真形小

现以表中铅垂面为例,分析如下:

因为平面图形 $P \perp H$ 面,则其水平投影 p 积聚成一条直线,且平面图形 P 与 V 面、W 面的夹角可在此投影上直接反映出来;同时因为平面图形 P 倾斜于 V 面、W 面,则它的正面投影 p' 和侧面投影 p'' 仍是平面图形 P 的类似形,且比空间平面图形 P 本身的面积小。

同理,可分析正垂面、侧垂面的投影特性。

在读图时,一个平面只要有一个投影积聚为一条倾斜直线,它必然垂直于积聚投影所

在的投影面。

【例 2-11】 分析正三棱锥各棱面与投影面的相对位置，如图 2-35 所示。

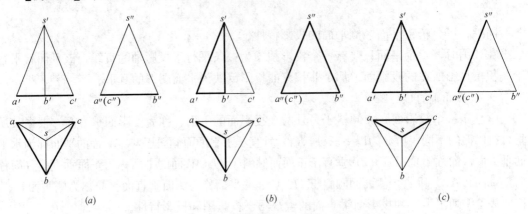

图 2-35 正三棱锥各棱面与投影面的相对位置

（1）底面三角形 ABC。正面和侧面投影积聚为水平线，分别平行于 OX 轴和 OY_W 轴，可确定底面三角形 ABC 是水平面，其水平投影反映三角形 ABC 的真形，如图 2-35 (a) 所示。

（2）棱面三角形 SAB。三个投影 sab、s'a'b'、s"a"b" 都没有积聚性，均为棱面三角形 SAB 的类似形，可判断棱面三角形 SAB 是一般位置平面，如图 2-35 (b) 所示。

（3）棱面三角形 SAC。从侧面投影中的重影点 a"(c") 可知，棱面三角形 SAC 的一边 AC 是侧垂线。根据几何定理，一个平面上的任一直线垂直于另一个平面，则两平面互相垂直。因此，可确定棱面三角形 SAC 是侧垂面，侧面投影积聚成一条直线，如图 2-35 (c) 所示。

三、平面上的直线和点

1. 平面上的直线

直线在平面上的几何条件是：

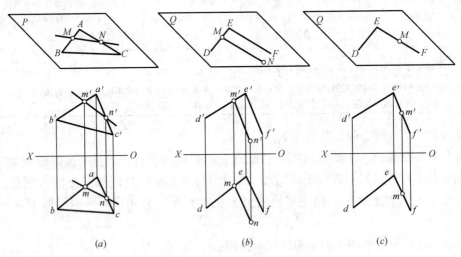

图 2-36 平面上的直线和点

（1）一条直线若通过平面上的两个点，则此直线必定在该平面上。

如图 2-36（a）所示，三角形 ABC 决定一平面 P，由于 M、N 两点分别在直线 AB 和 AC 上，所以 MN 连线在 P 平面上。

（2）一条直线若通过平面上的一个点，又平行于该平面上的另一条直线，则此直线必在该平面上。

如图 2-36（b）所示，由相交两直线 ED、EF 决定一平面 Q，M 是直线 ED 上的一个点，若过 M 作直线 MN∥EF，则 MN 必定在 Q 平面上。

2. 平面上的点

点在平面上的几何条件是：若点在平面内的任一条直线上，则此点一定在该平面上。

如图 2-36（c）所示，由于 M 点在平面 Q 中的 EF 直线上，因此 M 点在平面 Q 上。

【例 2-12】 已知平面三角形 ABC 及其上一点 K 的正面投影 k′，求作点 K 的水平投影 k，如图 2-37（a）所示。

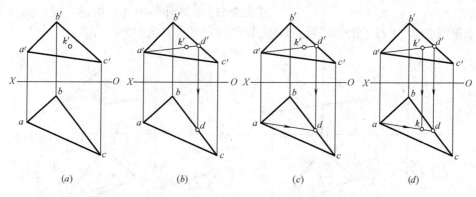

图 2-37　求作平面上点的投影

分析：

在平面上求作点的投影，必须先在平面上过点 K 作一条辅助线，然后再按点、线从属性在辅助线上求作点 K 的水平投影。

作图：

（1）过投影点 a′、k′ 在三角形 a′b′c′ 上作辅助线交 b′c′ 于 d′ 点，再按点的投影规律，由 d′ 向下作铅垂线，与 bc 相交得 d 点，如图 2-37（b）所示。

（2）连接 ad，如图 2-37（c）所示。

（3）由 k′ 向下作铅垂线，与 ad 相交得 k 点，k 点即为所求，如图 2-37（d）所示。

3. 特殊位置平面上点的投影

投影面平行面或投影面垂直面称为特殊位置平面，在它们所垂直的投影面上的投影积聚成直线，所以在该投影面上的点和直线的投影必在其有积聚性的同面投影上。由此可根据图 2-38 中的点 f′ 落在三角形投影 a′b′c′ 上可知，空间点 F 必定在三角形 ABC 所决定的平面内。

同理，若已知特殊位置平面上点的一个投

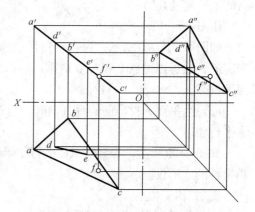

图 2-38　特殊位置平面上点的投影

影也可直接求得其余投影。如图 2-38 所示，若已知三角形 ABC 上点 F 的水平投影 f，可利用有积聚性的正面投影 $a'b'c'$ 求得 f'，再由 f 和 f' 求得 f''。该三角形内直线 DE 的各个投影及其特点，请大家自行分析。

四、直线与平面的相对位置

直线与平面的相对位置有三种：平行、相交、垂直。垂直是相交的特殊情况。

（一）平行关系

（1）从几何学中可知，若面外一条直线与平面内一已知直线平行，则该面外直线必定平行于这个平面。如图 2-39 所示，直线 AB 平行于平面 P 上的一条直线 CD，所以直线 AB 平行于平面 P。

根据这一原理，可以判断一条直线是否与平面平行，或者求作一平行于已知平面的直线。

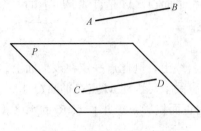

图 2-39　直线与平面平行

【例 2-13】 如图 2-40（a）所示，过已知点 K 作一条水平线 EF，平行于已知平面三角形 ABC。

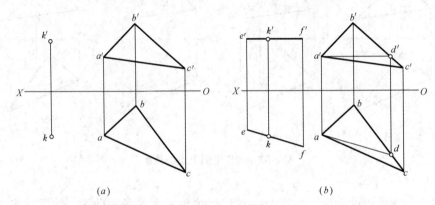

图 2-40　过已知点作已知平面的平行线

分析：

与平面三角形 ABC 平行的水平线，必平行于该平面上的一条水平线。可先在三角形 ABC 上作出一条水平辅助线，再过已知点 K 作一条水平线 EF，平行于三角形 ABC 上作出的水平辅助线即可。

作图：

如图 2-40（b）所示，先在三角形 ABC 上过 A 点作一条水平线 AD 的两面投影 $a'd'$ 和 $a''d''$，然后再过点 k 和 k' 分别作 ef∥ad、$e'f'$∥$a'd'$，ef 和 $e'f'$ 即为所求水平线 EF 的两面投影。

（2）当平面为投影面的垂直面时，与该平面平行的直线必有一投影与平面的积聚性投影平行。

如图 2-41 所示，若直线 AB 平行于铅垂面 P，则 AB 的水平投影 ab 必平行于 P 平面积聚性的水平投影 p。

（二）相交关系

直线与平面相交的交点既在直线上，又在平面上，是直线与平面的共有点。

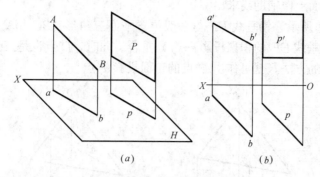

图 2-41 直线与投影面垂直面相平行

1. 一般位置直线与投影面垂直面相交

当一般位置直线与垂直于投影面的平面相交时，平面有积聚性的投影与直线的同面投影的交点，就是所求共有点的一个投影。另一投影可利用其从属特性，在直线的另一投影上直接找出。

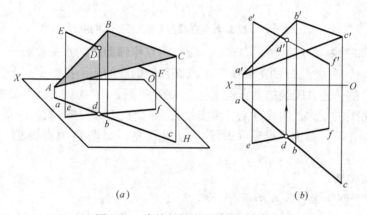

图 2-42 直线与投影面垂直面相交

如图 2-42（a）所示，三角形 ABC 垂直于水平面，其水平投影积聚为一条直线 abc。空间一直线 EF 与三角形 ABC 相交于点 D。因为交点 D 是平面三角形 ABC 上的点，其水平投影 d 必定在直线 abc 上。而交点 D 又同时是直线 EF 上的点，它的水平投影 d 必定在 ef 上。显然，直线 abc 与 ef 的交点 d 就是点 D 的水平投影。从点 d 向上作出铅垂线在 e'f' 上可作出交点 D 的正面投影 d'，如图 2-42（b）所示。

直线与平面相交时，直线的某一部分有可能被平面所遮挡，所以应进行可见性判断。为此可利用上遮下、前挡后的直观方法予以判断，或者可以利用重影点来判断。

对照图 2-42（a）所示的立体图可看出，在直线 EF 贯穿平面三角形 ABC 时，有一段可能被平面遮住而看不见，交点 D 即为可见段与不可见段的分界点。如图 2-42（b）所示，从水平投影可见，由于直线段 ED 在交点 D 的左前方，所以在正面投影中，e'd' 为可见（画成粗实线），而 d'f' 的一部分被三角形 ABC 遮挡住了为不可见，不可见的部分规定画成虚线。

2. 投影面垂直线与一般位置平面相交

当投影面垂直线与一般位置平面相交时，交点的一个投影与直线的积聚性投影重合，另一个投影可在平面上作辅助线求出。

如图 2-43（a）所示，铅垂线 EF 与一般位置平面三角形 ABC 相交，其交点 D 的水平面投影 d 必与铅垂线 EF 的积聚投影 e（f）重合。同时，D 点也是三角形 ABC 面上的点，利用面上找点的方法，就可作出 D 点的正面投影 d' 点。

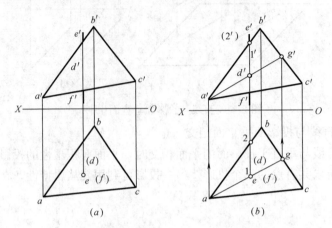

图 2-43 投影面垂直线与一般位置平面相交

作图过程如图 2-43（b）所示，过 a、(d) 两点作辅助线的水平投影 a（d）并延长与 bc 线相交于点 g，则交点 D 的正面投影 d' 点必在辅助线的正面投影 a'g' 上。利用线段 EF 与三角形 ABC 的一边 AB 线的重影点 I、II 来判断线段 EF 中的 ED 段处在 AB 线之前，所以，在正面投影中，e'd' 画成可见（粗实线）。而交点 D 到 F 这段的一部分，被平面三角形 ABC 遮挡住了，画成不可见（虚线）。由此可见，交点 D 为直线 EF 可见与不可见部分的分界点。

（三）垂直关系

1. 直线与投影面垂直面互相垂直

若直线垂直于投影面垂直面，则直线必平行于该平面所垂直的投影面，在该投影面上，直线的投影垂直于平面的有积聚性的同面投影。

如图 2-44 所示，直线 DE 垂直于铅垂面三角形 ABC，则 DE 必定是水平线，在水平投影面上 $de \perp abc$，在正面投影中 $d'e' // OX$ 轴，E 点为垂足。

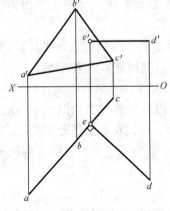 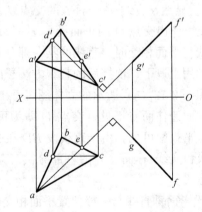

图 2-44 直线与投影面垂直面垂直　　图 2-45 一般位置直线垂直于一般位置平面的投影特性

2. 一般位置直线与一般位置平面互相垂直

当直线和平面均为一般位置时，判断它们是否垂直的几何条件是：该直线垂直于这个平面上的任意两条相交直线，则直线垂直于平面。因此，一般位置直线与一般位置平面的垂直问题实际上是直线与平面上两相交直线的垂直问题。

如图 2-45 所示，一般位置直线 GF 垂直于一般位置平面三角形 ABC，则必垂直于属于平面三角形 ABC 上任意两条相交直线，当然也包括该平面上两相交的水平线 AE 和正平线 CD。根据直角投影定理，在投影图上一定反映为直线 GF 的水平投影与三角形 ABC 上的水平线 AE 的水平投影垂直，即 $gf \perp ae$，GF 的正面投影与三角形 ABC 上的正平线 CD 的正面投影垂直，即 $g'f' \perp c'd'$。

由此得出一般位置直线与一般位置平面互相垂直的投影特性为：直线的正面投影垂直于这个平面上的正平线的正面投影；直线的水平投影垂直于这个平面上的水平线的水平投影；直线的侧面投影垂直于这个平面上的侧平线的侧面投影。利用这种投影特性，可以比较容易地求作垂直于某一平面的直线，或判断一直线是否垂直某平面。

【例 2-14】 如图 2-46 (a) 所示，已知点 A 和三角形 CDE 的投影，求作过 A 点并垂直于三角形 CDE 的直线 AB。

分析：

由于已知三角形 CDE 为一般位置平面，利用上述一般位置直线与一般位置平面互相垂直的投影特性，可以比较容易地作出过 A 点并垂直于三角形 CDE 的直线 AB。

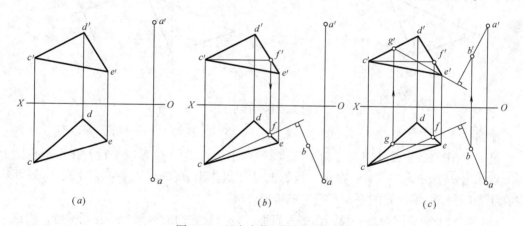

图 2-46 过定点作已知平面的垂线

作图：

(1) 如图 2-46 (b) 所示，在 V 投影面上过 c' 点作 OX 轴的平行线交 $d'e'$ 于点 f'，自点 f' 向下作 OX 轴的铅垂线，交 de 于点 f，连接 cf 并延长；再自 a 点向 cf 的延长线作垂线，在垂线上任取一点 b。

(2) 如图 2-46 (c) 所示，在 H 投影面上过 e 点作 OX 轴的平行线交 cd 于点 g，自点 g 向上作 OX 轴的垂线，交 $c'd'$ 于点 g'，连接 $g'e'$ 并延长；再自 a' 点向 $g'e'$ 的延长线作垂线。自点 b 向上作 OX 轴的垂线得到点 b'，ab、$a'b'$ 即为所求直线 AB 的投影。

五、两平面的相对位置

平面与平面的相对位置也有三种：平行、相交、垂直。垂直是相交的特殊情况。

(一) 平行关系

(1) 从几何学可知，一个平面上如果有两相交直线分别对应平行于另一个平面上的两相交直线，则该两平面相互平行（如图 2-47 所示）。

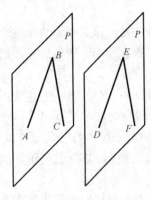

图 2-47 两平面平行

【例 2-15】 如图 2-48 (a) 所示，已知三角形 ABC 和点 K 的投影，求作经过已知点 K 的一平面平行于三角形 ABC。

分析：

因为点 K 在要求作的平面上，故可过点 K 作两条直线来确定一个平面；又因为要求作的平面与三角形 ABC 平行，所以若过点 K 所作的两条直线分别平行于三角形 ABC 的两条边，则可得所求的平面。

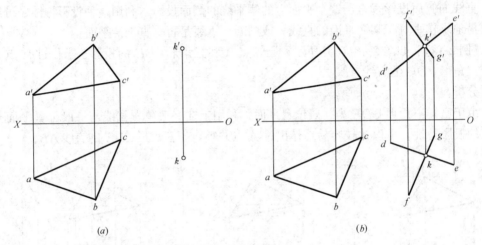

图 2-48 过已知点作平面平行于已知平面

作图：

过 K 点作两条直线分别与三角形 ABC 的两条边 AB、BC 对应平行。在水平投影上过 k 点作出 de∥ab，fg∥bc；在正面投影上过 k′点作出 d′e′∥a′b′，f′g′∥b′c′。则两相交直线 DE 和 FG 所决定的平面平行于三角形 ABC。

(2) 当两个平面同为某一投影面的垂直面时，只要它们的积聚投影互相平行，则这两个平面必定相互平行。

如图 2-49 所示，两个互相平行的铅垂面三角形 ABC 和四边形 DEFG，它们具有积聚性的水平投影 abc 必平行于 d(e)g(f)。

(二) 相交关系

平面与平面相交，其交线必为直线，该交线一定是两相交平面的共有线。

求作两平面交线的方法是先求出这两个平面的共有点，再连接这两个共有点即可形成两平面的交线。

(1) 当处于一般位置的平面与投影面垂直面相交时，投影面垂直面有积聚性的投影与一般面上任意两直线的同面投影的交点，就是交线上两点的同面投影，再找出另一面上的投影，同面投影连线即得交线的两投影。

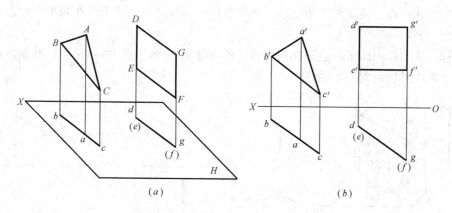

图 2-49 两投影面垂直面互相平行

【例 2-16】 如图 2-50（a）所示，求作一般位置平面三角形 ABC 与铅垂面三角形 DEF 的相交线 MN。

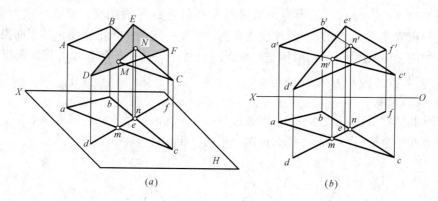

图 2-50 一般位置平面与投影面垂直面相交

分析：

如图 2-50（a）所示，分别求出三角形 ABC 的两条边 AC、BC 与三角形 DEF 的交点 M、N，连线 MN 即为两平面的交线。

作图：

1) 如图 2-50（a）所示，由于铅垂面 DEF 的水平投影有积聚性，而交线具有两面共有性，所以交线 MN 的水平投影 mn 与铅垂面 DEF 的同面投影 def 重合，故交线的水平投影 m、n 点为已知。

2) 因为 M 点既在直线 AC 上，又在平面 DEF 上，用前述求直线与投影面垂直面交点的方法，由 m 可直接作出 M 点的正面投影 m′，如图 2-50（b）所示。

3) 用同样的方法，可确定 N 点的正面投影 n′，连线 m′n′ 即为所求交线的正面投影。

4) 可见性判断：在正面投影中，两平面投影的重合范围内存在可见性判别问题，交线是可见与不可见部分的分界线，交线总是可见的，需用粗实线画出。从水平投影［对照图 2-50（a）所示立体图］可看出，交线 MN 把三角形 ABC 分成两部分，平面 CMN 部分在三角形 DEF 之前，因此，在三角形 ABC 的正面投影中，c′m′n′ 为可见部分，而 a′m′n′b′ 被三角形 DEF 遮挡住的部分为不可见。

（2）当两平面均为投影面的垂直面时，交线必为该投影面的垂直线，两平面具有积聚性的投影交于一点，该交点即为交线的积聚投影，交线的另一投影可在两平面投影的重合部分作出。

同样，交线作出以后，还需在两面投影的重叠部分判断它们的可见性。判断方法同线与面相交时可见性的判别方法。

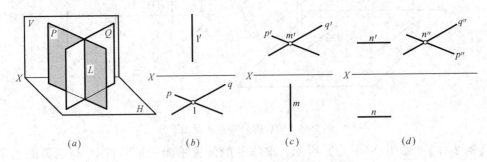

图 2-51　两投影面垂直面的交线

如图 2-51（a）、（b）所示为两个铅垂面 P 平面与 Q 平面相交，交线一定为铅垂线，其水平投影积聚成一点。同理，两相交正垂面的交线一定是一条正垂线，其正面投影积聚成一点，如图 2-51（c）所示；两相交侧垂面的交线一定是一条侧垂线，其侧面投影积聚成一点，如图 2-51（d）所示。

（三）垂直关系

（1）从几何学可知，如果一个平面通过另一个平面的一条垂线，或者说一个平面上如果有一条直线垂直于另一平面，那么这两个平面互相垂直。

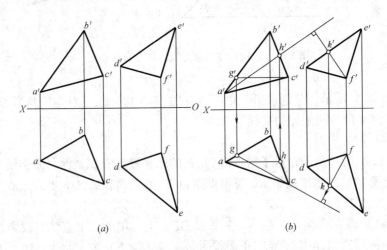

图 2-52　判断两平面是否互相垂直

如图 2-52（a）所示，已知三角形 ABC 和三角形 DEF 的投影，如果要判断它们之间是否相互垂直，可按如下方法进行判断：在三角形 ABC 上作一水平线 CG 和正平线 AH，若在三角形 DEF 上能作出一条与水平线 CG 和正平线 AH 垂直的直线，则可判断两平面相互垂直。即在三角形 DEF 上作直线 FK，使该线既垂直于 CG，又垂直于 AH，则直线 FK 垂直于三角形 ABC，所以这两个三角形相互垂直，如图 2-52（b）所示。否则，它们不相互垂直。

(2) 两投影面垂直面互相垂直时，它们的有积聚性的同面投影必定互相垂直，且交线是该投影面的垂直线。

如图 2-53（a）所示，两铅垂面 P、Q 互相垂直，则两平面有积聚性的水平投影互相垂直，交线 AB 必为铅垂线，其水平投影积聚成为一个点 a（b），如图 2-53（b）所示。

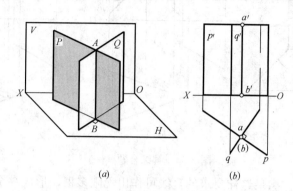

图 2-53 两投影面垂直面互相垂直

六、点、直线、平面的综合题

空间的几何问题一般涉及点、直线、平面之间的从属、距离和直线、平面之间的平行、相交、垂直、距离、夹角以及线、面本身的真长、真形等问题。如果求解的问题需要同时满足多个几何条件，所用的作图方法也不局限于某一种基本的作图方法，这样的作图题，称为综合性作图题。

解这些综合性作图题时，首先要明确已知条件和作图要求，然后把问题拿到空间里解决，想像出已知条件在空间的状态，进行空间几何关系的分析，理清解题思路和解题方案，确定解题的具体途径和作图步骤，最后再综合运用各种基本作图方法进行投影作图。最常用的基本作图方法有：

(1) 作出点、线、面的三面投影和辅助投影；
(2) 作平面上各种位置的直线，在线上定点；
(3) 通过一点或一直线作一平面，特别是作出投影面垂直面；
(4) 求直线与平面的交点；
(5) 求两平面的交线；
(6) 作一平面平行于一直线或另一平面；
(7) 向一平面作垂线；
(8) 作一平面垂直于另一平面等。

在具体解综合题时，针对不同的问题，还经常需要结合"轨迹"的概念来进行思考。所谓"轨迹"，是指满足某一具体条件的所有解的集合，所有这些解的集合便构成了满足该条件的轨迹。当一个问题提出几个要求时，可先少考虑一个要求。这时满足其他要求的解往往有无数多个，会形成一个轨迹。然后再在这个轨迹上找出满足所有要求的解。

【例 2-17】 如图 2-54（a）所示，求作一直线与两交叉直线 AB 和 CD 相交，同时与另一直线 EF 相平行。

分析：

如图 2-54（a）所示，先少考虑一个要求，只要求作出与已知直线 AB 相交并与已知

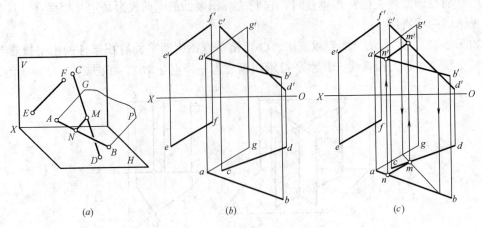

图 2-54 解综合题（一）

直线 EF 平行的直线。满足这样要求的直线可作出无限多根，形成一个既通过直线 AB 又平行于直线 EF 的平面。为此可过点 A 作直线 AG∥EF，由直线 AG 和直线 AB 所确定的平面 P，即为所求。然后在平面 P 上寻找一根还与已知直线 CD 相交的直线。求出 CD 与平面 P 的交点 M，并过 M 点作直线 MN 平行于 EF。MN 必定在平面 P 上并与直线 AB 相交，即为所求的直线。

作图：

（1）如图 2-54（b）所示，过点 A 作直线 AG∥EF，由直线 AG 和直线 AB 确定平面 P，分别作出直线 AG 在各投影面上的投影。

（2）按前述求直线与平面交点的方法求出直线 CD 与平面 P 的交点 M，并过 M 点作直线 MN 平行于直线 EF，分别作出直线 MN 在各投影面上的投影，如图 2-54（c）所示。MN 即为所求的直线。

【例 2-18】 如图 2-55（a）所示，过点 A 作一直线与三角形 DEF 平行并与已知直线 BC 相交。

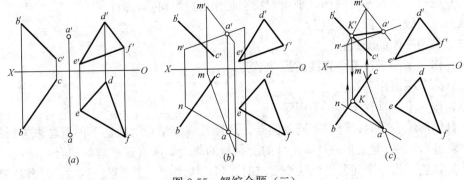

图 2-55 解综合题（二）

分析：

过点 A 作一系列平行于三角形 DEF 的直线的轨迹构成了一个平行于三角形 DEF 的平面，该平面与直线 BC 相交，会产生一个交点，连接该交点与 A 点所形成的直线即为所求。

作图：

(1) 如图 2-55 (b) 所示，过点 A 分别作直线 AM // DF 和直线 AN // EF，则由直线 AM 和 AN 所确定的平面 P 必定平行于三角形 DEF。

(2) 求出直线 BC 与平面 P 的交点 K，连接 A、K 两点，直线 AK 即为所求的直线，如图 2-55 (c) 所示。

解综合性作图题，有时候可以有不同的解题思路和解题方法，在进行空间分析、比较不同的作图方法后，应选择一种简便的作图方法，这样可以使作图过程简单明了，投影图清晰简洁。对于例题 2-18，请读者自行分析有否其他作图方法，并与本例的解题方法作一比较。

【例 2-19】 如图 2-56 (a) 所示，求作以直线 AB 为底边，顶点落在直线 DE 上的等腰三角形 ABC 的两面投影。

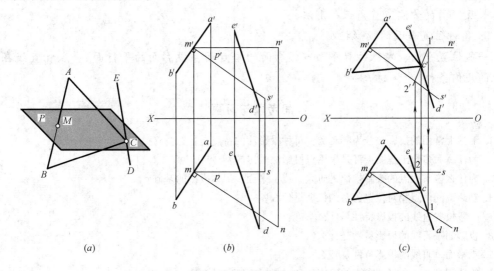

图 2-56 解综合题（三）

分析：

等腰三角形 ABC 的顶点 C，与底边 AB 的两个端点 A、B 的距离应相等，则该点必定落在一个垂直平分 AB 边的轨迹平面 P 上，如图 2-56 (a) 所示。所求的顶点 C 既要在平面 P 上，又要落在直线 DE 上，则只能是直线 DE 与平面 P 的交点。

作图：

(1) 如图 2-56 (b) 所示，过直线 AB 的中点 M 作水平线 MN 和正平线 MS 分别垂直于直线 AB，则由水平线 MN 和正平线 MS 所确定的平面 P 必定垂直于直线 AB。

(2) 再求出直线 DE 与平面 P 的交点 C，如图 2-56 (c) 所示。点 C 即为所求的等腰三角形 ABC 的顶点。

(3) 连接 AC 和 BC，所形成的三角形 ABC 即为所求，如图 2-56 (c) 所示。

本 章 小 结

本章主要介绍了：

1. 投影的形成、投影法分类

(1) 投影的形成：将发光点称光源，光线称投射线，地面或墙面称投影面，这种影子称投影。

(2) 投影法分类：分为中心投影法和平行投影法（正投影法、斜投影法）两大类。

2. 三面投影体系

直观图：也称为立体图；投影图：正投影面（简称正面，用 V 表示）、水平投影面（简称水平面，用 H 表示）和侧面投影面（简称侧面，用 W 表示）。

3. 点的投影规律及作图方法

两投影点连线垂直相应的轴，点的坐标 (x, y, z)，两点相对位置判断以坐标大小为准。

4. 直线的投影特征

一般位置直线、特殊位置直线（投影面的平行线、投影面的垂直线）；一般位置直线求真长及倾角的方法（直角三角形法）。

5. 各种位置平面的投影特征

一般位置平面、特殊位置平面（投影面的垂直面、投影面的平行面）；点和直线在平面上的几何条件。

思考题与习题

1. 工程上常用的投影法分为哪几类？每种投影法的特点是什么？
2. 为什么大多数工程图纸都是采用正投影法画出的？
3. 为什么说掌握点的投影规律是研究直线、平面、形体投影的基础？
4. 判断空间两点相对位置关系的依据是什么？
5. 一般位置直线的投影特性是什么？
6. 投影面平行线的投影特性是什么？
7. 投影面垂直线的投影特性是什么？
8. 简述用直角三角形法求直线段真长和对投影面倾角的方法。
9. 直线上的点有哪些特点？
10. 平行两直线的投影有什么特点？
11. 相交两直线的投影有什么特点？
12. 空间交叉两直线的投影有什么特点？
13. 平面的表示方法有哪些？
14. 一般位置平面的投影特性是什么？
15. 投影面平行面的投影特性是什么？
16. 投影面垂直面的投影特性是什么？
17. 点、直线在平面上的几何条件是什么？
18. 直线与平面、平面与平面的相对位置有哪些？各有什么特点？
19. 解点、直线、平面的综合性作图题的解题思路是什么？

第三章 立体的投影

【学习目标】 掌握基本形体的投影图画法及尺寸标注；掌握形体表面上求点和线的画法，并判断可见性；了解平面与立体相交、两立体相贯；了解组合体形成、分析的方法，掌握组合体的投影图画法及尺寸标注；掌握用形体分析法和线面分析法识读组合体投影图。

【知识重点】 平面立体（棱柱、棱锥）的投影图及尺寸标注；平面体表面求点和线；曲面立体（圆柱、圆锥和球）的投影作图及尺寸标注；曲面体表面上求点和线；平面与立体相交与两立体相贯；组合体的作图及尺寸标注；组合体投影图的识读。

任何复杂的立体都是由简单的基本几何体所组成。基本几何体可分为平面立体和曲面立体两大类。单纯由平面包围而成的基本体称为平面立体，如棱柱、棱锥等；而表面由曲面或曲面与平面围成的基本体称为曲面立体，如圆柱、圆锥、球体等。

第一节 平面立体的投影图及尺寸标注

平面立体中最常用的是棱柱和棱锥。

一、棱柱体的投影

棱柱是由两个底面和几个侧棱面构成的。如图 3-1（a）所示的六棱柱，其顶面和底面为两个水平面，它们的水平投影重合且反映六边形实形，正面投影和侧面投影分别积聚成直线；前后两个侧棱面是正平面，它们的正面投影重合且反映实形，水平投影和侧面投影积聚为直线；其余四个侧棱面是铅垂面，水平投影积聚为四条线，正面投影和侧面投影均反映类似形。由以上分析可得如图 3-1（b）所示的三面投影。

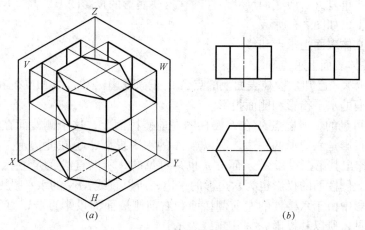

图 3-1 六棱柱的投影
(a) 轴测图；(b) 投影图

由此可见，作棱柱的投影图时，可先作反映实形和有积聚性的投影，然后再按照"长对正、宽相等、高平齐"的投影规律作其他投影。

二、棱锥体的投影

棱锥只有一个底面，且全部侧棱线交于有限远的一点（即锥顶）。如图 3-2 (a) 所示的三棱锥，其底面 ABC 是水平面，它的水平投影反映三角形实形，正面投影和侧面投影积聚成水平的直线；后棱面 SAC 为侧垂面，其侧面投影积聚成直线，正面投影和水平投影均反映类似形；而另两个侧棱面 SBC 和 SAB 为一般位置平面，其投影全部为类似形。由以上分析可得如图 3-2 (b) 所示的三面投影。

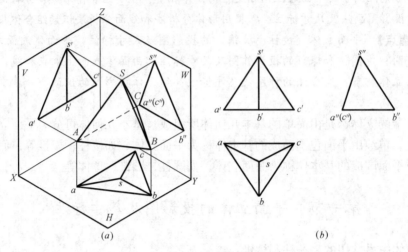

图 3-2 三棱锥的投影
(a) 轴测图；(b) 投影图

由此可见，作棱锥的投影图时，可先作底面的各个投影，再作锥顶的各面投影，最后将锥顶的投影与同名的底面各点投影连接，即为棱锥的三面投影。

三、平面立体投影图的尺寸标注

对于平面立体的尺寸标注，主要是要注出长、宽、高三个方向的尺寸，一个尺寸只须注写一次，不要重复。一般底面尺寸应注写在反映实形的投影图上，高度尺寸注写在正面或侧面投影图上，如图 3-3 所示。

四、平面立体表面上求点和线

（一）棱柱体表面上求点和线

如图 3-4 所示，已知六棱柱表面上的点 A 的正面投影 a' 和直线 MN 的正面投影 $m'n'$，现在要作出它们的水平投影和侧面投影。

由于 a' 是可见的，所以点 A 在六棱柱的左前侧棱面上，这个侧棱面在水平面上投影呈积聚性，其投影是六边形的一边，所以点 A 的水平投影 a 也在此边上，再由点的两个投影 a' 和 a，作出其第三投影 a''。而 $m'n'$ 也是可见的，所以直线 MN 在六棱柱的右前侧棱面上，同样此侧棱面的投影也为六边形的一边，所以直线 MN 的水平投影 mn 也在此边上，在侧面投影中由于六棱柱的左前侧棱面和右前侧棱面的投影重合，直线 MN 所在的侧棱面为不可见，所以其投影 $m''n''$ 用虚线表示。

（二）棱锥体表面上求点和线

如图 3-5 所示，已知三棱锥表面上 N 点的水平投影 n、G 点的正面投影 g' 和 M 点的正面投影 m'，现在要作出它们的另两面投影，也即得出了直线 NG 的三面投影。

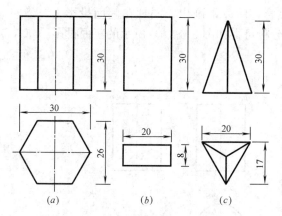
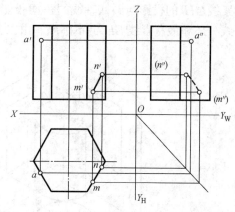

图 3-3 平面立体投影图的尺寸标注示例
(a) 六棱注；(b) 四棱柱；(c) 三棱柱

图 3-4 六棱柱体表面上点的投影和直线的投影

由于 N 和 G 点所在的平面 SAB 为一般位置平面，三面投影都没有积聚性，所以可连接点 N 的水平投影 n 与锥顶投影 s，交 ab 于点 1，1 点在 ab 上，故 1′点在 a′b′上，所以求得的 n′ 也在 s′1′上，再由 n′ 和 n 求得其第三面投影 n″；同理 G 点的另两面投影也通过作辅助线 S2 求得，需注意的是平面 SAB 在三个投影面上的投影均是可见的，所以求得的 N、G 各投影也均为可见；而由 M 点的正面投影 m′ 不可见，可知 M 点在 SAC 面上，SAC 面的侧面投影积聚为一直线，所以 M 点的侧面投影 m″ 必在此直线上，由 m′ 和 m″ 可求出 m。最后，将所求得的 N 和 G 的三面同名投影连接即为直线 NG 的三面投影。

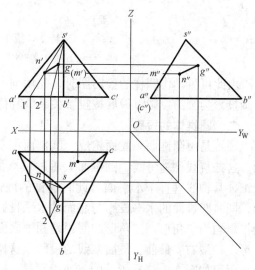

图 3-5 三棱锥表面上点的投影和直线的投影

第二节 曲面立体的投影图及尺寸标注

曲面立体中最常用的是圆柱、圆锥和球体。

一、圆柱体的投影

圆柱是由圆柱面和顶、底面围成的。圆柱面可看成是由一条直线绕与之平行的轴线旋转而成的。这条直线称为母线，圆柱面上任意一条平行于轴线的直线称为素线。如图 3-6 (a) 所示的圆柱，其轴线垂直于水平面，此时圆柱面在水平面上投影积聚为一圆，且反映顶、底面的实形，同时圆柱面上的点和素线的水平投影也都积聚在这个圆周上；在 V 面和 W 面上，圆柱的投影均为矩形，矩形的上、下边是圆柱的顶、底面的积聚性投影，矩形的左、右边是圆柱面上最左、最右、最前、最后素线的投影，这 4 条素线是 4 条特殊素线，是可见的左半圆柱面和不可见的右半圆柱面、可见的前半圆柱面和不可见的后半圆柱面的分界线，也可称它们为转向轮廓线，其中在正面投影上，圆柱的最前素线 CD 和最

53

后素线 GH 的投影与圆柱轴线的正面投影重合，所以不画出，同理在侧面投影上，最左素线 AB 和最右素线 EF 也不画出。由以上分析可得如图 3-6 (b) 所示的三面投影。

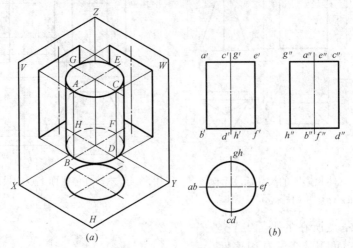

图 3-6　圆柱体的投影
(a) 轴测图；(b) 投影图

由此可见，作圆柱的投影图时，先用细点划线画出三面投影的中心线和轴线位置，然后画投影为圆的投影，最后按投影关系画其他两个投影。

二、圆锥体的投影

圆锥是由圆锥面和底面组成。圆锥面可看成是由一条直线绕与之相交的轴线旋转而成的。这条直线称为母线，圆锥面上通过顶点的任一直线称为素线。如图 3-7 (a) 所示的圆锥，其轴线垂直于水平面，此时圆锥的底面为水平面，它的水平投影为一圆，反映实形，同时圆锥面的水平投影与底面的水平投影重合且全为可见；在 V 面和 W 面上，圆锥的投影均为三角形，三角形的底边是圆锥底面的积聚性投影，三角形的左、右边是圆锥面上最左、最右、最前、最后素线的投影，这四条特殊素线的分析方法和圆柱一样。由以上分析可得如图 3-7 (b) 所示的三面投影。

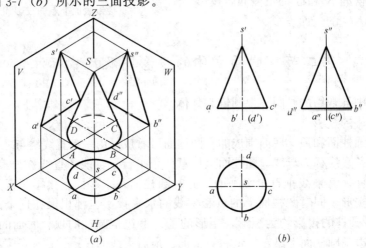

图 3-7　圆锥体的投影
(a) 轴测图；(b) 投影图

由此可见，作圆锥的投影图时，先用细点划线画出三面投影的中心线和轴线位置，然后画底面圆和锥顶的投影，最后按投影关系画出其他两个投影。

三、球体的投影

圆球是由球面围成的。球面可看成是由一条圆母线绕它的直径旋转而成的。如图 3-8 (a) 所示的球体，其三面投影都是与球直径相等的圆，但这三个投影圆分别是球体上三个不同方向转向轮廓线的投影。正面投影是球体上平行于 V 面的最大的圆 A 的投影，这个圆是可见的前半个球面和不可见的后半个球面的分界线，其水平投影和侧面投影分别与相应的中心线重合，所以不画出，同理水平投影是球体上平行于 H 面的最大的圆 B 的投影，而侧面投影是球体上平行于 W 面的最大的圆 C 的投影，分析方法同圆 A 一样。由以上分析可得如图 3-8 (b) 所示的三面投影。

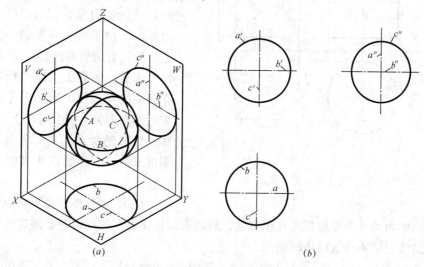

图 3-8　球的投影
(a) 轴测图；(b) 投影图

由此可见，作球体的投影图时，只须先用细点划线画出三面投影的中心线位置，然后分别画三个等直径的圆即可。

四、曲面立体投影图的尺寸标注

对于曲面立体的尺寸标注，其原则与平面立体基本相同。一般对于圆柱、圆锥应注出

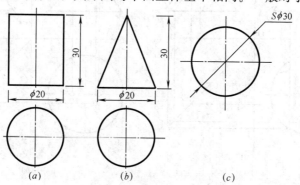

图 3-9　曲面立体投影图的尺寸标注示例
(a) 圆柱；(b) 圆锥；(c) 球体

底圆直径和高度,而球体只需注其直径,但在直径数字前面应加注"S∅"。具体如图 3-9 所示。

五、曲面立体表面上求点和线

(一) 圆柱体表面上求点和线

在圆柱体表面上求点,可利用圆柱面的积聚性投影来作图。如图 3-10 所示,已知圆柱面上有一点 A 的正面投影 a',现在要作出它的另两面投影。由于 a' 是可见的,所以点 A 在左前半个圆柱面上,而圆柱面在 H 面上的投影积聚为圆,则 A 点的水平投影也在此圆上,所以可由 a' 直接作出 a,再由 a' 和 a 求得 a'',由于 A 点在左前半个圆柱面上,所以它的侧面投影也是可见的。

求圆柱体表面上线的投影,可先在线的已知投影上定出若干点,再用求点的方法求出线上这若干点的投影,然后依次光滑连接其同名投影,并判别可见性,即为圆柱体表面上求线的作法。

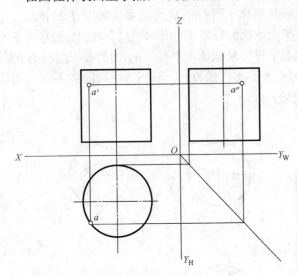

图 3-10 圆柱体表面上求点

(二) 圆锥体表面上求点和线

由于圆锥面的三个投影都没有积聚性,所以求圆锥面上点的投影时必须在锥面上作辅助线,辅助线包括辅助素线或辅助圆。

如图 3-11 所示,已知圆锥面上的点 A、B、C 的正面投影 a'、b'、c',现在要作出它们的另两面投影。

1. 辅助素线法

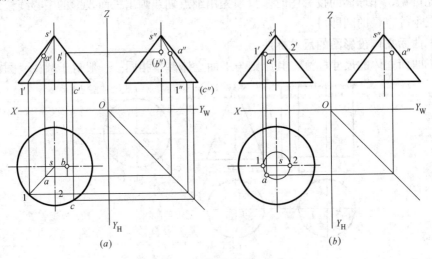

图 3-11 圆锥体表面上求点
(a) 辅助素线法;(b) 辅助圆法

如图 3-11（a）所示，点 B 和点 C 的正面投影一个在最右素线上，一个在底面圆周上，均为特殊点且可见，所以直接过 b'、c' 作 OX 轴的垂线即可得 b、c，进而可求得 b''、c''，且 B、C 都在右半个锥面上，所以 b''、c'' 均为不可见。A 点在圆锥面上，所以过 a' 作素线 $S1$ 的正面投影 $s'1'$，求出素线的水平投影 $s1$ 和侧面投影 $s''1''$，过 a' 分别作 OX 轴与 OZ 轴的垂线交 $s1$、$s''1''$ 于 a、a''，即为所求。由于圆锥面在 H 面上的投影均为可见，所以 a 也为可见，而由于 a' 可见，可知 A 点在圆锥面的左前方，则其侧面投影也是可见的。

2. 辅助圆法

如图 3-11（b）所示，过 a' 作一垂直于圆锥轴线的平面（水平面），这个辅助平面与圆锥表面相交得到一个圆，此圆的正面投影为直线 $1'2'$，其水平投影是与底面投影圆同心的直径为 $1'2'$ 的圆，由于 a' 是可见的，所以 A 点在前半个辅助圆上，那么 a 也必在辅助圆的前半个水平投影上，所以过 a' 作 OX 轴垂线交辅助圆于 a 点，再由 a' 和 a 求得 a''，也由于 a' 在左前方，所以 a'' 也是可见的。

而圆锥体表面上求线的方法和圆柱的相同。

（三）球体表面上求点和线

由于球面的各面投影都无积聚性且球面上没有直线，所以在球体表面上求点可利用球面上平行于投影面的辅助圆来解决。

如图 3-12 所示，已知球面上点 A 的正面投影 a'，现在要作出其另两面投影。过 A 点作一个平行于水平面的辅助圆，即在正面投影上过 a' 作平行于 OX 轴的直线，交圆周于 $1'$、$2'$，此 $1'2'$ 即为辅助圆的正面投影，其长度等于辅助圆的直径，再作此辅助圆的水平投影，为一与球体水平投影同心的圆，由于 a' 可见，所以可知 A 点在球体的左前上方，那么 A 点在水平面上的投影也可通过 a' 作 OX 轴的垂线，交辅助圆的水平投影于 a 得到，且 a 为可见，再由 a' 和 a 求出 a''，同理 A 点在左侧，所以 a'' 也可见。当然也可通过 A 点作平行于正面或侧面的辅助圆，方法同上。

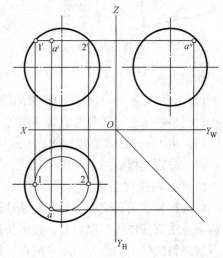

图 3-12　球体表面上求点

球体表面上求线的方法和圆柱的也相同。

第三节　平面与立体相交及两立体相贯

一、平面与立体相交

如图 3-13 所示。当平面切割立体时，立体表面（内表面或外表面）要产生截交线，这个平面称为截平面，由截交线围成的平面图形称为截断面。截平面与立体的相对位置不同，截交线的形状也各不相同。

截交线具有下列性质：

（1）截交线既在截平面上，又在立体表面上，因此截交线是截平面与立体表面的共有线，截交线上的点是截平面与立体表面的共有点。

(2) 由于立体表面是封闭的，因此截交线是封闭的平面图形。

1. 平面与棱锥（三棱锥）相交

如图 3-14 所示。一个三棱锥被一个正垂面（P_V）切割，求作其截交线，并绘出立体的三面投影。

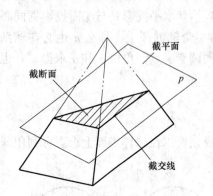

图 3-13　平面与平面立体相交

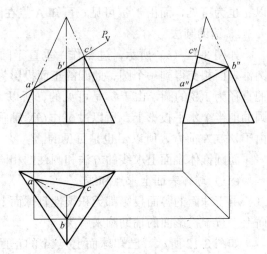

图 3-14　平面与三棱锥相交

作图过程：

(1) 利用截平面（P_V）的积聚的特点，先找出截交线各顶点的正面投影 a'、b'、c'；

(2) 根据 a'、c' 可求出 a、c 和 a''、c''；

(3) 由 b'、b'' 按投影规律求出 b；

(4) 分别连接 a、b、c 和 a''、b''、c''，完成作图。

2. 平面与圆柱相交

求圆柱表面的截交线，可利用圆柱轴线垂直于某一投影面时其表面投影的积聚性，用表面取点法直接作图。取点时，先求特殊点，即最高、最低、最左、最右、最前、最后点以及转向轮廓线上的点，再求中间点。特殊点要取全，中间点要适当。如图 3-15 所示。

作图过程：

(1) 求特殊点。根据 a、b、c、d 和 a'、b'、c'、d' 求得 a''、b''、c''、d''；

(2) 求中间点。根据 e、f、g、h 和 e'、f'、g'、h' 求得 e''、f''、g''、h''；

(3) 依次光滑连接 e''、f''、g''、h''，即为所求截交线（椭圆）的侧面投影。当（P_V）面与轴线成 45°时，椭圆长、短轴的侧面投影相等，其投影为圆。

二、两立体相贯

两立体相交也称两立体相贯，该两立体称为相贯体，两立体表面的交线称为相贯线。相贯线是两立体的共有线，相贯线上的每一个点都是两立体的共有点。相贯线一般是空间闭合线。

1. 两平面立体相贯

如图 3-16（a）所示。求作高低房屋相交的表面交线。

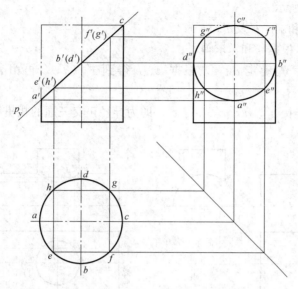

图 3-15 平面与圆柱截交线的画法

作图过程：

如图 3-16（b）所示。

(1) 由 b、f 和 b'、f' 求得 b''（f'')；

(2) 由 d' 和 d'' 求得 d；

(3) 由 c'、e' 和 c''（e）"求得 c、e。

根据投影关系连线，即为所求。

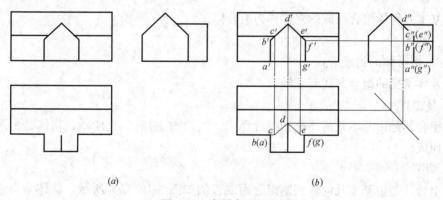

图 3-16 高低房屋相交
(a) 已知条件；(b) 作图过程

2. 两曲面立体相贯

两曲面立体相贯线，一般是空间曲线，特殊情况下可能是平面曲线或直线。

在求相贯线的点时，先确定它的特殊点，即能够确定相贯线的投影范围和变化趋势的点，然后，根据需要求作相贯线的一些中间点，再依次光滑连线，求得相贯线的投影。

如图 3-17（a）所示。求作异径正交三通相贯线。

作图过程：

如图 3-17 (b) 所示。

(1) 确定 a、b 和 a'、b' 及 a'' (b'');

(2) 求特殊点。根据 c 和 c'' 求得 c';

(3) 求中间点。先确定 d、e，根据 d、e 得到 e'' (d'')，再由 d、e 和 e'' (d'') 求得 d'、e';

(4) 依次光滑连接 a'、d'、b'、e'、c'，即为异径正交三通的相贯线。

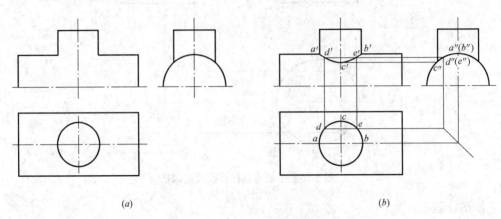

图 3-17 异径正交三通相贯线
(a) 已知条件；(b) 作图过程

第四节 组合体的作图及尺寸标注

由基本几何体组合而成的立体称为组合体。

一、概述

(一) 组合体的组成形式

组合体常见的组合方式有三种:

1. 叠加

即组合体是由基本几何体叠加组合而成。例如图 3-18 (a) 所示，物体是由两个圆柱体叠加而成。

2. 切割

即组合体是由基本几何体切割组合而成。例如图 3-18 (b) 所示，物体是由一个四棱柱中间切一个槽，前面切去一个三棱柱而成。

3. 复合

即组合体是由基本几何体叠加和切割组合而成。例如图 3-18 (c) 所示，物体是由两个四棱柱体叠加而成，其中靠上的四棱柱又在中间切割了一个半圆形的槽。

(二) 组合体各形体之间的表面连接关系

构成组合体的各基本形体之间的表面连接关系一般可分为四种:

1. 共面

即两相邻形体的表面共面时，表面平齐，视图上平齐的表面之间不存在分界线。例如

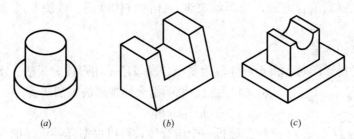

图 3-18 组合体的组成形式
(a) 叠加；(b) 切割；(c) 复合

图 3-19 (a) 所示。

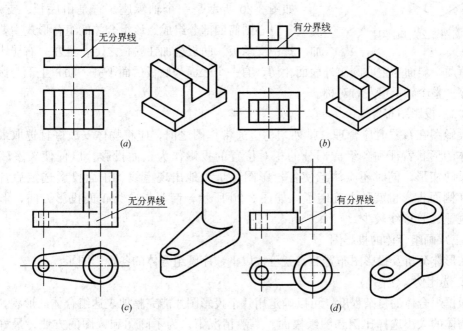

图 3-19 组合体各形体之间的连接关系
(a) 共面；(b) 不共面；(c) 相切；(d) 相交

2. 不共面

即两相邻形体的表面不共面时，表面不平齐，也就是不平齐的表面之间相交，投影图上存在分界线。例如图 3-19 (b) 所示。

3. 相切

即两相邻形体的表面相切时，相切处光滑过渡，投影图上没有分界线。例如图 3-19 (c) 所示。

4. 相交

即两相邻形体的表面相交时，投影图上相交处应画出交线。例如图 3-19 (d) 所示。

（三）形体分析法

在下面的学习中，经常遇到的一个解决组合体问题的基本方法就是形体分析法。形体分析法就是将组合体分解为若干基本几何体，根据各部分的投影特性，弄清各基本几何体

61

的形状、相对位置及组合方式，从而解决组合体的整体画图、读图及尺寸标注等问题的方法。

二、组合体的画法

画组合体的投影图时，由于形体较为复杂，所以应采用形体分析法。现以轴承座（图3-20）为例，说明组合体视图的画法步骤。

（一）形体分析

分析一个组合体，可以根据其特点，把它看作是由若干个基本几何体所组成，或是基本几何体切掉了某些部分，然后再分析这些基本几何体的形状、相对位置和组合方式、连接关系。

图 3-20 轴承座

如图 3-20 所示是一个轴承座。它是由底板、支承板、肋板、空心圆筒四部分组成。该组合体的组合形式主要是叠加。其中支承板、肋板叠加在底板之上，且左、右居中，支承板有两个斜面与空心圆筒外表面相切，有一个表面与底板后面平齐，肋板上部与圆筒表面相交。整个轴承座左右对称。

（二）投影图布置

投影图在布置时应合理、排列匀称。通常作图之前，应将物体安放好且选取最能反映物体的形状特征和各组成部分的相对位置的投影作为正面投影，以便使较多表面的投影反映实形，同时还应注意使各投影图尽量少地出现虚线。正面投影选定后，水平投影和侧面投影也就随之确定了。如图 3-20 所示，箭头指向为正面投影方向，形状特征较明显，且虚线较少。

（三）画组合体的投影图

在形体分析及投影图布置后，就可按以下顺序画组合体的各投影图了。

1. 选比例、定图幅

根据组合体的复杂程度，可以确定用几个投影图才能完整地表达组合体的形状，进而根据物体的大小选择比例和图纸幅面。一般情况下，为了画图和读图的方便，最好采用 1∶1 的比例。

2. 布置图面

（1）根据所选比例和投影图的数量进行图面布置。要求布图匀称，各投影图间应留有标注尺寸的位置。布置投影图时可先画出投影图的对称线、基准线、圆的中心线等，以便确定各投影图的位置。

（2）画底稿。据形体分析分别画出各基本几何体的投影图。画轴承座的具体步骤如下：

1）画底板的三面投影，如图 3-21（a）所示。

2）画空心圆筒的三面投影，如图 3-21（b）所示。

3）画支承板的三面投影，如图 3-21（c）所示。

4）画肋板及底板圆柱的三面投影，如图 3-21（d）所示。

（3）检查、加深。底稿完成后，应仔细检查，修正错误，擦去多余的线条，按规定的线形加深，如图 3-21（e）所示。

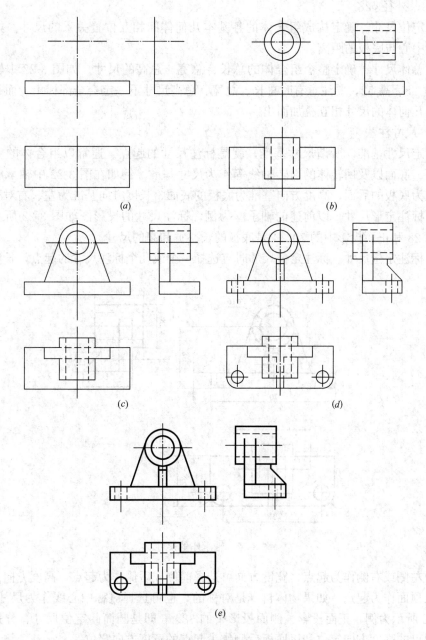

图 3-21 轴承座三面投影的作图步骤

(a) 画底板三面投影；(b) 画空心圆筒三面投影；(c) 画支承板三面投影；
(d) 画肋板及底板圆柱的三面投影；(e) 检查，加深

三、组合体投影图的尺寸标注

投影图只能用来表达组合体的形状，而组合体的大小和其中各构成部分的相对位置，还应在组合体的各投影图画好后标注尺寸。

（一）尺寸种类

(1) 定形尺寸。确定构成组合体的各基本几何体的形状大小的尺寸。如图 3-22 中圆

筒的长28，外径ϕ28。

(2) 定位尺寸。确定构成组合体的各基本几何体间相互位置关系的尺寸。如图3-22中圆筒的中心与底板的距离。

(3) 总体尺寸。确定整个组合体的总长、总宽、总高的尺寸。如图3-22中轴承座的长70、宽28、高52，要注意有时总长、总宽、总高尺寸不一定会全部标出，而是通过各组成基本几何体的尺寸相互叠加而出。

（二）尺寸注法

(1) 定尺寸基准。所谓尺寸基准，就是标注尺寸的起点。通常以组合体的对称中心线、端面、底面以及回转体的回转轴线等作为尺寸基准。例如在图3-22中轴承座的宽度方向基准为底板的后面，高度方向基准为底板的底面，长度方向基准为左、右对称面。

(2) 标注定形尺寸。以前述的轴承座为例，标注尺寸的投影图如图3-22所示，水平投影中的28和正面投影中的70、4是底板的长、宽和高的尺寸。

(3) 标注定位尺寸。标注定位尺寸时应选择一个或几个标注尺寸的起点，长度方向一

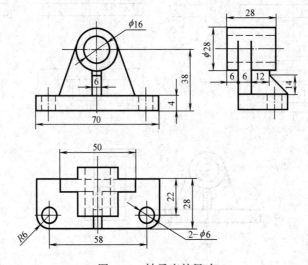

图3-22 轴承座的尺寸

般可选择左侧或右侧作为起点，宽度方向可选择前侧或后侧作为起点，高度方向一般可选择底面或顶面作为起点。如果物体自身是对称的，也可选对称中心线作为尺寸的起点，以图3-22所示为例，正面投影、侧面投影中的38、6即是圆筒的定位尺寸，分别是以底面作为起点的高度方向定位和以底板后侧作为起点的宽度方向定位。

(4) 标注总体尺寸。在上述标注后，还应标注物体的总长、总宽和总高尺寸，需要注意的是：有时组合体的总体尺寸会与部分构成形体的定位尺寸重合，这时只需将没注出的尺寸注出即可，不要重复标注尺寸。

第五节　组合体投影图的识读

组合体的读图就是运用前面各章讲述的正投影原理和特性，根据所给投影图，进行分析，想象出组合体的空间形状。

一、读图前应熟练的内容

(一) 充分熟练投影特性，仔细分析投影图中的线框和图线的含义

(1) 投影图中的每一条线都可能是物体上面与面的交线或曲面的转向轮廓线的投影，或是物体上的一些面的积聚性投影；

(2) 投影图中的每一个线框都可能是物体的某个平面、曲面或孔、槽的投影；

(3) 各个投影图对照读图时，要注意抓住一般位置平面及垂直面的非积聚性投影都有类似性这个特点。如图 3-23 所示。

(二) 掌握形体的相邻各表面之间的相对位置

经过分析我们知道了构成组合体的各基本形体的形状特征，但如果不分析各基本形体相邻各表面之间的相对位置关系，整个组合体的形状还是不能准确得出。如图 3-24 (a) 所示，如果只看物体的正面投影、水平投影，物体上的 1 和 2 两部分的位置关系也就无法确定，那么整个物体也无法准确读出，至少可以是两种情况，而如果结合物体的侧面投影看，我们就会看到物体上 1 和 2 两部分的相对位置关系，整体形状也就确定了，如图 3-24 (b) 所示。

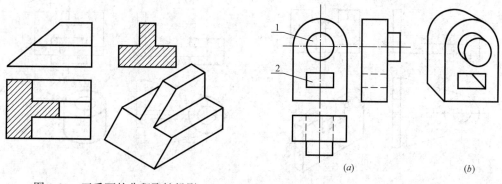

图 3-23　正垂面的非积聚性投影　　　　图 3-24　形体间的相互位置

二、读图的基本方法

组合体读图常用的方法是形体分析法和线面分析法。

(一) 形体分析法

就是根据投影图的投影特性在投影图上分析组合体的图形特征，分析组合体各组成部分的形状和相对位置，将组合体分线框、对投影、辨形体、定位置，然后综合起来想象出整个组合体的形状。读图时一般以正面投影为主，同时联系侧面投影、水平投影进行形体分析。

(二) 线面分析法

就是根据线、面的投影特性，按照组合体上的线及线框来分析各形体的表面形状、分析形体的表面交线的方法。用这种方法是先分析组合体各局部的空间形状，然后想象出整体的形状。

那么，一般在组合体读图时以形体分析法为主，在投影图中有些不易看懂的部分或有些切割组合方式的形体，还应辅之以线面分析法。

三、读图步骤

读图时，首先应粗读所给出的各个投影图，从整体上了解整个组合体的大致形状和组成方式，然后再从最能反映组合体形状特征的投影（一般是正面投影）入手进行形体分析。根

据投影中的各封闭线框,把组合体分成几部分,按投影关系结合各个投影图逐步看懂各个组成部分的形状特征,最后综合各部分的相对位置和组合方式,想像出组合体的整体形状。

下面结合实例,介绍组合体的读图步骤。

【例 3-1】 已知组合体的三面投影,通过读图想像出该组合体的空间形状,如图 3-25 所示。

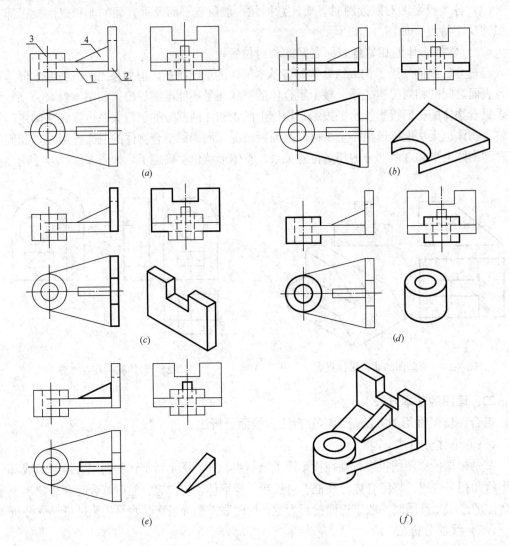

图 3-25 组合体的读图步骤
(a) 分线框;(b) 形体 1;(c) 形体 2;(d) 形体 3;(e) 形体 4;(f) 整体形状

【解】 (1) 看投影图,分解形体(分线框)。先粗读所给的各个投影图,一般以正面投影为主,配合其他投影图,经过投影分析可大致了解组合体的形状及组成方式,在此基础上,应用形体分析法,将组合体分解为几个基本部分。在此例中,我们将组合体分成 1、2、3、4 四部分,如图 3-25 (a) 所示。

(2) 对照投影,确定形状。根据投影的"三等"对应关系,借助三角板、分规等制图工具从正面投影着手,将每部分的各投影划分出来,仔细地分析、想像,确定每个基本部分的形状。在此例中，矩形 1 和水平投影的梯形线框、侧面投影的矩形线框相对应，这就可以确定该组合体的底部是一个如图 3-25（b）所示的带缺口的梯形板 1；矩形线框 2 在水平投影与侧面投影中对应的也分别为矩形线框和带缺口的矩形线框，由此可知其空间形状是如图 3-25（c）所示的凹字形形体 2；同样可以分析出正面投影中矩形内有虚线的 3 所对应的另两投影是两个同心圆及矩形内加虚线，所以可知其空间形状是如图 3-25（d）所示的圆筒；再看正面投影中的三角形 4，在水平投影和侧面投影中与之对应的都是矩形，所以它的空间形状是如图 3-25（e）所示的三棱柱。

（3）分析相对位置和表面连接关系。由水平投影与侧面投影可以看到，该组合体前后对称，水平梯形板的前后两个铅垂面均与圆筒表面相切，三棱柱前后对称的放在形体 1 上，形体 1 和形体 2 的下表面齐平。

（4）合起来想整体。在看懂每部分形体和它们之间的相对位置及连接关系的基础上，最后综合起来想出组合体的整体形状，如图 3-25（f）所示。

【例 3-2】 已知组合体的三面投影，通过读图想像出该组合体的整体形状，如图 3-26（a）所示。

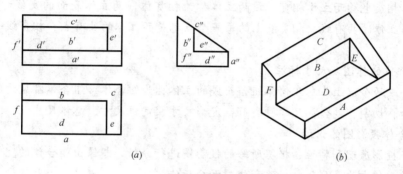

图 3-26 组合体的读图步骤
（a）线面分析；（b）整体形状

【解】 （1）将投影分解为各个部分，并分析各自的形状。在正面投影中有三个封闭线框 a'、b'、c'，按"高平齐"的投影关系，a' 对应在 W 投影面上是一条竖线 a''，根据平面的投影规律可知 A 是一个正平面，它的 H 面投影应为与之长对正的水平线 a；同理正面投影中的 b' 在 W 投影面上是一条竖线 b''，那么它也是一个正平面，且水平投影应为与之长对正的水平线 b；而正面投影中的 c' 在 W 投影面上是一条斜线 c''，因此 C 平面应为侧垂面，它的水平投影不仅与它的正面投影长对正且应为正面投影的类似形，也即为水平投影中的 c；同样的分析方法，在水平投影中给剩余的封闭线框也编号 d，侧面投影中的封闭线框也编号 e''、f''，并找出这几个线框对应的其他各面投影，确定各自空间形状和正面投影中线框的分析方法一样，可以得出 D 是水平面，E 和 F 是侧平面。

（2）根据投影，分析相对位置。由正面投影可知形体的上下、左右位置，由水平投影可知形体的前后、左右位置，由左视图可知形体的上下、前后位置。例如从正面投影上可以看出 B 平面在 C 平面的下方、A 平面的上方。其他位置可以自行分析。

（3）综合起来想整体。根据以上两步的分析，可以综合想出此物体的整体形状为在长方体的上方切去一个三棱柱体，再在剩余形体的左上前方切去一个小的三棱柱体，如图

3-26（b）所示。

本章小结

本章主要介绍了：

1. 平面立体的投影图及尺寸标注

平面立体中最常用的是棱柱和棱锥。按照"长对正、宽相等、高平齐"的投影规律作其他投影。对于平面立体的尺寸标注，主要是要注出长、宽、高三个方向的尺寸，一个尺寸只需注写一次，不要重复。

2. 曲面立体的投影图及尺寸标注

曲面立体中最常用的是圆柱、圆锥和球体。对于曲面立体的尺寸标注，其原则与平面立体基本相同。

3. 平面与立体相交与两立体相贯

当平面切割立体时，立体表面（内表面或外表面）要产生截交线，这个平面称为截平面，由截交线围成的平面图形称为截断面。

两立体相交也称两立体相贯，该两立体称为相贯体，两立体表面的交线称为相贯线。相贯线是两立体的共有线，相贯线上的每一个点都是两立体的共有点。相贯线一般是空间闭合线。

4. 组合体的作图及尺寸标注

由两个或两个以上基本几何体组合而成的立体称为组合体。组合体常见的组合方式有三种：叠加、切割、复合；尺寸种类有：定形尺寸、定位尺寸、总体尺寸。

5. 组合体投影图的识读

运用正投影原理和特性，根据所给的投影图进行分析，想像出组合体的空间形状。组合体读图常用的方法是形体分析法和线、面分析法。

思考题与习题

1. 平面立体与曲面立体的区别？
2. 立体表面上的点的求法？什么是素线？
3. 平面与圆柱相交能产生哪几种截交线？
4. 平面与立体相交怎样求相贯线？
5. 曲面立体与曲面立体相交如何选择特殊点和一般点？
6. 组合体的组成形式有几种？构成组合体的各基本几何体表面之间的连接关系有几类？
7. 什么是形体分析法？什么是线、面分析法？
8. 组合体的尺寸有几类？
9. 试述组合体的读图方法及步骤？

第四章 轴测投影

【学习目标】 了解轴测投影的形成、分类和轴向变形系数、轴间角；掌握立体正等测、斜等测图的画法。

【知识重点】 投影的形成、种类、特点及各种部位名称；正等测、斜等测图画法。

前面几章介绍了用正投影法表达空间物体，正投影图能够完整地、准确地表示物体的形状和大小，而且作图简便，所以在工程实践中被广泛采用。但一般情况下一个空间物体需要三面投影图才能表达清楚，每个投影图只能反映长、宽、高三个向度中的两个（见图 4-1a），缺乏立体感，要有一定的读图能力才能看懂。而轴测投影（见图 4-1b）能够把一个物体的长、宽、高三个向度同时反映在一个图上。图形接近视觉习惯，比较直观，容易看懂；而且在供热通风、给排水专业也常用单线轴测图来表达管路的空间走向（见图4-2）。

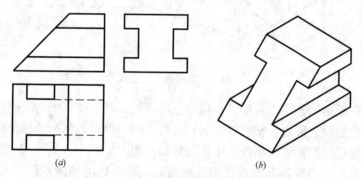

图 4-1 物体的正投影图和轴测投影图
(a) 正投影图；(b) 轴测投影图

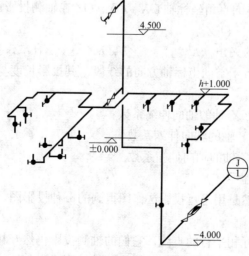

图 4-2 室内给水管网轴测图

轴测投影虽然直观性较强，但也有缺点，即度量性差，对有些形体的形状表达不全面，绘制方法也比较麻烦，因此在工程图中一般仅用作辅助图样。

第一节 轴测投影的基本知识

一、轴测投影的形成

用平行投影的方法，并选取适当的投影方向，将物体向一个投影面上进行投影，这时可以得到一个能同时反映物体长、宽、高三个方向的情况且富有立体感的投影图，如图 4-3 所示。

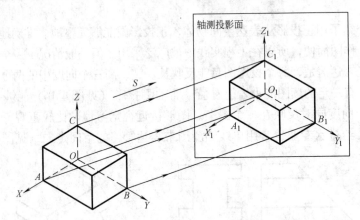

图 4-3 轴测投影的形成

这种用平行投影的方法，将形体连同确定形体长、宽、高三个向度的直角坐标轴，一起投射到一个投影面（称之为轴测投影面）上所得到的投影，称为轴测投影。应用轴测投影的方法绘制的投影图称为轴测投影图，简称轴测图。

在轴测投影中，当投影方向垂直于投影面时，所得到的轴测投影图称为正轴测投影图；当投影方向倾斜于投影面时，所得到的轴测投影图称为斜轴测投影图。

二、轴测轴、轴间角、轴向伸缩系数

如图 4-3 所示，形体的直角坐标轴 OX、OY、OZ 在轴测投影面上的投影称为轴测轴，分别标记为 O_1X_1、O_1Y_1、O_1Z_1。

相邻两轴测轴之间的夹角 $\angle X_1O_1Y_1$、$\angle Y_1O_1Z_1$、$\angle X_1O_1Z_1$ 称为轴间角。

在轴测投影中，平行于空间坐标轴方向的线段，其投影长度与其空间实际长度之比称为轴向伸缩系数。即：

$O_1X_1/OX=p$　p 为 X 轴的轴向伸缩系数；

$O_1Y_1/OY=q$　q 为 Y 轴的轴向伸缩系数；

$O_1Z_1/OZ=r$　r 为 Z 轴的轴向伸缩系数。

三、轴测投影的特性

由于轴测投影图仍然是用平行投影法作图得到的一种投影图，所以轴测投影具有平行投影的投影特性。

(1) 平行性：空间互相平行的直线，它们的轴测投影仍然互相平行。

(2) 定比性：空间平行于某坐标轴的线段，其轴测投影与原线段长度之比，等于相应

的轴向伸缩系数。

在画轴测图时，只能沿着平行于轴测轴的方向根据轴向伸缩系数来确定长、宽、高三个方向的线段长度，这也是"轴测"两字的含义。

四、轴测投影的分类

如前所述，根据投影方向与轴测投影面的相对位置不同，轴测投影分为正轴测投影和斜轴测投影两大类。每类轴测图根据轴向伸缩系数的不同，又可以分为三种：

(1) 正（斜）等测：$p=q=r$；

(2) 正（斜）二测：$p=q\neq r$ 或 $p=r\neq q$ 或 $q=r\neq p$；

(3) 正（斜）三测：$p\neq q\neq r$。

在 GB/T 50001—2001《房屋建筑制图统一标准》中，房屋建筑的轴测图推荐以下四种轴测投影并用简化的轴向伸缩系数绘制。

(1) 正等测；

(2) 正二测；

(3) 水平斜等测和水平斜二测；

(4) 正面斜等测和正面斜二测。

正等测和正面斜等测图在后续章节中将详细述及，在此不再画出，其他轴测投影图的轴间角和轴向伸缩系数如图 4-4 所示。

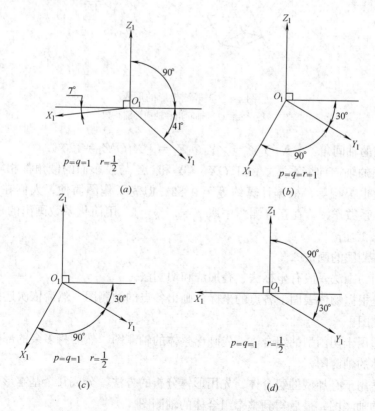

图 4-4 国标推荐使用的部分轴测图
(a) 正二测；(b) 水平斜等测；(c) 水平斜二测；(d) 正面斜二测

由于各类轴测图的画法及绘图步骤大同小异,因此在本书中,我们只介绍正等测和正面斜等测图的画法。

第二节 正等测图

一、正等测图的轴间角和轴向伸缩系数

当正方体的对角线垂直于投影面时,以对角线的方向作为投影方向进行投影,即投影线垂直于投影面,这时所得的轴测投影图为正等测投影图,简称正等测图,如图 4-5 所示。

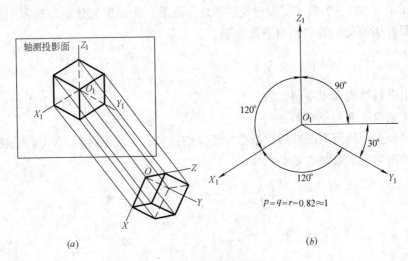

图 4-5 正等测投影的形成
(a) 形成;(b) 轴间角和轴向伸缩系数

正等测图的轴间角:$\angle X_1O_1Y_1 = \angle Y_1O_1Z_1 = \angle X_1O_1Z_1 = 120°$。

正等测图的轴向伸缩系数:由于 OX、OY 和 OZ 与投影面的倾角都相等,三个轴的轴向伸缩系数也都相等,根据计算约等于 0.82。但为了作图简便,人们在实际画图时,通常采用简化系数作图,在正等测图中取 $p=q=r=1$。用简化系数画出的正等测图放大了 $1/0.82 \approx 1.22$ 倍。

二、正等测图的画法

正等测图的画法一般有坐标法、叠加法和切割法。

坐标法是根据物体表面上各点的坐标,画出各点的轴测图,然后依次连接各点,即得该物体的轴测图。

切割法适用于切割型的组合体,先画出整体的轴测图,然后将多余的部分切割掉,最后得到组合体的轴测图。

叠加法适用于叠加型的组合体,先用形体分析的方法,分成几个基本形体,再依次画出每个形体的轴测图,最后得到整个组合体的轴测图。

根据形体特点,通过形体分析可选择不同的作图方法,下面通过例题分别介绍。

(一)平面立体的画法

【例 4-1】 用坐标法作长方体的正等测图。

作图步骤：

(1) 正投影图上定出原点和直角坐标轴的位置（见图 4-6a）。

(2) 画轴测轴，在 O_1X_1 和 O_1Y_1 上分别量取 a 和 b，过 m 和 n 点作 O_1X_1 和 O_1Y_1 的平行线得底面上的另一顶点 p，由此可以作出长方体底面的轴测图（见图 4-6b）。

(3) 过底面各顶点作 O_1Z_1 轴的平行线并量取高度 h，得长方体顶面各顶点（见图 4-6c）。

(4) 连接各顶点，擦去多余的图线，并描深，得长方体的正等测图，图中的虚线不必画出（见图 4-6d）。

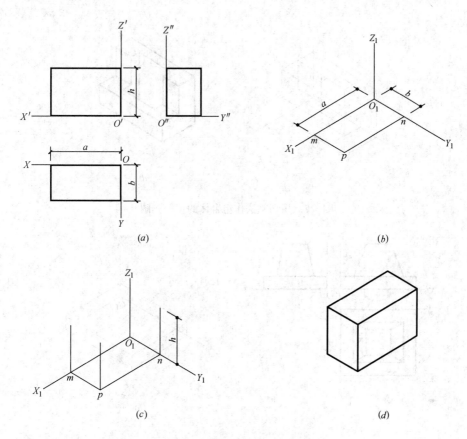

图 4-6 用坐标法作长方体的正等测图

【例 4-2】 用切割法作组合体的正等测图。

作图步骤：

(1) 在正投影图上定出原点和坐标轴的位置（见图 4-7a）。

(2) 画轴测轴并作出整体的轴测图（见图 4-7b）。

(3) 切出前部和中间的槽（见图 4-7c）。

(4) 擦去多余的图线，并描深，得组合体的正等测图（见图 4-7d）。

【例 4-3】 用叠加法作基础外形的正等测图。

作图步骤：

(1) 在正投影图上定出原点和坐标轴的位置（见图 4-8a）。

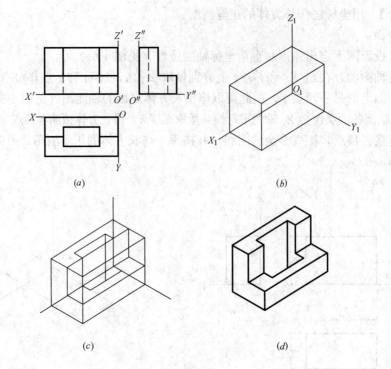

图 4-7 用切割法作组合体的正等测图

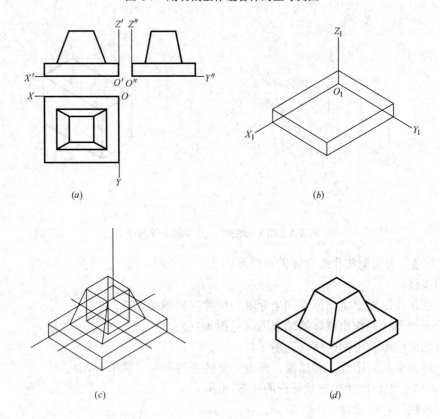

图 4-8 用叠加法作基础的正等测图

(2) 画轴测轴并作出底座的轴测图（见图 4-8b）。

(3) 作出棱台各角点的轴测图（见图 4-8c）。

(4) 擦去多余的图线，并描深，得到基础外形的正等测图（见图 4-8d）。

（二）平行于坐标平面的圆的正等测图

在正等测图中，由于空间各坐标面相对轴测投影面都是倾斜的且倾角相等，所以平行于各坐标面且直径相等的圆，正等测投影为椭圆，且椭圆的长、短轴均分别相等，但椭圆的长、短轴方向不同，如图 4-9 所示。

平行于坐标面的圆的正等测图，在实际作图中，并不要求画出准确的椭圆曲线来，一般用四心法作图，如图 4-10 所示。

用四心法画椭圆的作图步骤如下：

(1) 在正投影图上定出原点和坐标轴的位置并作出圆的外切正方形（见图 4-10a）。

(2) 画轴测轴及圆的外切正方形的正等测图（见图 4-10b）。

(3) 连接 FA、FD、HB、HC 分别交于 M、N，以 F 和 H 为圆心，FA 或 HC 为半径作大圆弧（见图 4-10c）。

(4) 以 M、N 为圆心，以 MA 或 NC 为半径作小圆弧，即得平行于水平面的圆的正等测图（见图 4-10d）。

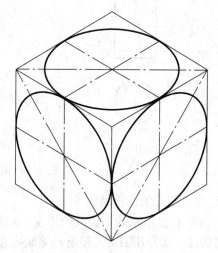

图 4-9 平行于各坐标面圆的正等测图

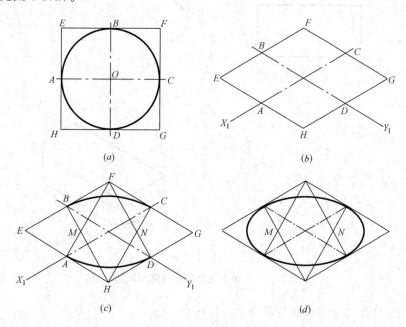

图 4-10 用四心法画圆的正等测图——椭圆

掌握了圆的正等测图画法后，即可进一步掌握回转体的正等测图的画法。

（三）回转体的正等测图画法

【例 4-4】 作圆柱体的正等测图。

画圆柱体的轴测图，可先作上下底面圆的轴测图，然后再作轮廓素线，即上下底面椭圆的公切线，如图 4-11 所示。

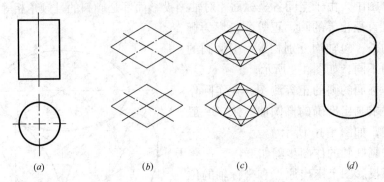

图 4-11　圆柱体的正等测图画法

（四）圆角的正等测图

如图 4-12 所示的平板其前边左、右两角为 1/4 圆柱面，称为圆角。圆角的正等测图为椭圆弧。实际作图时，没有必要画出整个椭圆，而是采用简化画法。

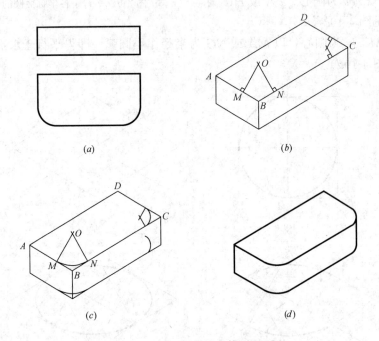

图 4-12　平板上圆角的正等测图画法

【例 4-5】 作圆角平板的正等测图。

作图步骤：

(1) 在正投影图上定出原点和坐标轴的位置（见图 4-12a）。

(2) 作平板的轴测图，由角点沿两边分别量取半径 R 得 M、N 两点，过 M、N 两点作直线垂直圆角的两边得交点 O（见图 4-12b）。

（3）以交点 O 为圆心，以 OM 为半径作圆弧，用同样的方法得右角的圆弧和底面的圆弧（见图 4-12c）。

（4）作右边两圆弧切线，擦去多余图线并描深，即得圆角平板的正等测图（见图4-12d）。

第三节 正面斜等轴测图

一、轴间角和轴向伸缩系数

当正方体的空间直角坐标轴 OZ 和 OX 与轴测投影面平行，即坐标面 XOZ 平面平行于轴测投影面，投影线方向与轴测投影面倾斜成一定的角度，所得到的轴测投影为斜等轴测投影图，简称斜等测图，如图 4-13 所示。

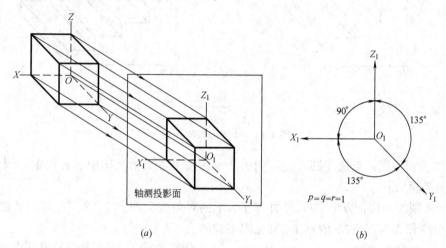

图 4-13 斜等轴测投影的形成

斜等测图的轴间角：$\angle X_1O_1Z_1=90°$；$\angle Z_1O_1Y_1=\angle Y_1O_1X_1=135°$。

斜等测图的轴向伸缩系数：$p=q=r=1$。

二、斜等轴测图的画轴测图的画法

斜等轴测图的画法与正等测图的画图方法相同，有坐标法、叠加法和切割法，在此不再一一列举。由于斜等轴测的特性（即坐标平面 XOZ 与轴测投影面平行，其轴测投影不变形），其绘图也有一定的特性。例如柱类物体的画法，如图 4-14 所示的台阶，其绘图方法见图 4-15。

三、平行于坐标平面的圆的斜等测图

平行于正立面的圆的斜等测图，其投影仍然是圆；平行于水平面或侧立面的圆的斜等测图，其投影为椭圆，如图 4-16 所示。

在作平行于水平面或侧立面的圆的斜等测图时，同样也不用画出准确的椭圆曲线来，一般采用八点法画椭圆，

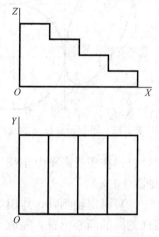

图 4-14 台阶的正投影图

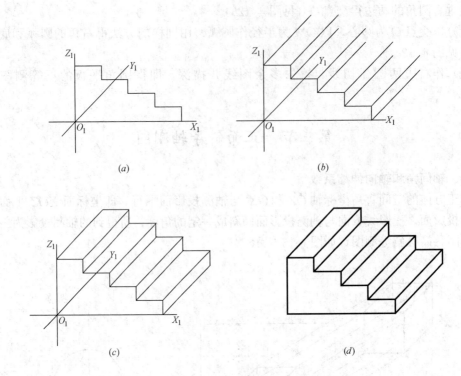

图 4-15 柱类物体的画法

如图 4-16 所示。用八点法作圆的斜等测图,也适用于各类轴测图中各种位置的圆的轴测图。作图步骤如下:

(1) 作圆的外切正方形 EFGH 并作正方形的对角线交圆于 1、2、3、4 点。过 1、2、3、4 点分别作 MN∥FG,PQ∥FG(见图 4-17a)。

(2) 作正方形的斜等测图,得圆上四点 A、B、C、D 的投影(见图 4-17b)。

(3) 作 MN、PQ 和中心线的轴测投影,得到圆上另外四点 1、2、3、4 的投影(见图 4-17c)。

(4) 依次光滑的连接八个点,得到平行水平面的圆的斜等测图(见图 4-17d)。

四、回转体的组合体的画法

【**例 4-6**】 作如图 4-18(a)所示组合体的斜等测图。

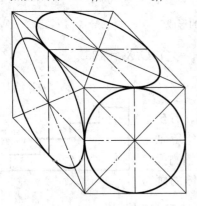

图 4-16 平行于坐标面的圆的斜等测图

作图步骤:

(1) 在正投影图上定出原点和坐标轴的位置,一般把坐标原点放在回转体的轴线上(见图 4-18a)。

(2) 画出轴测轴,作出组合体后表面的投影,然后沿 O_1Y_1 轴方向定出组合体平板前表面的圆的圆心位置,完成平板前表面的投影(见图 4-18b)。

(3) 沿 O_1Y_1 轴方向定出圆柱前表面圆心的位置,画出圆柱的投影,作出圆柱前后表

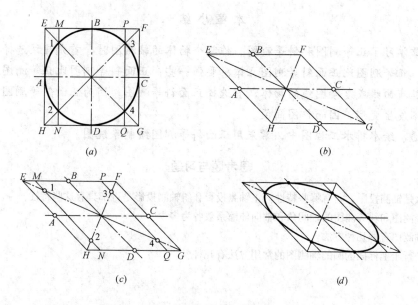

图 4-17 用八点法作圆的斜等测图——椭圆

面投影的公切线和平板左侧圆角的公切线（见图 4-18c）。

（4）擦去多余的图线并描深，得到组合体的斜等测图（见图 4-18d）。

在本章我们学习了正等测图和斜等测图。作某个物体的轴测图时，首先应该选择合适的轴测图类型。例如对于正四棱柱、正四棱锥和正四棱台构成的组合体，作斜等测图比作正等测图立体感要强一些；对于具有曲线或复杂图线的物体，宜选择斜等测图，因为斜等测图中有一个面的投影不发生变形，因而作图简便。在暖通、给排水工程图中，常采用斜等测图绘制系统图。

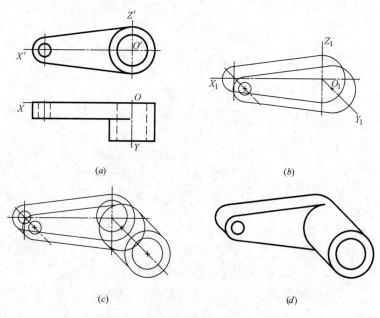

图 4-18 带回转体的组合体的斜等测图

本 章 小 结

在本章学习了正等测图和斜等测图。作某个物体的轴测图时,首先应该选择合适的轴测图类型。正等测图比正面斜等测图立体感要强一些;正面斜等测图比正等测图画图方便些。对于具有曲线或复杂图线的物体,宜选择正面斜等测图,因为正面斜等测图中有一个面的投影不发生变形,因而作图简便。

在暖通、给水排水工程图中,常采用正面斜等测图绘制系统图。

思考题与习题

1. 什么是轴测投影,它有哪些特性?正轴测投影和斜轴测投影是否都具有这些特性?
2. 正等测图和斜等测图的轴间角和轴向伸缩系数各为多少?
3. 画轴测图有哪几种方法?
4. 画平行于坐标面的圆的轴测图的常用方法有几种?

第五章 剖面和断面

【学习目标】 了解剖面图与断面图的图示目的和表示方法;掌握全剖面、半剖面、阶梯剖面、展开剖面、局部剖面的使用场合及画法和标注方法;掌握移出剖面、重合断面的画法及标注方法。

【知识重点】 基本概念;剖面图的表示方法及画法;剖面图的分类;断面图与剖面图的区别;断面图的分类和画法。

在工程图中,物体可见的轮廓线一般用实线绘制,不可见的轮廓用虚线绘制。像如图 5-1 所示的杯形基础,以及其他内部构造复杂的物体,投影图中就会出现很多虚线,这样就会形成图形中的实线、虚线交错重叠,层次不清,不便于绘图、看图和标注尺寸。所以对于有孔、槽等内部构造的物体,一般采用剖面图表达。

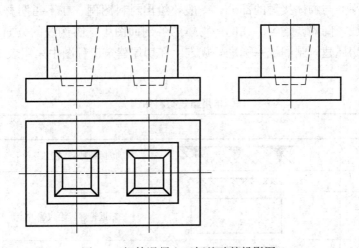

图 5-1 钢筋混凝土双杯基础的投影图

第一节 基本概念

一、剖面图的形成

假想用剖切平面剖开物体,将处在观察者的和剖切平面之间的部分移去,将剩余的部分向投影面进行投影,所得图形称为剖面图,简称剖面,如图 5-2 所示。

二、剖面图的画法

(一)确定剖切平面位置

画剖面图时,首先应选择最合适的剖切位置。剖切平面一般选择投影面平行面,并且一般应通过物体的对称面,或通过孔的轴线。

(二)画剖面图

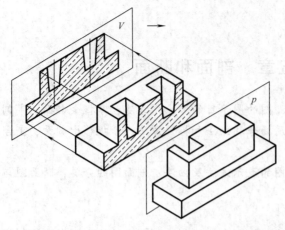
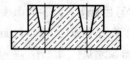

图 5-2 剖面图的形成

(1) 剖切平面与物体接触部分的轮廓线用粗实线绘制;剖切平面后面的可见轮廓线在建筑施工图中用细实线绘制,在其他一些土建工程图中用中实线画出。

(2) 剖切平面与物体接触的部分,一般要绘出材料图例。在不指明材料时,用 45°细斜线绘出图例线,间隔要均匀。在同一物体的各剖面图中,图例线的方向、间隔要一致。按国家标准《房屋建筑制图统一标准》规定,在房屋建筑工程图中采用表 5-1 规定的建筑材料图例。

常用建筑材料图例　　　　　　　表 5-1

名　称	图　例	备　注
自然土层		包括各种自然土层
夯实土层		
砂、灰土		靠近轮廓线绘较密的点
毛石		
饰面砖		包括铺地砖、陶瓷锦砖、人造大理石等
普通砖		包括实心砖、多孔砖、砌块等砌体。断面较窄不易绘出图例线时,可涂红
混凝土		1. 本图例指能承重的混凝土及钢筋混凝土 2. 在剖面图上画出钢筋时,不画图例线 3. 断面图形小,不易画出图例线时,可涂黑
钢筋混凝土		
焦渣、矿渣		包括与水泥、石灰等混合而成的材料

续表

名　　称	图　　例	备　　注
多孔材料		包括水泥珍珠岩、沥青珍珠岩、泡沫混凝土、非承重加气混凝土、软木、蛭石制品等
石膏板		包括圆孔、方孔石膏板、防水石膏板等
金属		1. 包括各种金属 2. 图形小时,可涂黑
防水材料		构造层次多或比例大时,采用上面图例
粉刷		本图例采用较稀的点

(3) 剖面图中一般不绘出虚线。

(4) 因为剖切是假想的,所以除剖面图外,画物体的其他投影图时,仍应完整地画出,不受剖切影响,如图 5-3 所示。

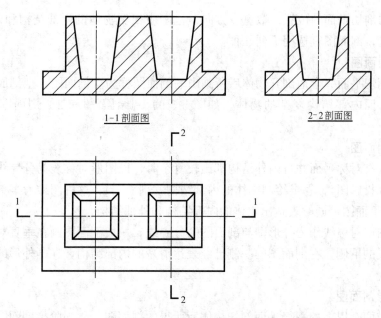

图 5-3　杯形基础的剖面图

三、剖面图的标注

剖面图本身不能反映剖切平面的位置,必须在其他投影图上标注出剖切平面的位置及剖切形式。在工程图中用剖切符号表示剖切平面的位置及投影方向。剖切符号由剖切位置线及投射方向线组成,均应以粗实线绘制。剖切位置线的长度一般为 6~10mm,投射方向线应垂直于剖切位置线,长度应短于剖切位置线,长度一般为 4~6mm。如图 5-4 所

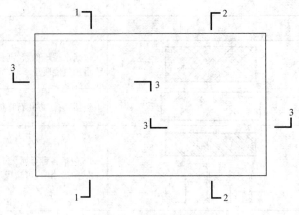

图 5-4 剖面剖切符号

示,绘制时剖切符号应尽量不穿行图形上的图线。

剖切符号的编号宜采用阿拉伯数字,需要转折的剖切位置线在转折处加注相同的编号;在剖面图的下方应注出相应的编号,如"X-X 剖面图"。

第二节 剖面图的分类

剖面图的剖切平面的位置、数量、方向、范围应根据物体的内部结构和外形来选择,根据具体情况,剖面图宜选用下列几种:

一、全剖面图

用一个剖切平面完全地剖开物体后所画出的剖面图称为全剖面图,全剖面图适用于外形结构简单,而内部结构复杂的物体。如图 5-3 的 1-1 剖面图和 2-2 剖面图,均为全剖面图。

二、半剖面图

当物体具有对称平面并且内外结构都比较复杂时,以图形对称线为分界线,一半绘制物体的外形(投影图),一半绘制物体的内部结构(剖面图),这种图称为半剖面图。如图 5-5 所示,半剖面图可同时表达出物体的内部结构和外部结构。

半剖面图以对称线作为外形图与剖面图的分界线,一般剖面图画在垂直对称线的右侧和水平对称线的下侧。在剖面图的一侧已经表达清楚的内部结构,在画外形的一侧其虚线不再画出。

三、阶梯剖面图

用两个或两个以上的平行平面剖切物体后所得的剖面图,称为阶梯剖面图。

如图 5-6 所示,水平投影为全剖面图,侧面投影为阶梯剖面图。如果侧面投影只用一个剖切平面剖切,门和窗就不可能同时剖切到,因此假想用两个平行于 W 面的剖切平面,一个通过门,一个通过窗将房屋剖开,这样能同时显示出门和窗的高度。

在画阶梯剖面图时应注意,由于剖切是假想的,因此在剖面图中不应画出两个剖切平面的分界交线。剖切位置线需要转折时,在转角处如有混淆,须在转角处外侧加注与该剖面相同的编号。

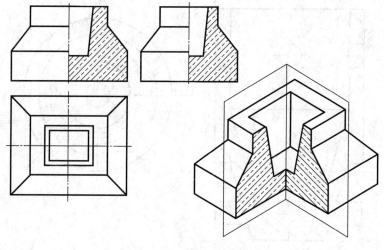

图 5-5 杯形基础的半剖面图

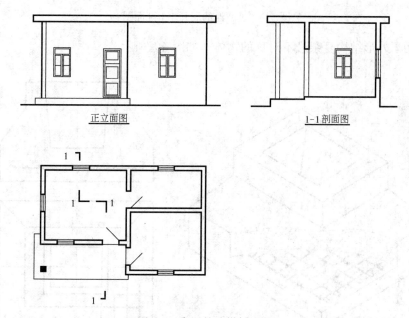

图 5-6 房屋的阶梯剖面图

四、展开剖面图

用两个或两个以上的相交平面剖切物体后,将倾斜于基本投影面的剖面旋转到平行基本投影面后再投影,所得到的剖面图称为展开剖面图。

如图 5-7 所示的过滤池,由于池壁上两个孔不在同一平面上,仅用一个剖切平面不能都剖到,但池体具有回转轴线,可以采用两个相交的剖切平面,并让其交线与回转轴重合,使两个剖切平面通过所要表达的孔,然后将与投影面倾斜的部分绕回转轴旋转到与投影面平行,再进行投影,这样池体上的孔就表达清楚了。

五、局部剖面图

用一个剖切平面将物体的局部剖开后所得到的剖面图称为局部剖面图,简称局部剖。

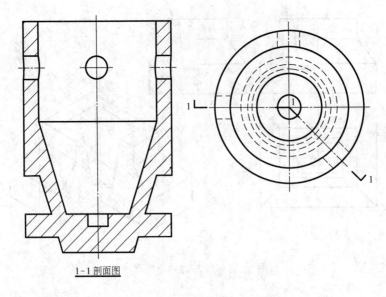

图 5-7 过滤池的展开 1-1 剖面图

局部剖适用于外形结构复杂且不对称的物体,如图 5-8 所示。

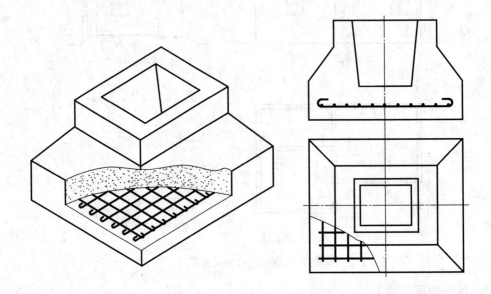

图 5-8 杯形基础的局部剖面图

局部剖切在投影图上的边界用波浪线表示,波浪线可以看作是物体断裂面的投影,因此绘制波浪线时,不能超出图形轮廓线,在孔洞处要断开,也不允许波浪线与图样上其他图线重合。

分层剖切是局部剖切的一种形式,用以表达物体内部的构造。如图 5-9 所示,用这种剖切方法所得到的剖面图,称为分层剖切剖面图,简称分层剖。分层剖切剖面图用波浪线按层次将各层隔开。

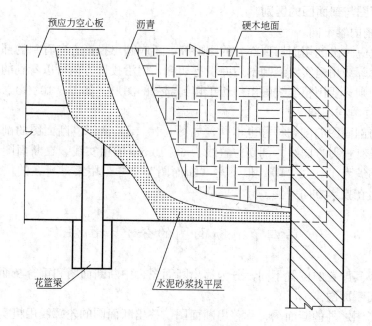

图 5-9 分层剖切剖面图

第三节 断面图与剖面图的区别

一、断面图的形成

假想用一个剖切平面将物体剖开，只绘出剖切平面剖到的部分的图形称为断面图，简称断面。如图 5-10（d）所示的 1-1 断面和 2-2 断面。断面图适用于表达实心物体，如柱、梁、型钢的断面形状，在结构施工图中，也用断面图表达构配件的钢筋配置情况。

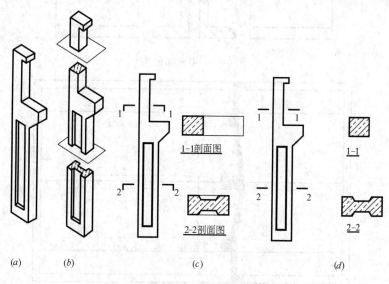

图 5-10 剖面图与断面图的区别

二、断面图与剖面图的区别

（一）绘制内容不同

剖面图除应画出剖切面切到部分的图形外，还应画出投影方向看到的部分，被剖切面切到部分的轮廓线用粗实线绘制剖切面没有切到，但沿投影方向可以看到的部分用中实线绘制，断面图则只要用粗实线画出剖切于切到部分的图形，如图 5-10（c）、（d）所示。

（二）标注方式不同

断面图与剖面图的剖切符号也不同，如图 5-10（d）所示。断面图的剖切符号，只有剖切位置线没有投射方向线。剖切位置线为 6～10mm 的粗实线。在断面图下方注出与剖切符号相应的编号 1-1、2-2 等，但不写"断面图"字样。用编号所在的位置表示投影的方向，编号写在投影方向一侧。

第四节　断面图的分类和画法

断面图按其配置的位置不同，分为移出断面图、中断断面图和重合断面图。

一、移出断面图

画在投影图之外的断面图，称移出断面图。移出断面图的轮廓线用粗实线绘制，断面图上要画出材料图例。图 5-10 中的 1-1 断面和 2-2 断面均为移出断面图。

二、中断断面图

画在投影图的中断处的断面图称为中断断面图。中断断面图只适用于杆件较长、断面形状单一且对称的物体。中断断面图的轮廓线用粗实线绘制，投影图的中断处用波浪线或折断线绘制。中断断面图不必标注剖切符号，如图 5-11 所示。

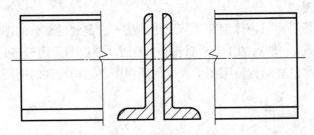

图 5-11　中断断面图

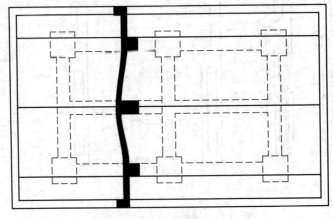

图 5-12　重合断面图

三、重合断面图

断面图绘制在投影图之内，称为重合断面图。重合断面图的轮廓线用细实线绘制。重合断面图也不必标注剖切符号。如图 5-12 所示，因其截面尺寸较小，可以涂黑。

本 章 小 结

在本章学习了剖面图、断面图的基本概念；剖面图的表示方法及画法；剖面图的分类；断面图与剖面图的区别；断面图的分类和画法。

应了解、掌握以下内容：剖面图与断面图的图示目的和表示方法；全剖面、半剖面、阶梯剖面、展开剖面、局部剖面的使用场合及画法和标注方法；移出剖面、重合断面的画法及标注方法。

思考题与习题

1. 什么是剖面图，什么是断面图，它们有什么区别，各在什么情况下使用？
2. 常用的剖面图有哪几种，各在什么情况下使用？
3. 画半剖面图应注意哪些问题？
4. 画阶梯剖面图和展开剖面图应注意哪些问题？
5. 常用断面图有哪几种？

第六章 展 开 图

【学习目标】 了解展开图的作图方法；掌握常见平面体、可展曲面体表面、过渡体表面的展开。

【知识重点】 平面体表面的展开；可展曲面体表面的展开；过渡体表面的展开。

把围成形体的表面按实际尺寸依次展开，画在一个平面上，立体表面展开后所得到的平面图形称为展开图，如图 6-1 所示。在施工生产中，常会遇到一些由薄板材料制成的设备和管件，常要求画出展开图。正确合理地画出形体的展开图，对提高产品的质量、节约材料、缩小焊缝都有很重要意义。

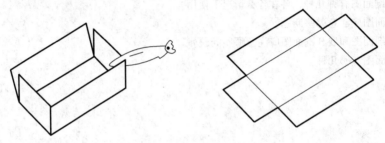

图 6-1 方箱形体的展开

这里所叙述的板材制品的展开图的画法，既不计算板材的厚度，也不含接缝处需增加的余量。如须考虑厚度及咬口余量可查阅有关资料。较简单的形体可以直接量取形体的表面尺寸，画出展开图（下料图）。对于复杂的形体，必须用展开作图法。常用的展开法有：平行线法、放射线法、三角形法等。使用哪种方法作图，要视形体表面不同形状而定。形体的表面可分为：可展开面和不可展开面。

第一节 平面体表面的展开

平面体为可展开面。平面体的各个表面都是平面多边形，这些平面多边形在展开图上应当是真形。所以，作平面体的展开图，也就是求该平面体各表面的真形。

一、棱柱管的展开

图 6-2（a）所示为三棱柱管投影图。三棱柱管的各个棱面都是矩形，而且三棱柱棱面垂直于 H 面。所以，各棱面都是铅垂面，各棱线都是铅垂线，在 V 面的投影中都反映真长，三棱柱管上下底是水平面，三个边在水平面投影面上的投影都反映真长。其展开图（图 6-2b）的作法如下：

（1）在作图平面上找一恰当的点Ⅰ，将棱柱管底面三角形的三条边展成一条直线Ⅰ、Ⅱ、Ⅲ、Ⅰ；

（2）过Ⅰ、Ⅱ、Ⅲ、Ⅰ各点作垂线并截取其中两条垂线（如过Ⅰ、Ⅱ点的垂线）与棱

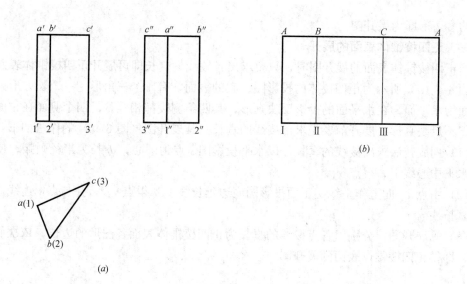

图 6-2 三棱柱管的展开
(a) 投影图；(b) 展开图

柱管高度相等，得到 A、B 两点。连接 A、B 两点，并延长到 C、A 两点。所得到的封闭图形即为三棱柱管的展开图。

展开图的四周轮廓线，一般画成粗实线；各棱面的转折线（即棱线）画成细实线。

二、斜口矩形管接头的展开

图 6-3 (a) 所示为正四棱柱管被一倾斜的截平面所截断（斜口矩形管）的投影图，它的各棱面，有长方形的，有梯形的。其表面展开图（图 6-3b）的作法步骤如下：

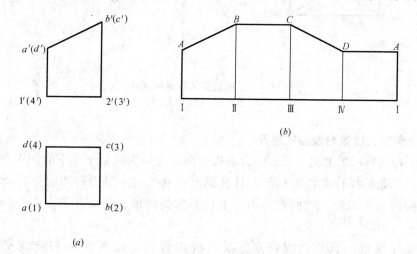

图 6-3 斜口矩形管接头的展开
(a) 投影图；(b) 展开图

(1) 将斜口矩形管四条底边展开成一条直线 Ⅰ、Ⅱ、Ⅲ、Ⅳ、Ⅰ；

(2) 在 Ⅰ、Ⅱ、Ⅲ、Ⅳ、Ⅰ 各点作垂线，并量取各棱线被截断后的高度，使 AⅠ$=a'1'$、BⅡ$=b'2'$、CⅢ$=c'3'$、DⅣ$=d'4'$，将 A、B、C、D 相邻点用直线连接起来。构成

封闭的多边形即为展开图。

三、正四棱锥体表面的展开

作正四棱锥体表面的展开图时，只要求出各棱线的真长即可展开正四棱锥体表面。

图 6-4（a）所示为正四棱体的投影图，它的表面，有 4 个三角形、一个长方形。四棱锥底面为水平面，在水平面的投影反映真形，其四条侧棱都相等，但四个侧面在正面投影图中却不反映真形。展开前要先求出棱线的真长。其展开图（图 6-4b）的作法如下：

（1）用旋转法求出棱线的真长，以水平投影图 s 点为圆心，sb 长为半径画弧，使点旋转至水平中心线上，得点 x_1。

（2）由点 x_1 向上作垂线交正面投影图底边延长线上，得点 x_1'，并与点 s' 连线，即棱线的真长线。

（3）画展开图：分别以各点棱线的真长为正四棱锥体表面各图形的边长，依次画出各图形，即得正四棱锥体表面的展开图。

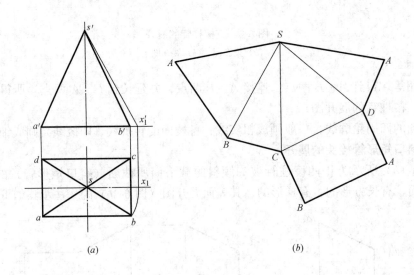

图 6-4　正四棱锥体表面的展开
（a）投影图；（b）展开图

四、上斜口三棱锥台表面的展开

图 6-5（a）所示为上斜口三棱锥台的投影图，上口为倾斜于水平面的正垂面，下口为水平面，三条棱线长度均不相等，且又都不是真长。水平投影图的下口反映三边真形，上口倾斜为类似形。侧面投影图，上口亦为类似形。其展开图（图 6-5b）的作法如下：

（1）求各棱边的真长：线段 $b''2''$ 反映棱边真长；过点 $3''$ 向右连线交 $b''s''$ 于点 $3_1''$，线段 $b''3_1''$ 反映棱边真长；过点 $1''$ 向右连线交 $b''s''$ 于点 $1_1''$，线段 $b''1_1''$ 反映棱边真长。

（2）画展开图：作出三棱锥的展开图形，即 $SACBCAS$。分别以各棱边的真长为单位截取 $A\mathrm{I}$、$C\mathrm{III}$、$B\mathrm{II}$、$A\mathrm{I}$，作出三角形 ABC（真形），作出三角形 $\mathrm{I}\,\mathrm{II}\,\mathrm{III}$（真形），用粗实线连接 $ACBCA\mathrm{I}\,\mathrm{III}\,\mathrm{II}\,\mathrm{I}A$，得到的图形即为展开图。

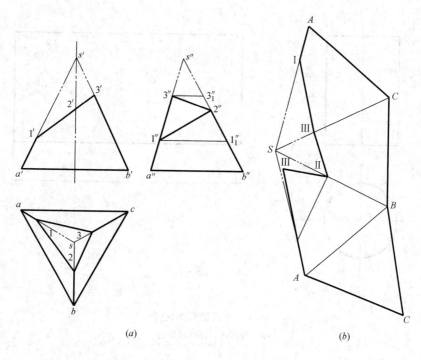

图 6-5 上斜口三棱锥台表面的展开
(a) 投影图；(b) 展开图

第二节 可展曲面体表面的展开

曲面体中属于可展表面的有圆柱体和圆锥体等。

一、圆管的展开

(一) 平口圆管的展开

图 6-6 (a) 所示为平口圆管投影图，即不含上下底的圆柱外表面。展开图为一矩形。其展开图（图 6-6b）的作图方法如下：

分别以圆的周长及圆柱高为矩形的两个相邻边作图得到的图形就是展开图。在实际生产中，下料时应考虑圆柱的展开时的起始位置，以便节省材料达到工艺要求。

(二) 斜口圆管的展开

图 6-7 (a) 所示为斜口圆管的投影图，即圆柱被倾斜的平面截断后形体的投影。其展开图（图 6-7b）的作图方法如下：

(1) 将水平投影的圆作十二等分点 1、2、…12（或其他等分数），并过各点向上作垂线，在圆柱的 V 面投影上作出相应的素线（图 6-7a）。

(2) 将圆周展开一直线，其长度为 $2\pi R$，并 12 等分该线段，过各等分点作垂线（即圆柱表面素线），再在各垂线上量取圆周等分点上的素线被截断的高度，如 $AI=a'1'$，$BII=b'2'\cdots$。由于截平面是 V 面垂直面，所以圆柱表面各素线前后对称，故斜口圆管的展开图左右对称。

(3) 用曲线板光滑地连接 A、B、C、……A 各点，即得到斜口圆管的展开图。

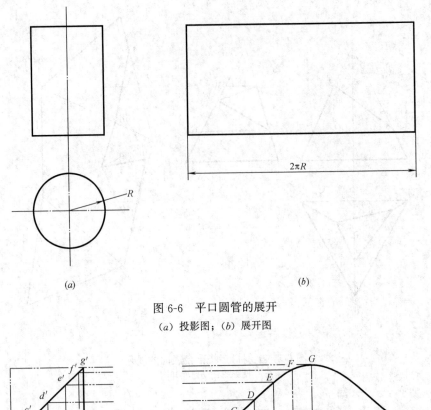

图 6-6 平口圆管的展开
(a) 投影图；(b) 展开图

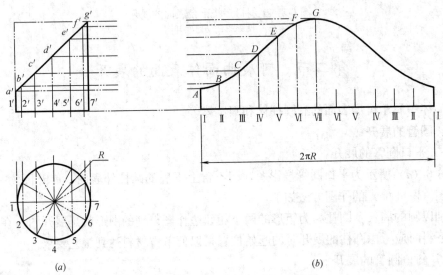

图 6-7 斜口圆管的展开
(a) 投影图；(b) 展开图

（三）90°单节虾壳弯的展开

在施工安装中，有些管道由于压力低，温度不高、管壁薄，转弯时的弯曲半径又比较小，常采用虾壳弯。虾壳弯是由若干个带有斜截面的直圆柱管段构成。组成的节一般为两个端节和若干个中节，端节为中节的一半，虾壳弯一般采用单节、两节或三节以上的节数组成（这里指的是中节数）。节数越多，弯头越顺，对介质的阻力越小。虾壳弯的弯曲半径 R 同煨弯而成的弯管中心线的半径相仿，其计算公式为：

$$R = mD$$

式中 R——弯曲半径；

D——管子外径；

m——所需的倍数。

由于虾壳弯的弯曲半径小，所以 m 一般在 $1\sim3$ 倍的范围内，最常用的是 $1.5\sim2$ 倍。

1. 投影图的画法

在实际施工中，是根据施工图，来画展开图的。由于施工图尺寸小，也不可能很精确。所以应先作投影图，90°单节虾壳弯正面投影图（见图 6-8a）的画法步骤如下：

(1) 在左侧作 $\angle XOZ = 90°$ 坐标系。

(2) 因为整个弯管由一个中节和两个端节组成，因此，端节的中心角为：$90°/4 = 22.5°$，作图时先将 90°的 $\angle XOY$ 平分成两个 45°角，再将 45°的平分成两个 22.5°角。

(3) 作出到 O 点距离为 R 轴线（图 6-8a 中的单点长画线）。

(4) 作出以轴线对称，直径为 D 虾壳弯的正面投影图（图 6-8a 中粗实线所示部分）。

2. 展开图的画法

根据投影图，其展开图的画法步骤如下：

(1) 以弯管中心线与 OX 的交点为圆心，以管子外径的 1/2 为半径，向下画半圆并六等分这半个圆周，各等分点为 1、2、3、4、5、6、7（见图 6-8a）。

(2) 通过各等分点作垂直于 OX 的直线，与端节上部投影线相交于 a、b、c、d、e、f、g 各点。

(3) 展开端节，在图右 OX 延长线上画直线ⅠⅠ，使ⅠⅠ长等于弯管外径的周长，并12等分之，自左至右等分点的顺序标号是Ⅰ、Ⅱ、Ⅲ、Ⅳ、Ⅴ、Ⅵ、Ⅶ、Ⅵ、Ⅴ、Ⅳ、Ⅲ、Ⅱ、Ⅰ，通过各等分点作ⅠⅠ的垂直线（见图 6-8b）。

(4) 分别以 a、b、c、d、e、f、g 为起点向右（平行 OX）连线交各垂直线于 A、B、C、D、E、F、G、F、E、D、C、B、A，将所得的各交点用光滑曲线连接起来，所得到的封闭图形就是端节的展开图（图 6-8b）。

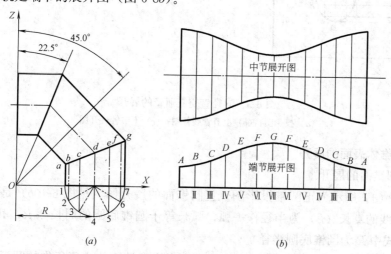

图 6-8 90°单节虾壳弯的展开
(a) 投影图；(b) 展开图

中节展开图上面一半与端节展开图形状相同，下面一半与上面一半对称（图 6-8b）。

二、异径直交三通管的展开

异径直交三通管亦称异径正三通。它是由两节不同直径的圆管垂直相交而成。

图 6-9（a）所示为异径直交三通管的投影图。其展开图（图 6-9b）的作图方法如下：

(1) 作出上节管正面、侧面投影断面半圆周并 6 等分之，过各等分点向下连线，交于 $1'2'3'4'$ 各点（另一半与之对称）、$1''2''3''4''$ 各点（另一半与之对称）。

(2) 在右侧作出上节管的展开图：其展开图如图 6-9（b）所示（作图过程同 90°单节虾壳弯的展开）。

(3) 在下方作出下节管的展开图：首先把圆柱展开，在圆柱面展开图左边线上截取得各点 a、b、c、d，使 $ab=1''2''$、$bc=2''3''$、$cd=3''4''$，过 a、b、c、d 各点向右连线与过 $1'$、$2'$、$3'$、$4'$ 各点向下连线交于点 A、B、C、D。找出与点 A、B、C、D 对称的各点，将所得的各交点用光滑曲线连接起来，所得到的封闭图形就是圆柱面展开图上的切孔，如图 6-9（c）所示。

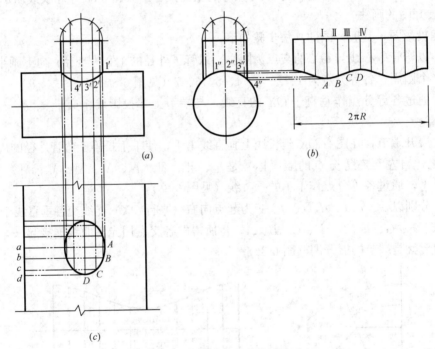

图 6-9 异径直交三通管的展开
(a) 投影图；(b) 上节管展开图；(c) 下节管展开图

三、圆锥体表面的展开

（一）圆锥面的展开

图 6-10（a）所示为正圆锥投影图。正圆锥面的展开图（见图 6-10b）是一扇形。它是以圆锥素线的真长（L）为半径作一弧，弧长等于圆锥底圆的周长 $2\pi R$，其圆心角 $\alpha = 360°R/L$（式中 R 为圆锥底圆半径）。

也可采用计算的方法计算出圆心角 α，在以素线真长 L 为半径所作的圆弧上量出圆心角 α，此扇形即为展开图。现在计算方便，所以首选用计算的方法计算出圆心角 α。

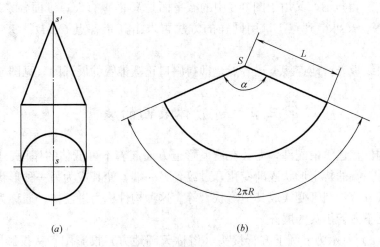

图 6-10 圆锥面的展开
(a) 投影图；(b) 展开图

(二) 斜口正圆锥管的展开

图 6-11 (a) 所示为斜口正圆锥管的投影图。是当正圆锥被一倾斜平面所截断时形成的。其锥面展开图（见图 6-11b）的作法步骤如下：

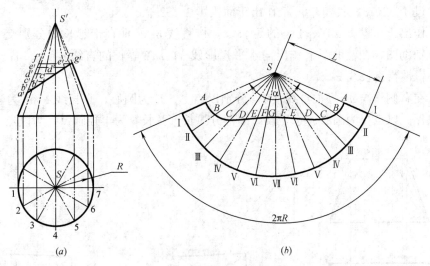

图 6-11 斜口正圆锥管的展开
(a) 投影图；(b) 展开图

(1) 十二等分（或其他等分数）圆锥底面的圆周，定出十二等分点 1、2、…12，并在其 V 面投影中作出相应的锥面素线（图 6-11a）。

(2) 作出正圆锥面的展开图，画出各等分点的素线。

(3) 量取锥面各素线被截去部分的长度，由于正圆锥的最左和最右两条素线的 V 面投影反映真长，SA 和 SG 可直接从圆锥的 V 面投影中量得，其余各条素线被截去部分的真长，可用旋转法求作（图中未将截面的 H 面投影画出），例如 SB，可在其 V 面投影中过 b' 点作水平线，与 $s'1'$ 相交得 b_1，此 $s'b_1$ 即为素线 $S\text{Ⅱ}$ 被截去部分的真长，在展开图中

量取 $SB=s'b_1$，得点 B，又由于图 6-8 中的截平面是 V 面垂直面，锥面各素线前后对称，SL 与 SB 相等，又可得到点 L，用同样的方法再求出其余各点 C、D、E、F 和 H、I、J、K。

（4）用曲线板光滑地连接上述各点，即得斜口正圆锥管的展开图（见图 6-11b）。

第三节　过渡体表面的展开

过渡体构件在建筑中配件，尤其在通风管道方面起着不可低估的作用。所谓过渡体，即从一端到另一端的特定形状逐渐变化，过渡到另一端，使其成为另一种形状。如圆管变换成矩形管或方管；圆管变换成其他形状管等。这种构件称为过渡体，通称为变径接头。

一、上圆下方管接头的展开

图 6-12（a）所示为上圆下方管接头（俗称天圆地方）投影图。从投影图可以看出，其形状是由平面和曲面组成，平面部分呈三角形，曲面部分为锥面。作展开图的要领：把锥面近似分成若干个小三角形平面，按它们相应位置作出这些三角形（包括平面三角形）的真形，即为展开图。其展开图（图 6-12b）的作法如下：

（1）在已知投影图的水平投影图上，将半圆周 6 等分，等分点为 1、2、3、4、5、6、7，各点与点 a、b 分别连线。

（2）过 1、2、3、4、5、6、7 作出正面投影 $1'$、$2'$、$3'$、$4'$、$5'$、$6'$、$7'$。

（3）作出正面投影 $a'b'$、$1'7'$ 的延长线，作直线 $o_1'z_1'$ 垂直于延长线分别交于点 o_1'、z_1'，形成辅助图，在辅助图上作出与水平投影线 $a1$、$a2$ 等长的直线 $o_1'x_1'$、$o_1'x_2'$，连接 z_1'-x_1'、z_1'-x_2' 得真长线 $z_1'x_1'$、$z_1'x_2'$。

（4）在右侧作与 ab 等长直线 AB，分别以点 A、B 为圆心，真长线 $z_1'x_1'$ 为半径画弧相交于点Ⅳ。以点Ⅳ为圆心、水平投影图等分弧长（弦长）为半径画弧，与以点 A、B 为

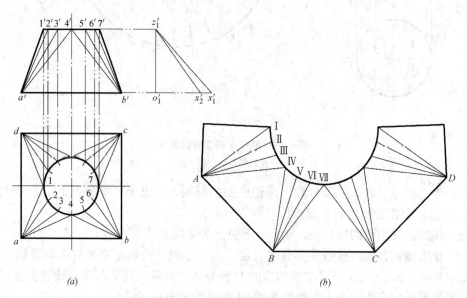

图 6-12　上圆下方管接头的展开
(a) 投影图；(b) 展开图

圆心，真长线 $z_1'x_2'$ 为半径画弧相交于点Ⅲ、Ⅴ。再以点Ⅲ、Ⅴ为圆心，水平投影图每等分弧长（弦长）为半径画弧，与以点 A、B 为圆心，真长线 $z_1'x_2'$ 为半径画弧相交于点Ⅱ、Ⅵ。以点 A、B 为圆心，真长线 $z_1'x_1'$ 为半径画弧，与以点Ⅱ、Ⅵ为圆心，水平投影图每等分弧长（弦长）为半径画弧相交于点Ⅰ、Ⅶ。以点 B 为圆心，直线 AB 长为半径画弧，与以点Ⅶ为圆心，BⅦ长为半径画弧相交于点 C。用同样方法画出其他部分，用直线和曲线连接各点，即所求展开图。

二、上方下圆管接头的展开

如图 6-13（a）所示是一端连接方管，另一端连接圆管件接头的投影图。该形体表面是由四个曲面和四个三角形平面组成。其展开图（图 6-13b）的作法如下：

（1）在已知投影图的水平投影图上，将前半圆周 6 等分，等分点为 1、2、3、4、5、6、7，各点与点 a、b 分别连线。

（2）过 1、2、3、4、5、6、7 作出正面投影 1′、2′、3′、4′、5′、6′、7′。

（3）作出正面投影 $a'b'$、$1'7'$ 的延长线，作直线 $o_1'z_1'$ 垂直于延长线，分别交于点 o_1'、z_1'，形成辅助图，在辅助图上作出与水平投影线 $a1$、$a2$ 等长的直线 $o_1'x_1'$、$o_1'x_2'$，连接 z_1' 到 x_1'、z_1' 到 x_2' 得真长线 $z_1'x_1'$、$z_1'x_2'$。

（4）在右侧作与 ab 等长直线 AB，分别以点 A、B 为圆心，真长线 $z_1'x_1'$ 为半径画弧相交于点Ⅳ。以点Ⅳ为圆心，水平投影图等分弧长（弦长）为半径画弧，与以点 A、B 为圆心，真长线 $z_1'x_2'$ 为半径画弧相交于点Ⅲ、Ⅴ。再以点Ⅲ、Ⅴ为圆心，水平投影图等分弧长（弦长）为半径画弧，与以点 A、B 为圆心，真长线 $z_1'x_2'$ 为半径画弧相交于点Ⅱ、Ⅵ。以点 A、B 为圆心，真长线 $z_1'x_1'$ 为半径画弧，与以点Ⅱ、Ⅵ为圆心，水平投影图等分弧长（弦长）为半径画弧相交于点Ⅰ、Ⅶ。以点 B 为圆心，直线 AB 长为半径画弧，与以点Ⅶ为圆心，BⅦ长为半径画弧相交于点 C。用同样方法画出其他部分。用直线或曲线连接各点，即所求展开图。

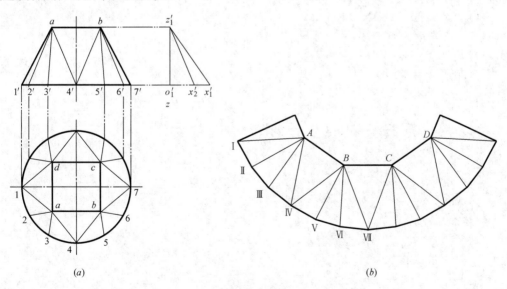

图 6-13　斜口正圆锥管的展开
(a) 投影图；(b) 展开图

本章小结

本章学习了：

1. 平面体表面的展开

把各表面展为真形的平面拼接起来，就得到平面体表面的展开图；

2. 可展曲面体表面的展开

主要介绍了圆柱、圆锥及相关内容，采用的方法是等分圆周、素线、纬圆等方法；

3. 过渡体表面的展开

以多个小三角形平面近似代替过渡面。

思考题与习题

1. 什么是立体表面的展开，画展开图的实质是什么？画图时应注意哪些问题？
2. 怎样求作平面立体及其截断后表面的展开图？
3. 怎样求作曲面立体及其截断后表面的展开图？
4. 怎样求作不可展曲面的近似展开图？
5. 试画出直径 $D=50\text{mm}$、弯曲半径 $R=1.2D$、$90°$ 两节虾壳弯的展开图。
6. 过渡体表面的展开的要领是什么？试画出一上圆下方管接头的展开的展开图（尺寸根据情况适当选择）。

第七章 工程管道的表示方法

【学习目标】 了解工程管道双、单线图的表示方法;掌握管道平面图、立面图、轴测图单线图的画法。

【知识重点】 管道、阀门双单线图的画法;管道平面图、立面图、管道的剖面图双单线图的画法;管道轴测图单线图的画法。

建筑设备图中的给水排水工程图和采暖通风工程图属于管道工程图。其内容包括:平面图、立面图、剖视图和详图等。对管道系统图,还配有流程图。在实际工程中,管道的布设既多又长,图上的线条纵横交错,未经学习难以读懂。为此,本章将根据各种管道的共同图示特点,介绍管道施工图中常见的一些基本表达方法。

第一节 管道、阀门单、双线图的画法

一、管道、阀门的双、单线图

(一)管道的双、单线图

图 7-1 (a) 是一圆管的两面投影图。若省略表示管子壁厚的虚线,就变成了如图 7-1 (b) 所示的图形,这种用两根线表示管道外形的投影图称为管道的双线图。

在施工图中,通常把管子的壁厚和空心的管腔全部简化成一条线的投影。这种在图形中用单根线表示管子和管件的图样称为单线图。单线图常见的表示方法有:

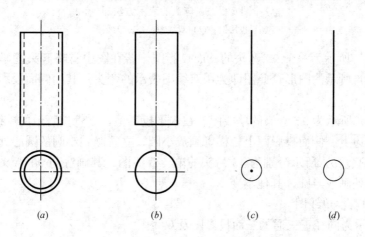

图 7-1 短管的表示方法
(a) 投影图;(b) 双线图;(c) 单线图;(d) 单线图

(1) 用一根直线表示直立圆管的正面投影,其水平投影用一个小圆点外面加画一个小圆,如图 7-1 (c) 所示。

101

（2）用一根直线表示直立圆管的正面投影，其水平投影中小圆的圆心不加点图，如图7-1（d）所示。

以上表示方法其意义相同，但在单项工程中应统一使用一种。

（二）管道配件的双、单线图

1. 弯头的双、单线图

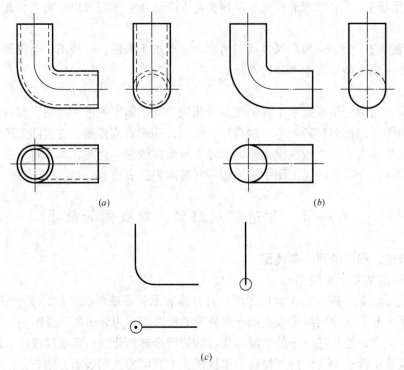

图 7-2　90°弯头的表示方法
（a）投影图；（b）双线图；（c）单线图

图 7-2（a）所示为一个 90°弯头的三面投影图。若在图中省略弯头壁厚的虚线，就变成了图 7-2（b）所示的图形，此图即为用双线图表示的弯头。其中侧面投影图中的虚线画与不画都可以。

图 7-2（c）所示为 90°弯头的单线图。在水平投影上，立管按管道的单线图画法表示，横管画到小圆边上。侧面投影图上，横管画成小圆，立管画到小圆的圆心处。

图 7-3（a）、（b）所示分别为 45°弯头的单、双线图。其画法与 90°弯头画法相似，只是在管子变向处画成半圆，其他不变。

2. 三通的双、单线图

图 7-4 所示为同径正三通的三面投影图及双线图。

图 7-5 所示为异径正三通的三面投影图和双线图。

图 7-6 所示为正三通的单线图。在单线图内，无论同径或异径，其立面图形式相同。

3. 四通的单、双线图

图 7-7 所示为同径正四通的双、单线图。在双线图中，立面图的相贯线为平面曲线。在单线图中，同径四通和异径四通的表示形式相同。

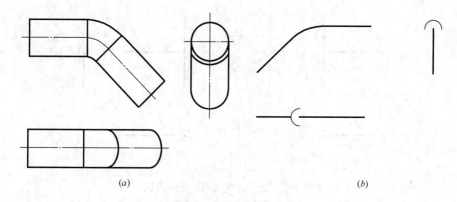

图 7-3　45°弯头的表示方法
(a) 双线图；(b) 单线图

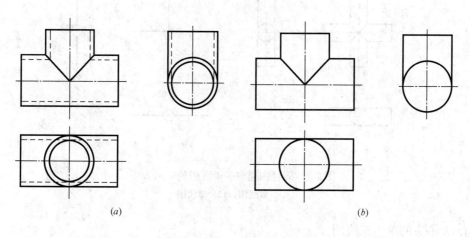

图 7-4　同径正三通的表示方法
(a) 投影图；(b) 双线图

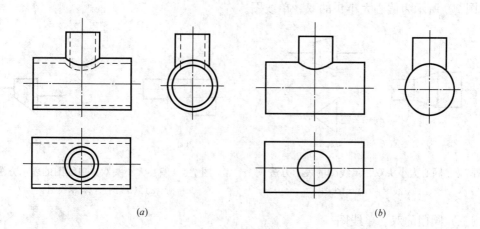

图 7-5　异径正三通的表示方法
(a) 投影图；(b) 双线图

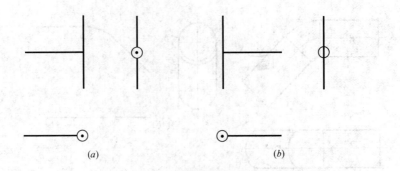

图 7-6 正三通单线图的表示方法
(a) 横管在左；(b) 横管在右

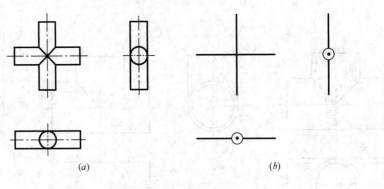

图 7-7 同径四通双、单线图的表示方法
(a) 双线图；(b) 单线图

4. 大小头的单、双线图

图 7-8 所示为同心大小头的双、单线图。同心大小头在单线图里有两种表示方法，一种画成等腰梯形，另一种画成三角形，这两种画法表示的意义相同。

图 7-9 所示为偏心大小头的双、单线图。

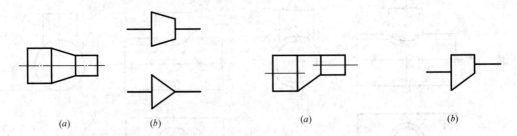

图 7-8 同心大小头双、单线图的表示方法　　图 7-9 偏心大小头双、单线图的表示方法
　　(a) 双线图；(b) 单线图　　　　　　　　　　(a) 双线图；(b) 单线图

（三）阀门的双、单线图

在实际工程中所用阀门的种类很多，其图样的表现形式也较多，如图 7-10、图 7-11、图 7-12 所示为在施工图中常见的几种带阀柄法兰阀门双、单线图。

二、管道的积聚和交叉

（一）管道的积聚性投影

1. 直管的积聚性投影

当直管垂直某一投影面时，在该面上的积聚性投影用双线图表示就是一个小圆，用单线图表示则为一个小点，为了便于识别，将用单线图表示的直管的积聚性投影画成一个圆心带点的小圆。如图 7-1（c）所示。

2. 弯管的积聚性投影

弯管由直管和弯头两部分组成。直管积聚后的投影是个小圆，与直管相连接的弯头，在拐弯前的投影也积聚成小圆，并且同直管积聚成小圆的投影重合，如图 7-13、图 7-14 所示。

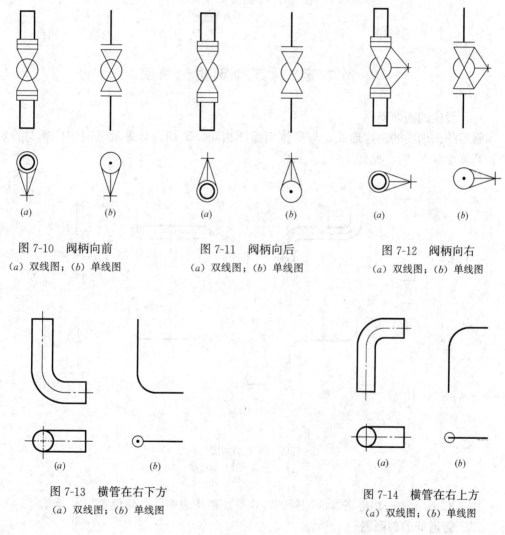

图 7-10 阀柄向前
（a）双线图；（b）单线图

图 7-11 阀柄向后
（a）双线图；（b）单线图

图 7-12 阀柄向右
（a）双线图；（b）单线图

图 7-13 横管在右下方
（a）双线图；（b）单线图

图 7-14 横管在右上方
（a）双线图；（b）单线图

（二）管道交叉

当管道交叉时，在双、单线图中可见的管道应画实线，不可见的管道采用断开画法表示，如图 7-15 所示。

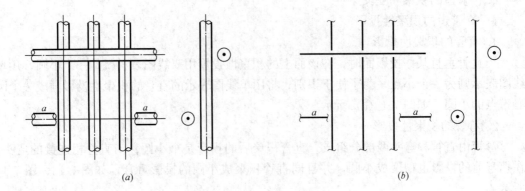

图 7-15 管道交叉的画法
(a) 双线图；(b) 单线图

第二节 管道剖面图的画法

一、管道的剖面图

管道的剖面图的表达形式，与形体剖面图相同。剖切符号表示了剖切位置与投影方向，其画法如图 7-16 所示。

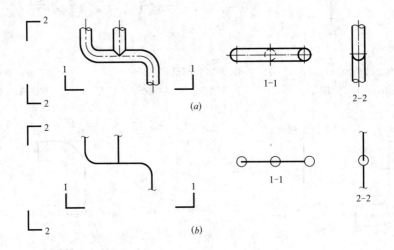

图 7-16 管道剖面图的画法
(a) 双线图；(b) 单线图

图 7-17 所示为一组淋浴器的配管图，在平面图中表明了剖切位置与投影方向。

二、管道间的剖面图

两根或两根以上的管道之间，假想用剖切平面切开，位置、投影方向用剖切符号表示，对剖切符号指示的部分进行投影，这样得到的投影图称为管道间的剖面图。其画法如图 7-18 所示。

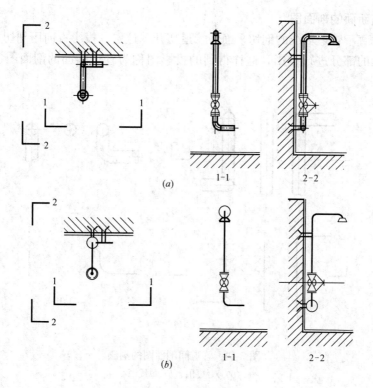

图 7-17 淋浴器配管图
（a）双线图；（b）单线图

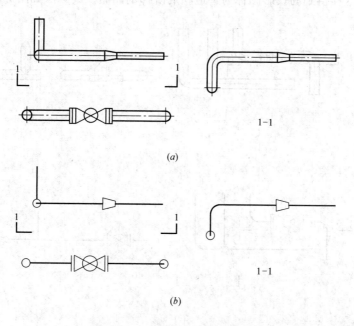

图 7-18 管道间剖面图的画法
（a）双线图；（b）单线图

三、管道断面的剖面图

假想用垂直于管道轴线的剖切平面将管道切开，位置、投影方向用剖切符号表示，对剖切符号指示的部分进行投影，这样得到的投影图称为管道断面的剖面图。其画法如图7-19所示。

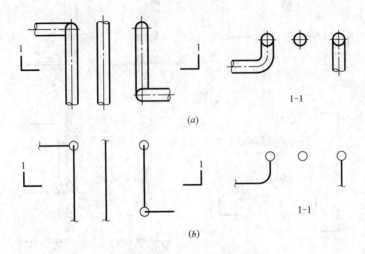

图 7-19 管道间剖面图的画法
(a) 双线图；(b) 单线图

四、管道间的阶梯（转折）剖面图

假想用两个或两个以上相互平行的剖切平面将管道切开，按剖切符号指示的位置、方向进行投影，这样得到的投影图称为管道间的阶梯剖面图。其画法如图7-20所示。

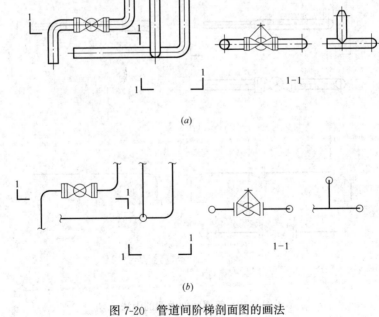

图 7-20 管道间阶梯剖面图的画法
(a) 双线图；(b) 单线图

第三节 管道轴测图的画法

一、管道的斜等轴测图

画管道的斜轴测图，其画图原则与画斜等测图相同。在实际画图时，常把 OX 轴选定为左右走向的轴，OY 轴选定为前后走向的轴，OZ 轴为上下垂直走向的轴。画图时，仍沿轴向量画，即画图时，其长度沿轴向根据投影图上的每段实际长度直接量取即可。

二、管道的正等轴测图

管道的正等测图，除按正等测图画法规定外，还要注意以下几点：

(1) 正确选择轴测轴之间的关系。一般按左右走向的管线取 OX 轴方向，前后走向的管线取 OY 轴方向，高度走向的管线取 OZ 轴方向；

(2) 沿轴向量取各轴上的管线尺寸；

(3) 管道轴测图多用单线条表示。

如图 7-21 所示为管道的单线图、正等轴测图。单线投影图中管 1 (1′)、4 (4′) 在轴测图中与 OX 轴方向一致，单线投影图中管 3 (3′)、5 (5′) 在轴测图中与 OY 轴方向一致，单线投影图中管 2 (2′)、6 (6′) 在轴测图中与 OZ 轴方向一致。

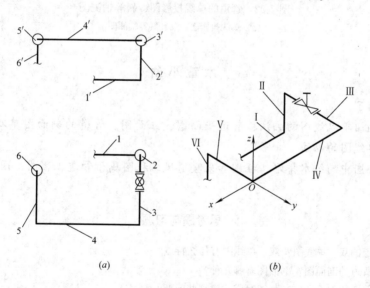

图 7-21 管道的单线投影图、正等轴测图
(a) 单线投影图；(b) 正等轴测图

三、管道的斜等轴测图

暖通空调工程图的系统图多画成斜等轴测图。

画成斜等轴测图时，凡是左右走向的水平管均与 OX 轴平行，前后走向的立管均与 OY 轴平行，而垂直走向的水平管均与 OZ 轴平行。

如图 7-22 所示为管道的单线图、正等轴测图。单线投影图中管 5 (5′)、9 (9′) 在轴测图中与 OX 轴方向一致，单线投影图中管 1 (1′)、7 (7′)、10 (10′) 在轴测图中与 OY 轴方向一致，单线投影图中管 2 (2′)、4 (4′)、6 (6′)、8 (8′) 在轴测图中与 OZ 轴方向一致。

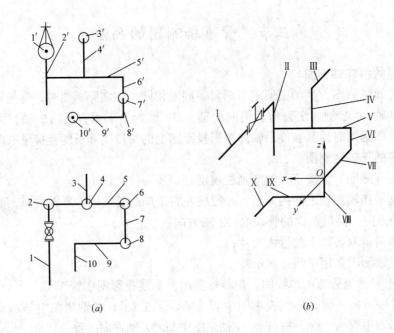

图 7-22 管道的单线投影图、斜等轴测图
(a) 单线投影图；(b) 斜等轴测图

本 章 小 结

本章介绍了：

管道、阀门单双线图的画法；管道平面图、立面图、管道的剖面图单双线图的画法；管道轴测图单线图的画法。

建筑设备图中的给水排水工程图和采暖通风工程图属于管道工程图，因此必须熟练掌握本章内容。

思考题与习题

1. 何谓管道的双、单线图？双、单线图有什么特点？
2. 什么叫管道的剖面图？剖面图有哪几种？
3. 如何画管道的剖面图？在画图时应注意哪些问题？
4. 什么叫管道的阶梯剖面图？阶梯剖面图的特点是什么？
5. 举例说明管道剖面图的画法。
6. 画管轴测图时的要领是什么？在画图时应注意哪些问题？
7. 举例说明管道轴测图的画法。

第八章 房屋建筑工程图

【学习目标】 了解房屋的平、立、剖面图及详图的作用和内容；掌握建筑施工图的图例、建筑构配件的规定画法、尺寸标注；掌握一般的工业与民用建筑施工图识读方法。

【知识重点】 房屋建筑施工图的组成；房屋建筑施工图的分类及特点；建筑施工图的图示方法及规定。

第一节 概 述

将一幢拟建建筑物的内外形状和大小布置以及各部分的结构、构造、装修、设备等内容，遵照"国标"的有关规定，用正投影的图示方法，详细准确绘制出来的图样称为房屋的建筑工程图。

房屋建筑工程图是由多种专业设计人员分别完成，按照一定编排规律组成的一套图样，它的主要用途是在房屋的建造过程中指导施工。同时又是审批建筑工程项目的依据；是编制工程概算、预算和决算以及审核工程造价的依据；是竣工时按设计要求进行质量检查和验收以及评价工程质量优劣的依据；是具有法律效力的文件。

第二节 房屋建筑的组成

因为建筑工程图是表达建筑"实体"的，所以要看懂房屋建筑工程图，必须要学习了解房屋建筑基本知识。

一、建筑物的组成及其作用

广义的建筑是建筑物和构筑物的统称。建筑物是指"人们为满足社会的需要，利用所掌握的物质技术手段，在科学规律和美学法则的支配下，通过对空间的限定、组织，而创造的人为的社会生活环境"。构筑物是指人工建造，但人们不在其中生存的如水塔、烟囱、堤坝等构筑体。这里重点分析建筑物。

建筑物按其使用功能的不同通常分为：工业建筑（如制造业的各种厂房、仓库、动力车间）、农业建筑（如谷仓、饲养场）以及民用建筑三大类，其中民用建筑可分为居住建筑和公共建筑。

若按建筑规模和数量可分为大量性建筑和大型性建筑。大量性建筑是指建筑规模不大，但修建数量多、与人们生活密切相关的分布较广的建筑，如住宅、中小学教学楼、医院等；大型性建筑是指规模大、耗资多的建筑，如大型体育馆、大型影剧院、航空港、会展中心等。建筑还可以按层数分类、按承重结构的材料分类，在此不再赘述。

二、大量性民用建筑的构造组成及其作用

大量性民用建筑的基本构造组成基本是相似的。现以图8-1所示的一幢学生宿舍楼为

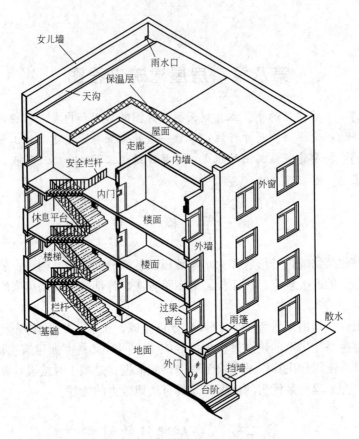

图 8-1 民用建筑各部分的组成与名称

例认识房屋各部位的名称和作用。

由图可知一般的民用房屋是由基础、墙或柱、楼面与地面、楼梯、屋顶、门窗等六大部分组成。

1. 基础

基础是房屋最下面与土层直接接触的部分，它承受建筑物的全部荷载，并将其传递于下面的土层——地基。基础是房屋的重要组成部分，而地基不是房屋的组成部分。

2. 墙或柱

墙或柱是房屋垂直承重构件，它承受楼、地层和屋顶传给它的荷载，并把这些荷载传给基础。墙体不仅是承重构件，同时也是围护构件。对于不同结构形式的建筑，墙的作用也不同，当用柱子作为传递荷载的承重构件时，填充在柱间的墙体只起围护作用。

3. 楼地层

楼地层又称楼地面，是房屋的水平承重和分隔的构件，它包括楼板和地面两部分，楼板是把建筑空间划分为若干层，将其所承受的荷载传给墙或柱。地面直接承受各种荷载，在楼层把荷载传给楼板，在首层把荷载传给首层地面下面的地基土层。

4. 楼梯

楼梯是多层建筑中联系各层之间的垂直交通设施，有步行楼梯和电梯。步行楼梯是建筑构造的组成部分，电梯则在土建施工中预留位置，后期进行整体设备安装。

5. 屋顶

屋顶是房屋顶部的承重和围护部分,它由屋面层、承重层、保温(隔热)层三部分组成。屋面层的作用是抵御自然界雨、雪、风、霜、阳光对室内的影响,结构层将承受屋顶的全部荷载,并将其传递于墙或柱。保温(隔热)层是起夏季阻热入室、冬季阻热散失的作用。

6. 门和窗

门是供人们进出房屋和房间及搬运家具物品起交通、疏散作用的建筑配件,有的门还兼有采光和通风作用。门根据使用功能的不同应具有足够的宽度和高度。窗的作用是采光、通风和眺望。门窗安装在墙上,因而是房屋围护结构的组成部分。

房屋除上述基本组成部分外,还有一些辅助和附属设施,如雨篷、散水(明沟)、阳台、台阶(坡道)、风道、垃圾道等,都是建筑中不可或缺的部分。

第三节 房屋建筑图的分类及特点

一、房屋建筑图的产生、分类及特点

(一)施工图的产生

要建造房屋首先要设计房屋,设计阶段可分为三步,即初步设计阶段,技术设计阶段和施工图设计阶段,常规建筑也可合并为两步,将技术设计与施工图设计阶段合。

初步设计阶段,设计人员根据建筑单位的设计要求,收集资料、实地踏勘、调查研究、综合分析、合理构思,提出若干种设计方案供选用,待方案确定后,按比例绘制初步设计图,确定工程概算,拟送有关部门审批。

技术设计阶段,技术设计又称扩大初步设计,根据审批的初步设计图,进一步解决各种技术问题,进行具体的构造设计、结构计算和水暖电系统的方案,取得各工种的协调与统一。

施工图设计阶段,在反复协调修改过程中,产生一套能够满足施工要求的,反映房屋整体和细部全部内容的图样,即为施工图,它是房屋施工的重要依据。

(二)施工图的种类

一套建筑施工图由于专业设计分工的不同,主要分为建筑施工图、结构施工图和水暖电(设备)施工图三大部分。

(1)建筑施工图(简称建施)主要表示建筑物的总体布局、外部造形、内部布置、细部构造、装修和施工要求等。基本图包括总平面图、建筑平面图、立面图和剖面图等;详图包括墙身、楼梯、门窗、厕所、屋檐及各种装修、构造的详细做法。

(2)结构施工图(简称结施)主要表示承重结构的布置情况、构件类型及构造和作法等。基本图包括基础图、柱网平面布置图、楼层结构平面布置图、屋顶结构平面布置图等。构件图(即详图)包括柱、梁、楼板、楼梯、雨篷等。

(3)给水、排水、采暖、通风、电气等专业施工图(亦可统称它们为设备施工图)简称分别是水施、暖施、电施等,它们主要表示管道(或电气线路)与设备的布置和走向、构件作法和设备的安装要求等。这几个专业的共同点是基本图都是由平面图、轴测系统图或系统图所组成;详图有构件、配件制作或安装图。

上述施工图要在图样的标题栏内标注自身的简称和图号如"建施1"、"结施1"、"电施1"等,编号也可用分数形式标注,如"建施1/12"其含义为"建施"部分图样共12张,这是其中的第一张。

一套建筑工程图的编排顺序是:图样目录、设计说明、总平面图、建筑施工图、结构施工图、设备(水、暖、电、电梯、综合布线等)施工图。各工种图纸的编排一般是全局性图样在前,表达局部的图样在后,也可按施工的先后顺序排列。

图样目录主要概括了该工程是由哪几部分专业图样组成,专业图样的名称、编号及编排顺序。

设计说明主要说明工程概况和建设方要求,具体有工程设计依据、设计标准、施工要求与部分工程作法。这一部分虽然是文字说明,却是图形的重要补充部分,阅读工程图时绝不可忽视。

一般中小型工程将图样目录、设计说明和总平面图画在同一张图样内,又称为"首页图"。

(三)房屋建筑图的特点

(1)施工图中的各种图样,除了水暖施工图中水暖管道系统图是用斜投影法绘制的之外,其余的图样都是用正投影法绘制的。有些是采用"国标"规定的画法。

(2)房屋的形体庞大而图样幅面有限,所以施工图一般是用缩小比例绘制的。

(3)由于房屋是用多种构、配件和材料建造的,所以施工图中,多用各种图例符号来表示这些构、配件和材料。在阅读图样的过程中,必须熟悉常用的图例符号。

(4)房屋设计中有许多建筑构、配件已有标准定型设计并有标准设计图集可供使用。为了节省大量的设计与制图工作,凡采用标准定型设计之处,只标出标准图集的编号、页数、图号就可以了。

(四)识读房屋建筑图的方法

房屋建筑图是用投影原理的各种图示方法和规定画法综合应用绘制的。所以识读房屋建筑图,必须具备一定的投影知识,掌握形体的各种图示方法和建筑制图标准的有关规定,要熟记建筑图中常用的图例、符号、线形、尺寸和比例的意义,要了解房屋的组成和构造的知识。

一般识读房屋建筑图的方法步骤是:

(1)看图样目录和设计技术说明。通过图样目录看各专业施工图样有多少张,图样是否齐全;看设计技术说明,对工程在设计和施工要求方面有一个概括了解。

(2)依照图样顺序通读一遍。对整套图样按先后顺序通读一遍,对整个工程在头脑中形成概念。如工程的建设地点和关键部位情况,做到心中有数。

(3)分专业对照阅读,按专业次序深入仔细地阅读。先读基本图,再读详图。读图时,要把有关图样联系起来对照着读,从中了解它们之间的关系,建立起完整准确的工程概念。再把各专业图样(如建筑施工图与结构施工图)联系在一起对照着读,看它们在图形上和尺寸上是否衔接、构造要求是否一致。发现问题要作好读图记录,以便会同设计单位提出修改意见。

可见,读图是工程技术人员深入了解施工项目的过程,也是检查复核图样的过程,所以读图时必须认真细致不可粗心大意。

(五)房屋建筑制图标准

房屋建筑图除了要符合投影及剖切等基本图示方法与要求外,为了保证制图质量,提高制图效率,做到图面清晰、简明,符合设计、施工、存档的要求,在绘图时应严格遵守国家颁布的制图标准中的有关规定。《建筑制图标准》几经修订,由国家质量监督检验检疫总局与建设部联合在2001年11月颁布,2002年3月实施。因篇幅有限,现将与房屋建筑施工图有关的《房屋建筑制图统一标准》、《建筑制图标准》中的部分内容简介如下:

1. 定位轴线与编号

定位轴线是房屋中的承重构件的平面定位线,承重墙或柱等承重构件均应画出它们的轴线。

定位轴线应用细点画线绘制。

定位轴线一般应编号,编号应注写在轴线端部的圆内。圆应用细实线绘制,直径为8~10mm。定位轴线圆的圆心,应在定位轴线的延长线上或延长线的折线上。

平面图上定位轴线的编号,宜标注在图样的下方与左侧。横向编号应用阿拉伯数字,从左至右顺序编写,竖向编号应用大写拉丁字母,从下至上顺序编写见图8-2。

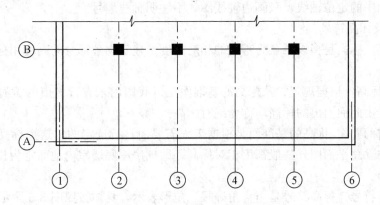

图8-2 定位轴线的编号顺序

拉丁字母的I、O、Z不得用做轴线编号。如字母数量不够使用,可增用双字母或单字母加数字注脚,如AA、BA……或A1、B1……Y1。

组合较复杂的平面图中定位轴线也可采用分区编号。

附加定位轴线的编号,应以分数形式表示。

(1)两根轴线间的附加轴线,应以分母表示前一轴线的编号,分子表示附加轴线的编号,编号宜用阿拉伯数字顺序编号,如图8-3(a)所示。

图8-3 附加轴线

(2) 1号轴线或A号轴线之前的附加轴线的分母以01或0A表示,如图8-3(b)所示。

一个详图适用于几根轴线时,可同时注明各有关轴线的编号,如图8-4所示。

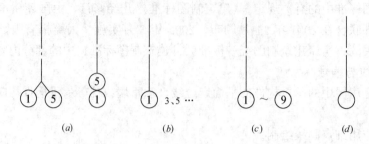

图8-4 通用轴线

(a) 用于两根轴线时;(b) 用于三根或三根以上轴线时;(c) 用于三根以上连续编号轴线时;(d) 用于详图的轴线编号

通常详图中的定位轴线,只画边轴线圈,不注明轴线编号。

2. 标高及标高符号

(1) 标高。标高是指以某点为基准的相对高度。建筑物各部分的高度用标高表示时有两种。

1) 绝对标高。根据规定,凡标高的基准面是以我国山东省青岛市的黄海平均海平面为标高零点,由此而引出的标高均称为绝对标高。

2) 相对标高。凡标高的基准面是根据工程需要而自行选定的,这类标高称为相对标高。在图样中除总平面图外一般都用相对标高,即把房屋底层室内地面定为相对标高的零点(±0.000)。

(2) 标高符号。标高符号是用直角等腰三角形表示,具体按照图8-5所示画出。

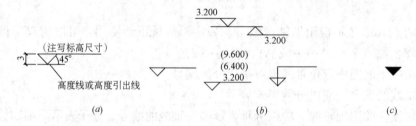

图8-5 标高符号的画法

(a) 具体画法尺寸;(b) 标注中的具体应用;(c) 用于总平面图的整平标高

总平面图室外地坪标高符号,用涂黑的三角形表示。

标高符号的尖端要指至被标注高度的位置,尖端一般可向下,也可向上。

标高数字以"米"为单位,注写到小数点后第三位,总平面图中可注写到小数点后两位,零点标高注写成±0.000;正数标高不注"±"号,负数标高应注"—"。

3. 其他符号

(1) 对称符号。对称符号由对称线和两端的两对平行线组成。对称线用细点画线绘制；平行线用细实线绘制，其长度宜为6~10mm，每对的间距宜为2~3mm；对称线垂直平分于两对平行线，两端超出平行线宜为2~3mm，如图8-6（a）所示。

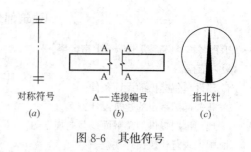

图8-6 其他符号

（2）连接符号。连接符号应以折断线表示须连接的部位。两部位相距过远时，折断线两端靠图样一侧应标注大写拉丁字母表示连接编号。两个被连接的图样必须用相同的字母编号，如图8-6（b）所示。

（3）指北针的形状宜如图8-6（c）所示，其圆的直径宜为24cm，用细实线绘制；指针尾部的宽度宜为3mm，指针头部应注"北"或"N"字。需用较大直径绘制指北针时，指针尾部宽度宜为直径的1/8。

第四节 首页图与建筑总平面图

一、首页图

首页图放在全套施工图的首页装订，在中小型工程中通常有两部分组成：一是图样目录，二是对该工程所作的设计与施工说明。其中图样目录起到组织编排图样的作用，从中可看到该工程是由哪些专业图样组成，每张图样的图别编号和页数，以便查阅。若篇幅允许，也可将总平面图放入首页图。

设计与施工说明一般包括该工程的设计依据、规划条件以及勘测数据等自然情况；此项工程的用途、建筑总面积、层数及竖向设计的数据；还要说明工程的构造设计、设备选型、各专业衔接的相关内容。

现以某学生宿舍楼工程为例，识读首页图内容（见表8-1）。

学生宿舍楼图纸目录　　　　　　　　表8-1

图别	顺序	图号	通用图号	图名	备注
建施	1			总平面图	
	2	建-1	1/12	设计说明	
	3	建-2	2/12	门窗表,构造表及层面图	
	4	建-3	3/12	一层平面图	
	5	建-4	4/12	二层平面图	
	6	建-5	5/12	三层平面图	
	7	建-6	6/12	四层平面图	
	8	建-7	7/12	南立面图	
	9	建-8	8/12	北立面图	
	10	建-9	9/12	西侧立面及剖面图	
	11	建-10	10/12	卫生间详图	
	12	建-11	11/12	楼梯详图	
	13	建-12	12/12	节点详图	

建筑部分设计说明

一、工程名称：某高级中学学生宿舍楼。
二、设计依据：
    1. 建设单位提供的设计条件。
    2. 有关部门审定的建筑设计方案。
    3. 规划部门提供的总平面及竖向规划图。
    4. 国家现行建筑设计规范。
三、建设规模：四层。总建筑面积：2064.25m²
四、结构形式：砖混结构。
五、抗震设计：本工程抗震烈度按七度设防。
六、使用年限：本工程建筑物使用年限为五十年。
七、砌体工程：
    1. ±0.000 以下采用 C15 素混凝土浇筑；
    2. ±0.000 以上砌体采用：
    1) 一层采用 MU10 承重多孔砖（内墙 240 外墙 370）与 M7.5 混合砂浆砌筑；
    2) 2～4 层采用 MU10 承重多孔砖（内墙 240 外墙 370 厚）与 M5 混合砂浆砌筑；
    3) 填充部分采用混凝土空心砌块（240 厚）与 M5 混合砂浆砌筑。
八、材料做法：
    1. 外墙饰面见立面，分格线用塑料分格条分隔。
    2. 内部作法见材料作法表。
九、门窗工程：
    1. 外门为塑钢门，窗为塑钢窗，内门为胶合板门。
    2. 木门刷黄色调和漆三遍。
    3. 首层窗防盗栏，由甲方负责选型安装。
    4. 洞口用 1：2.5 水泥砂浆抹护角。窗台板为预制美术水磨石板，板长为窗宽120，宽为300。
十、油漆工程：
    凡预埋木件均刷防腐剂，铁件刷樟丹，栏杆扶手均刷浅黄色调和漆三遍。
十一、室外工程：
    1. 散水：详辽 92J101（一）页 13②。
    2. 台阶：详辽 92J101（一）页 9②。
    3. 屋面雨水管详辽 92J101（一）页 35，雨水口详辽 92J101（一）页 34。
    4. 高低跨泛水详辽 92J101（一）页 21②。
十二、屋面工程：屋面构造见辽 92J101（一）页 14。
    1. 5mm 厚防水层为改性沥青防水油毡。
    2. 苯板保温 $D=80$ 容量$\geqslant 18$kg/m³。
    3. 保护层为 1：3 水泥砂浆厚 20。
十三、其他：
    1. 凡外露梁内均刷保温砂浆 20 厚。
    2. 栏杆为 □25 白钢栏杆，扶手为 □75 白钢扶手。
    3. 入口处通道顶棚保温为板下贴 60 厚苯板。
    4. 盥洗室下水管道，穿越宿舍应做吊棚隐蔽处理。
    5. 盥洗室地面防水层必须严格控制施工质量。
十四、施工时请与其他各专业配合留洞。
十五、本说明未尽事宜请施工单位认真执行国家有关施工验收规范。

（1）首页图中有两部分内容，一部分是图样目录（略去了其他专业图部分），另一部分是建筑部分的设计说明。图别是按专业分的建筑施工图部分，简称"建施"，图号用分数形式表示，分母为该图组的总张数，分子为该图组的第几张，这样编号便于查找，不易丢失。

（2）从设计说明部分了解该工程概况。本设计为 4 层砖混结构，总建筑面面积 2064.25m²；抗震烈度七度设防；50 年的使用期限。此外，设计说明还对砌体、门窗、室外工程、屋面工程所用的材料、规格等内容提出了一系列要求，并做了必要的说明。

二、总平面图的作用

总平面图是新建房屋和周围相关的原有建筑总体布局以及相关的自然状况的水平投影图，它能反映出新建房屋的形状、位置、朝向、占地面积、绿化硬化、标高以及与周围建筑物、地形、道路之间的关系。因此，总平面图是新建房屋施工定位、土方工程及施工现场布置的主要依据，也是规划设计水、暖、电等其他专业工程总平面和各种管线敷设的依

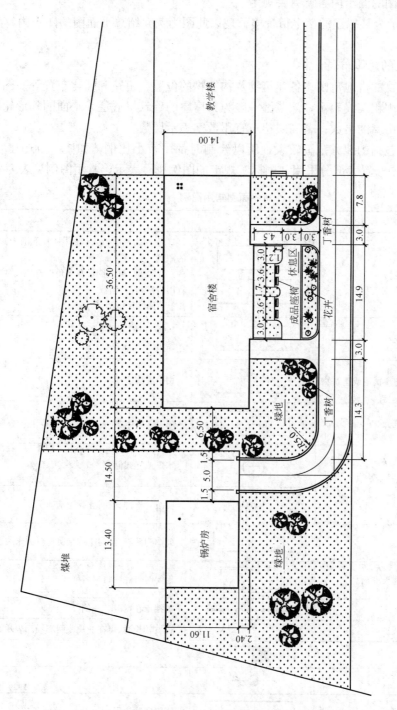

图 8-7 某学生宿舍楼总平面图及环境总图 1∶200

据。根据专业需要还可有专门表达各种管线敷设的总平面图,也可以与地面绿化工程详细规划图相结合,如图8-7所示。

三、总平面图的图示内容及有关规定

如图8-7所示为某拟建的学生宿舍楼,现以此图为例介绍总平面图的图示内容和有关规定。

1. 新建区域的总体布局

表明新建筑物的占地范围、各建筑物及构筑物的位置、道路和绿化布置等。图中新建房屋的占地范围用粗实线表示,该范围一般为其房屋的建筑(底层)平面的外形轮廓,右上方小黑点表示房屋的层数;若高层建筑宜用数字表示层数。

总平面图因包括的地方范围较大,所以绘制时都用较小比例,如1:500、1:1000、1:2000等。图中布置大部分采用"国标"规定的图例符号表示,常用图例见表8-2。

总平面图常用图例　　　　　　　　　表8-2

序号	名　称	图　例	说　明
1	新建的建筑物	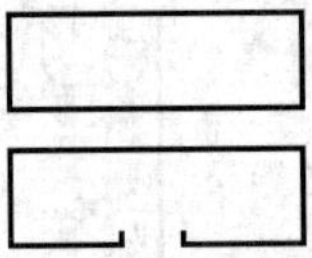	1. 上图为不画出入口的图例,下图为画出入口的图例 2. 需要时,可在图形右上角以点数或数字(高层宜用数字)表示层数 3. 用粗实线表示
2	原有的建筑物	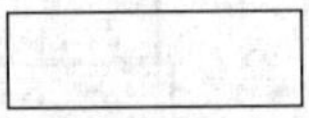	1. 应注明拟利用者 2. 用细实线表示
3	计划扩建的预留地或建筑物		用中虚线表示
4	拆除的建筑物	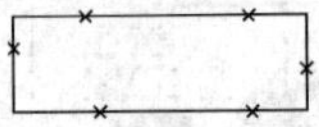	用细实线表示
5	水塔、储罐		水塔或立式储罐
6	烟囱		实线为下部直径,虚线为基础
7	围墙及大门	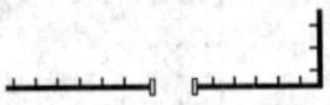	此图为砖石、混凝土或金属材料的永久性围墙
8	散装材料露天堆场	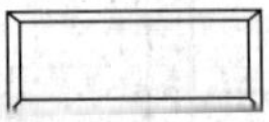	需要时可注明材料名称
9	挡土墙		被挡土在"突出"一侧
10	填挖边坡及护坡		边坡较长时,可在一端或两端局部表示
11	雨水井		
12	消火栓井		
13	新建的道路	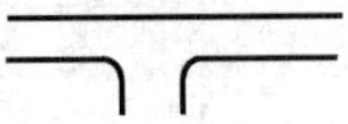	用粗实线表示
14	原有的道路	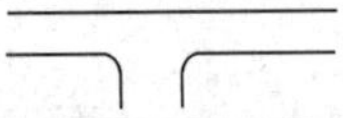	用细实线表示

续表

序号	名称	图例	说明
15	计划扩建的道路		用中虚线表示
16	坐标	X=9452 Y=10490	
17	桥梁		左图为铁路桥,右图为公路桥
18	室外地坪	154.20	
19	花坛		

2. 新建房屋的有关尺寸

（1）平面位置的确定。一般可根据邻近的原有建筑物或道路来定位，并标注尺寸，单位为米。如图 8-7 所示，新建住宅是依据原有建筑物定位的。

对于一些项目繁多、规模较大的工程，往往用坐标网来确定它们的位置。

除了新建房屋以外，总平面图还要标注构筑物、道路、场地（绿化地域）等有关距离的尺寸，单位均为米，一般精确到小数点后两位。

（2）竖向位置的确定。在总平面图上必须注明新建房屋底层室内地面（即相对标高的零点）、室外整平地面和道路的绝对标高。

我国规定将青岛附近的黄海平均海平面为零点，以此为基准的标高称为绝对标高。对于新建筑物为计算方便，一般将房屋底层室内地面作为相对标高的零点。比零点高的标高为"正（＋）"，比零点低的标高为"负（－）"。标注时"＋"号可以省略，而"－"号必须加在标高数值之前。相对标高与绝对标高的关系只有在总平面图中得以体现。确定各建筑物室内、外高差、庭院道路的绝对标高、排水坡度等称为竖向设计。

当地形起伏较大时，在总平面图中还应画出地形等高线。

3. 新建房屋的朝向方位

用指北针或当地风向频率图（简称风玫瑰图）的指北箭头来标明房屋的朝向。从图 8-7 中可以看出，新建学生宿舍楼是南北朝向。

风向频率图是根据当地的多年风向资料绘制的，表明该地区全年中各不同风向的刮风次数与刮风总次数之比，用同一比例画在 16 个方位线上连接而成的图形，其形状像一朵玫瑰花，而简称为风玫瑰图。图中实线距中心点最远的风向表示刮风频率最高，称为常年主导风向，图 8-7 中主导风向为西北风。图中虚线表示当地夏季 6 月、7 月、8 月三个月的风向频率。

四、总平面图的阅读

1. 看图名、比例及有关文字说明了解工程名称

新建筑物的工程名称注写在标题栏内。由于总平面所表示的范围较大,所以绘制时常采用较小的比例,如1∶500、1∶1000、1∶2000等。读图时,必须熟知"国标"中规定的一些常用的总平面图图例符号及其意义,如未采用"国标"规定的图例,须在图中附加说明。另外,除了用图形表达的内容外,还有其他一些内容须说明,如工程规模、投资、主要技术经济指标等,应以文字附加说明,列入图样中。

2. 了解新建房屋的位置和朝向

房屋的位置可用平面定位尺寸或坐标确定。坐标网有测量坐标网和施工坐标网之分,用坐标确定位置时,宜注明房屋三个角的坐标。如房屋与坐标轴平行时,可只注明其对角坐标。房屋的朝向是从图上所画的风玫瑰图或指北针来确定的。

3. 了解新建房屋的标高、面积和层数

看新建房屋的底层室内地面和室外整平地面的绝对标高,可知室内、外地面的高差及正负零与绝对标高的关系,建筑物其外形轮廓、占地面积、楼层的层数都可以从总平面图中直接得到。

4. 了解新建房屋附属设施及周围环境的情况

看总平面图可知新建房屋的室外道路、绿化区域、停车场和围墙等布置和要求,周围的原有建筑、道路、花园及其他建筑设施的情况。

五、总平面图的绘制方法和步骤

总平面图主要以"国标"规定的图例在地形图上来表明新建、原有、拟建的建筑物和构筑物,并绘出附近的地形地物状况、交通道路和绿化布置。

在总平面图中,每个图样的线形应根据其所表示的不同内容,采用不同的粗细线形。结合表8-2和图8-7了解各图例的使用及绘制方法。

第五节 建筑平面图

一、建筑平面图的图示方法和作用

建筑平面图是将房屋假想用一个水平剖切平面沿门窗洞口在视平面的位置剖切后,移去剖切平面以上的部分,再将剖切平面以下的部分作投影所得的水平投影图,简称平面图。平面图(除屋顶平面图外)实际上是一房屋的水平全剖面图。

建筑平面图主要反映房屋的平面形状、大小和各部分水平方向的组合关系。如房间的布置与功能;墙、柱的位置和厚度,楼梯、走廊的设置;门窗的类型和位置等情况。因此,它是房屋施工过程中放线、砌墙、安装门窗、预留孔洞(管线)、室内装修以及编制预算、施工备料等工作的主要依据,是"建施"中最基本、最重要的图样。

对于高层(多层)建筑,一般上是按层数绘制平面图,有几层就应画几个平面图,并在图的下方注以相应的图名,如一层(通常也称为底层)平面图、二层平面图……、顶层平面图。如果除一层和顶层外其余中间各层的平面布置、房间分隔和大小完全相同时,则可用一个平面图表示,图名为"X~X层平面图",也可称为"标准(中间)层平面图"。若建筑平面左右对称时,亦可将两层平面图画在同一平面图上,中间画一对称符号做分界线,并在图的下边分别注明图名。

另外,一般还应绘制屋顶平面图。它是房屋顶部的水平投影图,主要反映屋顶部的女

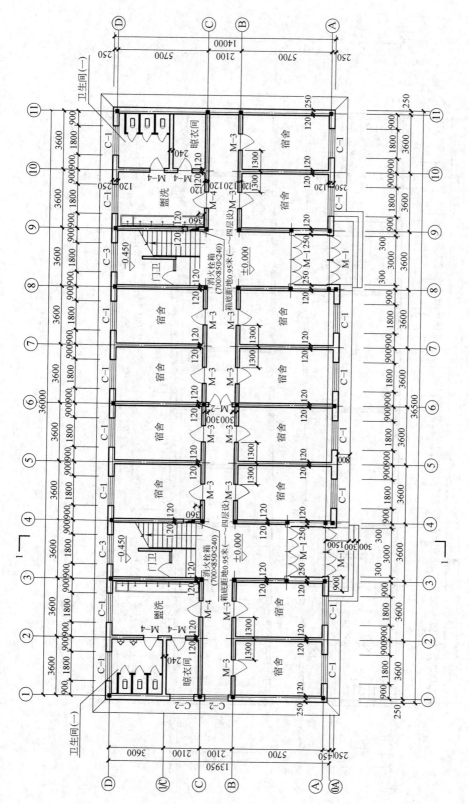

图 8-8 某学生宿舍楼底层平面图

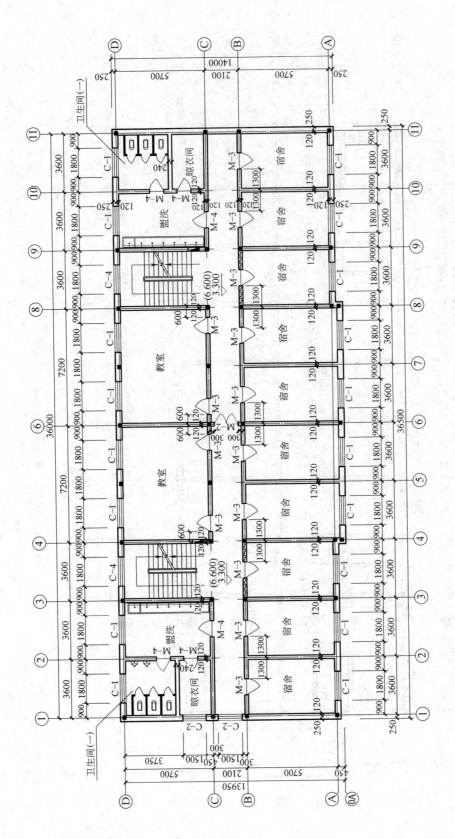

图 8-9 某学生宿舍楼 2、3 层平面图

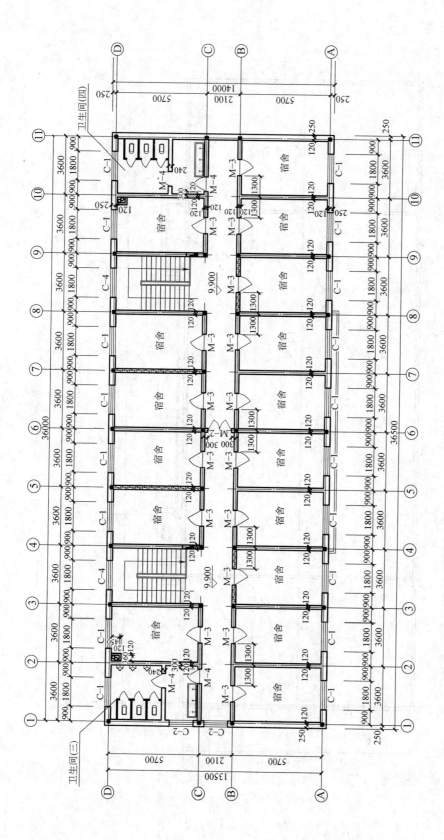

图 8-10 某学生宿舍楼 4 层平面图

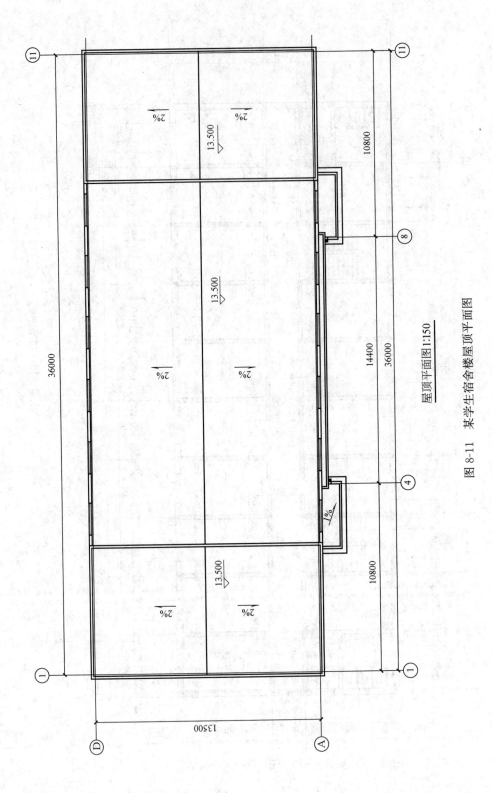

图 8-11 某学生宿舍楼屋顶平面图

儿墙、天窗、水箱间、屋顶检修孔、排烟道等位置以及屋顶的排水情况（包括屋顶排水区域的划分和导流方向、坡度、天沟、排水口、雨水管的布置等）。由于结构和形状的特点，可以采用较小的比例绘制。

有时对于比较简单、且施工方法通用的屋面也可省略此图。

图 8-8、图 8-9、图 8-10、图 8-11 分别是学生宿舍楼的底层、2、3层、顶层和屋顶平面图。

二、平面图的图示内容和有关规定

1. 图线、比例及内容分工

在平面图中的线形粗细分明。凡被剖切到的墙、柱等断面轮廓用粗实线绘制；未被剖切到的可见轮廓（如窗台、台阶、花池等）及门的开启线用中实线绘制；其余结构（如窗的图例线、索引符号指引线、墙内壁柜等）的可见轮廓用细实线绘制。有时或在比例较小的情况下（如1：200），也可采用两种线宽，即除了剖切到的断面轮廓用粗实线绘制外，其余可见轮廓均用细实线绘制。

平面图的比例宜在1：50、1：100、1：200 三种比例中选择，例图选用的比例为1：100，这也是常用的比例。住宅单元平面宜选用1：50 的比例，组合平面宜选用1：200 的比例。

房屋中的个别构配件应该画在哪一层平面图上是有分工的，若室外有台阶、坡道、花池、明沟、散水等，须在底层平面图中表示出来，雨水管、植被以及剖面图的剖切符号都应画在底层平面图中。其他各层平面图只须绘制本层形状及剖切所见部分（如雨篷、阳台等）即可。

2. 定位轴线及其编号

定位轴线是建筑物中承重构件的定位线，是确定房屋结构、构件位置和尺寸的，也是施工中定位和放线的重要依据。

在施工图中，凡承重的构件，如基础、墙、柱、梁、屋架都要确定轴线，并按"国标"规定绘制并编号。

定位轴线用细点划线绘制；在墙、柱中的位置与墙的厚度有关，也与其上部搁置的梁、板支承深度有关。以砖墙承重的民用建筑，楼板在墙上搭接深度一般为 120mm 以上，所以外墙的定位轴线按距其内墙面 120mm 定位。对于内墙及其他承重构件，定位轴线一般在中心对称处。

3. 图例

由于平面图所用的比例较小，许多建筑细部及门窗不能详细画出，因此需用"国标"统一规定的图例来表示。表 8-3 列举了常用的部分图例。

门窗除了用图例表示外，还应注写门窗的代号和编号：如 M-1、C-3。M、C 分别为门和窗的代号；1 和 3 分别为门窗的编号。

应注意：门窗虽然用图例表示，但其门窗洞口形式、大小和位置必须按投影关系对应画出。还要注意门的开启方向，通常要在底层平面图的图幅内（或首页图）中附有门窗表。至于门窗的详细构造，则要看门窗的构造详图。

在平面图中，被剖切到的墙、柱等断面在比例大于1：50 时，其断面应画上材料图例（参见第五章表 5-1），墙体抹灰层的面层线也应画出（用细实线）；在比例为1：100～1：200 时，抹灰层面层线可省略不画，其断面可省略材料图例，或采用简化图例，如砖墙涂红色、钢筋混凝土涂黑色。

建筑构造与配件常用图例　　　　表 8-3

序号	名称	图例	说明	序号	名称	图例	说明
1	坡道	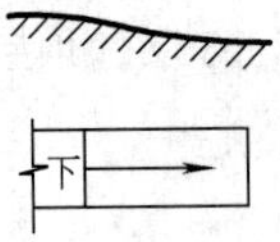 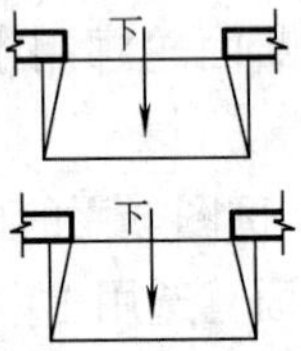	上图为长坡道 下图为门口坡道	7	单扇门（包括平开或单面弹簧）	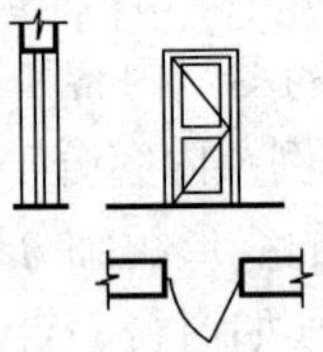	1. 门的名称代号用 M 2. 图例中剖面图左为外、右为内，平面图下为外、上为内 3. 立面图上开启方向线交角的一侧为安装合页的一侧，实线为外开，虚线为内开 4. 平面图上门线应 90°或 45°开启，开启弧线宜绘出 5. 立面图上的开启在一般设计图上可不表示，在详图及室内设计图上应表示 6. 立面形式应按实际情况绘制
2	平面高差		适用于高差小于 100 的两个地面或楼面相接处	8	双扇门（包括平开或单面弹簧）	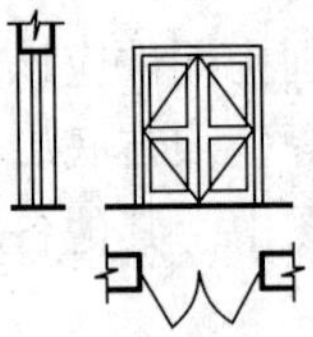	
3	检查孔		左图为可见检查孔 右图为不可见检查孔	9	对开折叠门	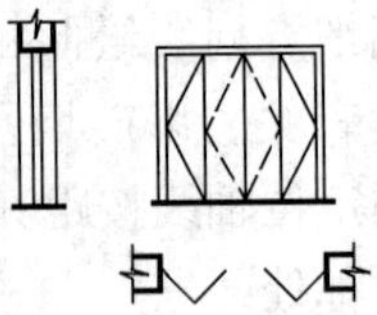	
4	孔洞		阴影部分可以涂色代替				
5	坑槽						
6	空门洞		h 为门洞高度	10	单扇双面弹簧门	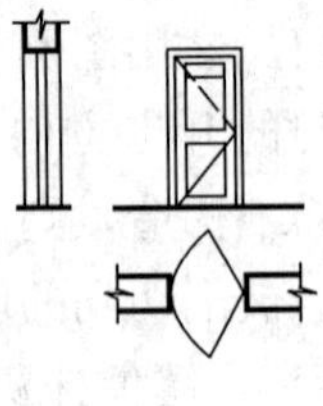	

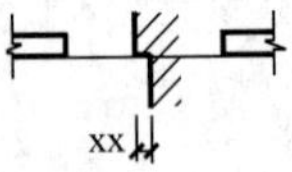

续表

序号	名称	图例	说明	序号	名称	图例	说明
11	双扇双面弹簧门	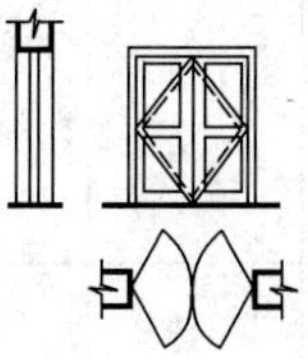	1. 门的名称代号用 M 2. 图例中剖面图左为外、右为内,平面图下为外、上为内 3. 立面图上开启方向线交角的一侧为安装合页的一侧,实线为外开,虚线为内开 4. 平面图上门线应 90°或 45°开启,开启弧线宜绘出 5. 立面形式应按实际情况绘制	14	单层固定窗	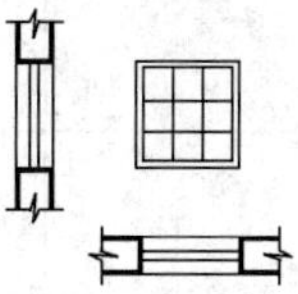	1. 窗的名称代号用 C 2. 立面图上斜线表示窗的开启方向,实线为外开,虚线为内开;开启方向线交角的一侧为安装合页的一侧,一般设计图中可不表示 3. 图例中,剖面图所示左为外、右为内,平面图所示下为外、上为内 4. 平面图和剖面图虚线仅说明开关方式,在设计图中不需要表示 5. 窗的立面形式应按实际情况绘制 6. 小比例绘图时平、剖面的窗线可用单粗实线表示
				15	单层中悬窗	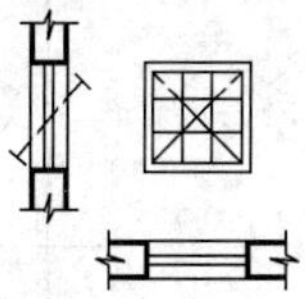	
12	自动门			16	单层外开平开窗	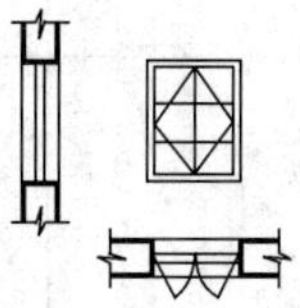	
				17	双层内外平开窗	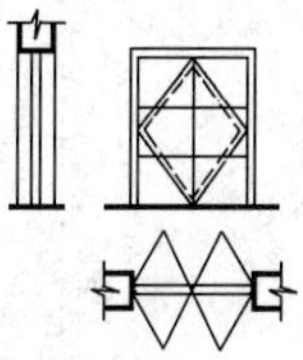	
				18	推拉窗	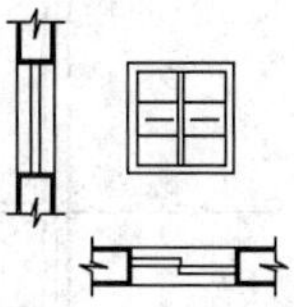	
13	新建的墙和窗		1. 本图以小型砌块为图例,绘图时应按所用材料的图例绘制,不易以图例绘制的,可在墙面以文字或代号注明 2. 小比例绘图时平、剖面窗线可用单粗实线表示	19	高窗	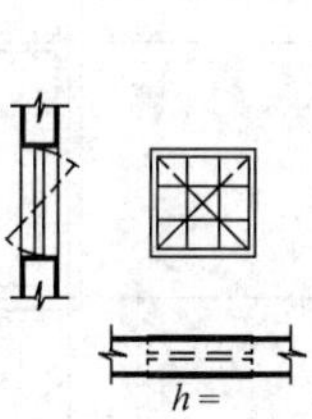	h 为窗底距本层楼地面的高度

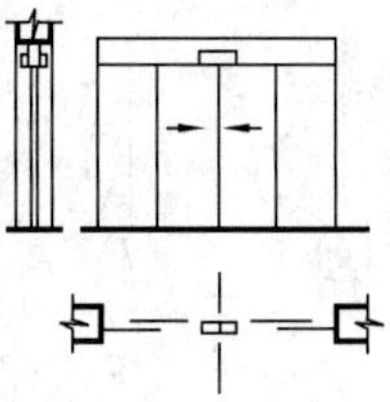

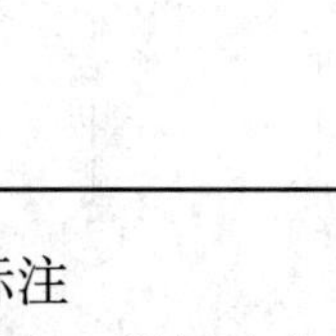

4. 尺寸标注

在平面图中,所标注的尺寸可分为三类:外部尺寸、内部尺寸、具体构造尺寸。

(1) 外部尺寸。一般在图形中外墙的下方及左方标注三道尺寸:

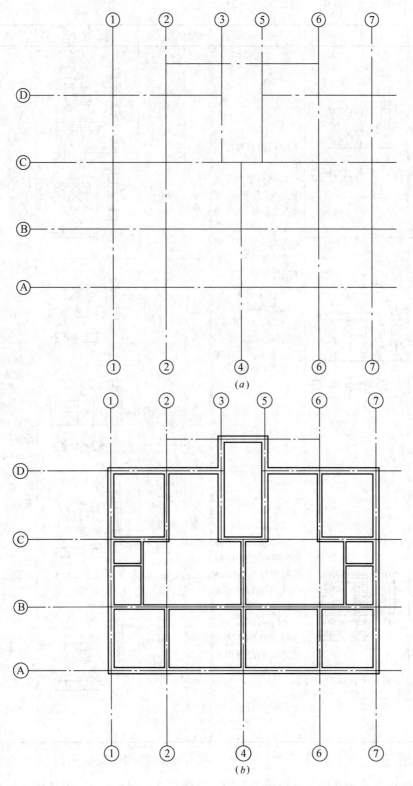

图 8-12 平面图
(a) 步骤一：画出定位轴线；(b) 步骤二：画出墙体及门窗等细部；(c) 步骤三：加深

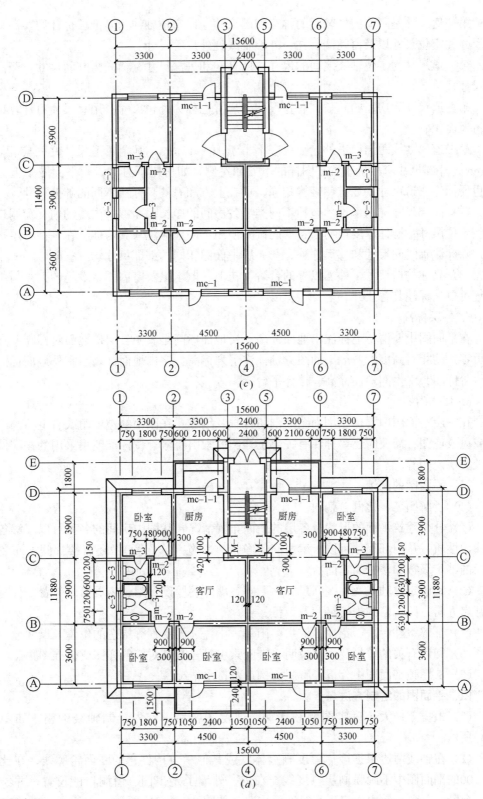

的绘图步骤

墙线并标注外部尺寸轴线编号；(d) 步骤四：标注细部尺寸及文字说明，完成全图

第一道尺寸是距离图样较近的称为细部尺寸，以定位轴线为基准，标注门窗洞口的定形尺寸和定位尺寸以及窗间墙、柱、外墙轴线到外皮等尺寸。

第二道尺寸为定位轴线之间的尺寸，即开间和进深尺寸（横向为开间尺寸，竖向为进深尺寸）。

第三道尺寸为房屋的总长、总宽尺寸，通常也称为外包尺寸。用总尺寸可计算出房屋的占地面积。

第一道尺寸线距图样最外轮廓线应不小于 10～15mm，其余每道尺寸之间应相距 7～10mm。外部尺寸应尽量布置在图样的下方和左侧，如房屋不对称，则平面图中上方和右侧也要标注三道尺寸，如有些结构相同，可在上方和右侧只标注不同的部分尺寸。

（2）内部尺寸。内部尺寸包括不同类型各房间的净长、净宽；内墙的门、窗洞口的定形、定位尺寸；墙体厚度尺寸。各房间按其使用不同还应注写其名称。在其他各层平面图中，除标注轴线间尺寸和总尺寸外，与一层平面图相同的细部尺寸均可省略。

（3）具体构造尺寸。外墙以外的台阶、花池、散水以及室内固定设施的大小与位置尺寸等可单独标注其各尺寸。

5. 各层标高

在平面图中要清楚地标注出地面标高，楼地面标高是表明各层楼地面对标高零点（即正负零）的相对高度。一般平面图分别标注下列标高：室内地面标高、室外地面标高、室外台阶标高、卫生间地面标高、楼梯平台标高等。

6. 其他内容

在一层平面图中要标注剖面图的剖切符号及编号；在图幅的左下角或右上角画出指北针或风玫瑰图；需要时还要标注有关部位详图的索引符号、按标准图集采用的构配件的编号及文字说明等。

三、平面图的阅读

（1）了解图名、比例、朝向。

（2）分析建筑平面的形状及各层的平面布置情况，从图中房间的名称可以了解各房间的使用性质；从内部尺寸可以了解房间的净长、净宽（或面积）；还有楼梯间的布置、楼梯段的踏步级数和楼梯的走向。

（3）阅读定位轴线及轴线间尺寸，了解各墙体的厚度；门、窗洞口的位置、代号及门的开启方向；门、窗的规格尺寸及数量。

（4）了解室外台阶、花池、散水、阳台、雨篷、雨水管等构造的位置及尺寸。

（5）阅读有关的符号及文字说明，查阅索引符号及其对应的详图或标准图集。

（6）从屋顶平面图中分析了解屋面构造及排水情况。

四、平面图的绘制方法与步骤

（1）根据图样大小确定图幅和比例，选定图幅后，首先绘制轴线网格，如图 8-12（a）所示。

（2）在轴线两边根据墙体厚度画墙体（或其他承重构件）的断面轮廓线，在比例为1∶100的平面图中不画粉刷层厚度线。在内、外墙上定出门、窗洞口的位置，并绘制楼梯、台阶、花池、散木、卫生间等细部构造，如图 8-12（b）所示。

（3）加深图线，标注外部尺寸及定位轴线编号，如图 8-12（c）所示。

（4）仔细检查，标注细部尺寸、门和窗的编号、剖切符号、指北针（或风玫瑰图）、图名、比例及其他文字说明，最后填写标题栏，如图 8-12（d）所示。图名常用 7 号字或 10 号字在图形的下方注写，在图名的右侧方，用比其小一号的字注写比例，并在图名及比例下方加一粗实线（约 1.4b）（参见图 8-7）。

第六节 建筑立面图

一、建筑立面图图示方法和作用

建筑立面图是将房屋的各个侧面向与之平行的投影面作正投影所得的图样，简称立面图。

建筑立面图是用来表现房屋立面造型的艺术处理，表示房屋的外部造型和外墙面的装饰，同时反映外墙面上门窗位置、入口处和阳台的造型、外部台阶等构造以及各表面装饰的色彩和用料。

二、立面图的命名

立面图的数量视房屋各立面的复杂程度而定，一般为四个立面图。立面图的命名方式常见的有三种。通常把反映房屋主要外貌特征或主要出入口的一面称为正立面图，其余各立面图则相应地称为背立面图或侧立面图。对于朝向南北东西的房屋，可按朝向命名，如南立面图、北立面图、东（西）立面图等。有时还可以采用两端的定位轴线编号来确定，如①～⑲立面图、Ⓔ～Ⓐ立面图等，便于阅读图样时与平面图对照了解。

房屋的某一立面若呈圆弧或折线形时，可将其假想地展开并选定与其平行的投影面作正投影绘制立面图，这种情况下需在图名后加注"展开"二字。若房屋左右（图视方向）对称时，可以用对称线作为分界线，正立面图和背立面各绘制一半，合并成一幅立面图。

图 8-13～图 8-15 为学生宿舍楼立面图。

图 8-13 学生宿舍楼南立面图

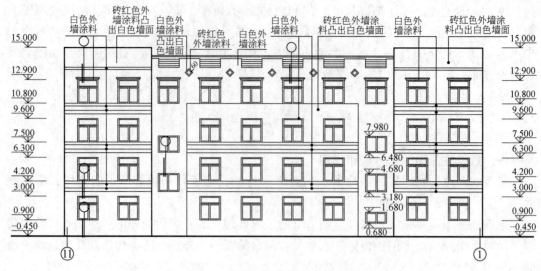

图 8-14 某学生宿舍楼北立面图

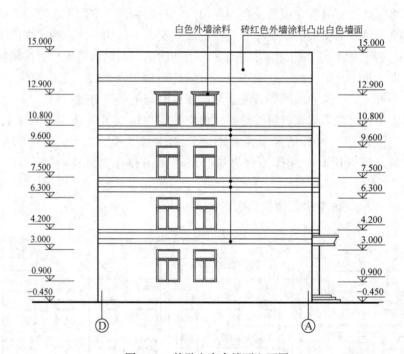

图 8-15 某学生宿舍楼西立面图

三、立面图图示内容和有关规定

1. 投影关系与比例

建筑立面图应将立面上所有投影可见的轮廓线全部绘出。如室外地面线、房屋的勒脚、台阶、花池、门、窗、雨篷、阳台、檐口、女儿墙、墙面分格线、雨水管、屋顶上可见的排烟口、水箱间、室外楼梯等。

立面图的比例一般应与平面图所选用的比例一致。

2. 线形使用和定位轴线

在立面图中，为了突出建筑物外形的艺术效果，使之层次分明，在绘制立面图时通常选用不同粗细的图线。房屋的主体外轮廓（不包括室外附属设施，如花池、台阶等）用粗实线；勒脚、门窗洞口、窗台、阳台、雨篷、檐口、柱、台阶、花池等轮廓用中实线；门窗扇分格、栏杆、雨水管、墙面分格线、文字说明引出线等用细实线；室外地面线用特粗实线（约 $1.4b$）。

在立面图中一般只要求绘出房屋外墙两端的定位轴线及编号，以便与平面图对照来了解某立面图的朝向。定位轴线画进墙内 10～15mm。

3. 图例

由于立面图的比例较小，因此，许多细部（如门、窗扇等）应按表 8-3 所规定的图例绘制。为了简化作图，对于类型完全相同的门、窗扇，在立面图中可详细绘出一个（或在每层绘制一个），其余的只须绘制简图。另有详图和文字说明的细部（如檐口、屋顶、栏杆等），在立面图中也可简化绘出。

4. 尺寸标注

立面图上一般只须标注房屋外墙各主要结构的相对标高和必要的尺寸。如室外地面、台阶、窗台、门、窗洞口顶端、阳台、雨篷、檐口、屋顶等完成面的标高。对于外墙预留洞口，除标注标高外，还应标注其定形和定位尺寸。

标注标高时，须从其被标注部位的表面绘制一引出线，标高符号指向引出线，指向可向上，也可向下。标高符号宜画在同一铅垂线方向，排列整齐。标高符号的绘制及指向参阅图 8-5。

5. 其他内容

在立面图中还要说明外墙面的装修色彩和工程作法，一般用文字或分类符号表示。根据具体情况标注有关部位详图的索引符号，以指导施工和方便阅读。

四、立面图的阅读

（1）阅读图名或定位轴线的编号，了解某一立面图的投影方向，并对照平面图了解其朝向。

（2）分析和阅读房屋的外轮廓线，了解房屋立面的造型、层数和层高的变化。

（3）了解外墙面上门窗的类型、数量、布置以及水平高度的变化。

（4）了解房屋的屋顶，雨篷、阳台、台阶、花池及勒脚等细部构造的形式和位置。

（5）阅读标高，了解房屋室内、外的高度差及各层高度尺寸和总高度。

（6）阅读文字说明和符号，了解外墙面装饰的做法、材料和要求以及索引的详图。

五、立面图的绘制方法与步骤

（1）首先确定室外地面线的位置，参照相应的平面图上的长度尺寸确定两端的定位轴线，并根据外墙厚度绘制立面图中房屋的外轮廓线，如图 8-16（a）所示。

（2）结合立面图的标高和平面图上门窗的定形、定位尺寸绘制门窗洞口的形状和位置，然后绘制其余各细部结构，如檐口、雨篷、阳台、花池、雨水管等，如图 8-16（b）所示。

（3）绘制门、窗扇的分格线，墙面装饰线。检查无误后，擦去多余的图线，按立面图的规定线形加深图线，如图 8-16（c）所示。

（4）标注各部位的标高、两端定位轴线的编号、文字说明、索引符号及图名、比例等。

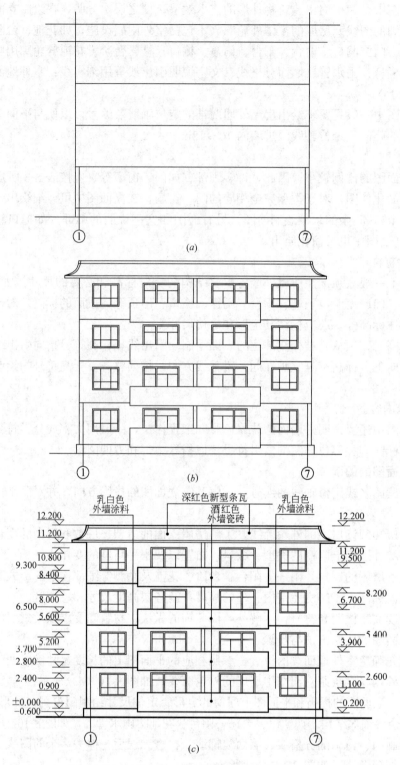

图 8-16 立面图的绘图步骤
(a) 步骤一：确定室外地面线、画出外轮廓线；(b) 步骤二：画门窗洞口、各细部结构；
(c) 步骤三：完成底稿、加深图线，步骤四：标注尺寸及文字说明，完成全图

第七节 建筑剖面图

一、建筑剖面图的图示方法和作用

建筑剖面图是用一假想的竖直剖切平面，垂直于外墙，将房屋剖切后所得的某一方向的正投影图，简称剖面图。建筑剖面图主要表示房屋内部在高度方向的结构形式、楼层分层、垂直方向的高度尺寸以及各部分的联系等情况，如：房间和门窗的高度、屋顶形式、屋面坡度、楼板的搁置方式等。是与平面图、立面图相配合的不可缺少的三大基本图样之一。

剖面图中的剖切平面若垂直于纵墙，即平行于侧立投影面，称为横向剖切产生横剖面图；若垂直于横墙，即平行于正立投影面，称为纵向剖切产生纵剖面图。剖切的位置应选择在室内结构较复杂的部位，并应通过门、窗洞口及主要出入口、楼梯间或高度有特殊变化的部位。通常选用全剖面，必要时可选用阶梯部面。剖面图的数量视房屋的具体结构和施工的实际需要而定。

二、图示内容和有关规定

（一）投影关系

剖面图所表达的内容与投影方向要与平面图（常见于低层剖面图）中标注的剖切符号的位置一致。剖切平面剖切到的部分及按投影方向可见的部分都应表示清楚。

图 8-17 为底层平面图（图 8-8）中所示的 1-1 剖面图。

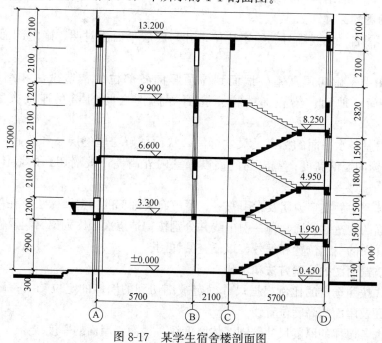

图 8-17 某学生宿舍楼剖面图

室内底层地面以下的部分属于结构施工图的内容，在建筑剖面图中不必表示。

剖面图的名称应与平面图中所标注的剖切符号的编号一致。

（二）图线和比例

剖面图上使用的图线与平面图相同，比例也应尽量与平面图一致，有时为了更清晰地表达图示内容或房屋的内部结构较为复杂，剖面图的比例可相应地放大。

（三）定位轴线

在剖面图中，被剖切到的承重墙、柱均应绘制与平面图相同的定位轴线，并标注轴线编号和轴线间尺寸。

（四）图例

剖面图中的门、窗图例按表8-3中的规定绘制。其断面材料图例、粉刷层、楼板及地面面层线的表示原则和方法，与平面图的规定相同。

（五）尺寸标注

在剖面图中主要标注室内各部位的高度尺寸及标高。

1. 高度尺寸

外部高度尺寸若采用尺寸线的形式标注房屋各层高度时，可与平面图相似分为外三道尺寸：靠近墙体的第一道尺寸为细部尺寸；第二道尺寸为层高尺寸；第三道尺寸为总高尺寸，一般标注在图样的外侧。主要表明外墙的门、窗洞口高度方向的尺寸及洞口上端到上一层窗台或屋顶的高度尺寸。

内部尺寸主要标注室内门、窗、墙裙、隔断、搁板等高度尺寸。

2. 标高

应标注室内外地面、各层楼面、楼梯平台、各层门窗洞口上端、窗台、檐口、屋顶、女儿墙檐口等部位的结构标高或建筑标高。

三、剖面图的阅读

（1）阅读图名、轴线编号、绘图比例，并与底层平面图对照，确定剖面图的剖切位置、投影方向。

（2）从图中了解房屋从室外地面到屋顶竖向各部位的构造做法和结构形式，了解墙体与楼面、地面、梁板、楼梯、屋面等构件之间的相互连接关系和材料做法等。

（3）看房屋各水平面的标高及尺寸标注，从而了解房屋的层高和总高；外墙各层窗（门）洞口和窗间墙的高度；室内门的高度；室内外高差；被剖切到的墙体的轴线间尺寸等。

（4）阅读图中的文字说明及索引符号，了解有关细部的构造及做法，在剖面图中表示楼地面、屋面的构造时，通常用一引出线并分别按构造层次顺序列出材料及做法说明。同时还要了解详图的引出位置和编号，以便查阅详图。

四、建筑剖面图的绘制方法和步骤

（1）首先按照选定的比例根据尺寸确定被剖切到的墙体的定位轴线；确定室内外地面、各层楼面及屋面的高度位置线。

（2）根据各墙体的厚度尺寸绘制墙体厚度线；楼面、屋面的厚度线。

（3）确定门窗洞口、过梁、阳台等结构的高度位置，绘制楼梯段及踏步、栏杆、扶手等。检查无误后，擦去多余的图线，按剖面图的规定线形加深图线。

（4）绘制材料图例、索引符号，最后标注尺寸、标高，书写文字说明等。

建筑剖面图的具体绘图步骤因篇幅所限在此不再赘述，绘图时可参考图8-7建筑平面图的绘制方法和步骤。

第八节 建筑详图

一、概述

建筑详图是建筑细部的施工图，因为建筑平、立、剖面图采用的比例较小（1∶100），无法将房屋某些构配件（如门、窗、楼梯、阳台及各种装饰等）和许多细部构造（如檐口、窗台、散水以及楼地面层和屋顶层等）表达清楚，因此，须用较大的比例（常用1∶20、1∶10、1∶5、1∶2、1∶1等）将房屋细部或构、配件的形状、大小、材料和做法用正投影法详细地绘出的图样，称为建筑详图，简称详图。建筑详图是建筑平、立、剖面图的补充，是建筑施工图的重要组成部分，是施工的工艺依据。

建筑详图以表达详细构造为主，主要有外墙、楼梯、阳台、雨篷、台阶、门、窗、厨房、卫生间等详图。其图示方法有局部平面图、局部立面图、局部剖面图或节点详图。详图的表达范围及数量依房屋细部构造的复杂程度而定。有时，用一个剖面详图就能表达清楚（如外墙剖面详图）；有时需要绘制平面详图（如楼梯、卫生间）；有时需要绘制立面详图（如门、窗）。对于采用标准图集的建筑构、配件和节点，则不必画出其详图，只要注明所用图集的名称、代号或页码即可查阅。

二、索引符号与详图符号

为了便于对照查阅所绘制的详图其表达的部位，应以索引符号标明；而对应绘制的详图，应以详图符号标明。按"国标"规定，其标注方法如下：

1. 索引符号

需用详图表示的部位用细实线作指引线，其端部以直径为10mm的细实线圆作为索引符号，如图8-18所示。上半圆中的数字为索引详图的编号，下半圆中的数字为该详图所在图样的编号。若索引的详图与被索引的图样在同一幅图内，则下半圆中为一段水平短划线。索引的详图如采用标准图集，则应在指引线上加注该标准图集的编号。

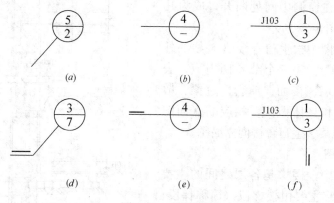

图 8-18 索引符号

当索引的部位需用剖面图表示时，应在指引线的某一侧画上剖切线（粗短划线），指引线所在的一侧为投影方向，如图8-18（d）、图8-18（e）、图8-18（f），表示从右向左投影。

2. 详图符号

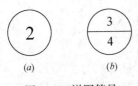

图 8-19 详图符号

详图符号为一粗实线圆，直径为 14mm，如图 8-19 所示。图 8-19（a）为详图与被索引的图样在同一幅图内的详图符号；图 8-19（b）为详图与被索引的图样不在同一幅图时的详图符号，上半圆中的数字为详图的编号，下半圆中的数字为该详图被索引的图幅编号。

三、外墙剖面详图

外墙剖面详图是一重要的构造详图，是将墙身从上至下作一剖切，一般由墙身各主要建筑部位的剖面节点详图组成。它表示墙身由地面到屋顶各部位高度方向的构造、材料、施工要求及有关部位的连接关系，是施工和编制工程预算的重要依据。

外墙剖面详图常采用 1：20 的比例绘制，也可用其他放大比例。因此，在详图中应画出建筑材料图例符号，并且用细实线绘制装饰层的面层线，标明粉刷层的厚度。对于屋顶、楼面、地面等处的各层构造做法一般按其构造层次的顺序绘制，并用文字加以说明（注：多层建筑各层楼面的做法完全相同时，可只详画一层）。

外墙剖面详图要求标注室内、外地面；各层楼面；各层窗台；门、窗洞顶端；雨篷；阳台；层顶及檐口等各部位的标高，还要求标注外墙身高度方向和各细部构造的详细尺寸。

墙身详图根据需要可以画出若干个，以表示房屋不同部位的不同构造内容。

墙身详图在多层房屋中，若各层情况一样时，可只画顶层、底层、一个中间层来表示，画图时通常在窗洞中间处断开，成为几个节点详图，如图 8-20 所示。

图 8-20 为例图中学生宿舍楼 A 轴线的外墙，分别由①、②、③三个节点图组成，表示了屋顶、女儿墙、楼面、窗台、过梁、散水等部位的构造和具体做法。相应的立面图可参见图 8-13 的某学生宿舍楼南立面图。

四、楼梯详图

在多层建筑中，楼梯是各层之间的主要垂直交通设施，它主要由楼梯段（简称梯段、包括踏步和斜梁）、楼梯平台（包括平台板和梁）和栏杆扶手（或栏板）等组成。由于其构造比较复杂，一般需要绘制详图。

楼梯详图一般由楼梯平面图、剖面图及踏步、栏杆扶手的节点详图等组成。它主要

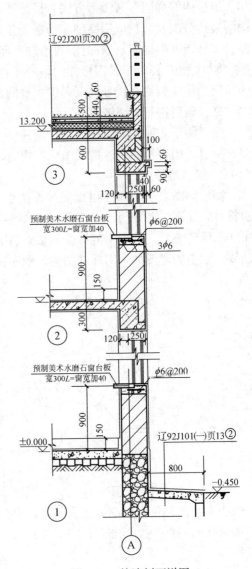

图 8-20 外墙剖面详图

表示楼梯的类型、结构形式、装修做法和详细尺寸,是楼梯施工的主要依据。

由于楼梯构造及强度要求的特殊性,楼梯详图一般分建筑详图和结构详图,并分别绘制。对比较简单的楼梯,有时可将建筑详图与结构详图合并绘制。

(一)楼梯平面图

楼梯平面图是用水平面剖切作出的楼梯间水平全剖面图,实际上是建筑平面图中楼梯间的放大图样。常用比例为1:50。水平剖切位置一般在每一层上行第一梯段内,断裂部位规定用45°折断线表示。底层平面图中为保持第一跑楼梯的完整,常在平台板边缘处断裂。楼梯的走向用细实线并附以箭头表示上或下。原则上每一层都应绘制其平面图,但多层房屋的中间各层楼梯结构完全相同时,可用某一层作为"标准层平面图"或选用标准图集来表示,而底层和顶层楼梯段各不相同,必须分别绘其平面图。所以,楼梯平面图至少要绘制三个楼层的平面图,即底层、标准层(或中层间)、顶层。若中间层有变化,再加绘有变化楼层的平面图。如图8-21所示。

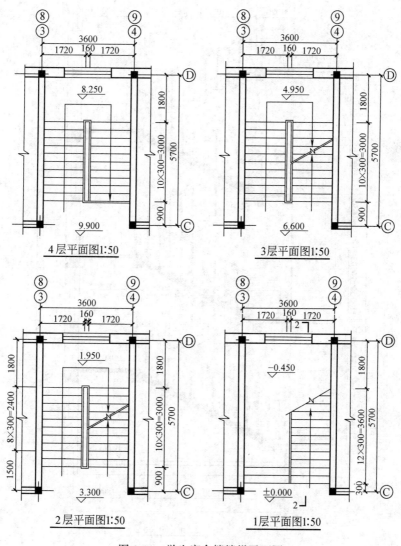

图8-21 学生宿舍楼楼梯平面图

在楼梯平面图中应标注楼梯间两侧承重墙的定位轴线编号及尺寸；各层楼面、地面、平台的标高；各细部的详细尺寸，如楼梯段长度和宽度、平台和楼梯井的宽度、墙体厚度；门、窗洞口的定形和定位尺寸等。其中楼梯段的长度用"踏面宽×踏面数（踏步级数－1）"来标注。

（二）楼梯剖面图

楼梯剖面图是假想用铅垂面作为剖切平面通过各层的某一梯段和窗洞口的位置将楼梯间剖切后，并向另一未被剖切的梯段方向作正投影所得的剖面图，如图 8-22 所示。剖面图的剖切位置、投影方向及编号应标在楼梯底层平面图中。

在多层建筑中，如果中间各层楼梯的结构完全相同，其剖面图可只画一层、中间层和顶层，并在各段剖面图中用折断线分界。但各层的标高必须详细标注在已画"中间层"的楼面和平台面上。另外，楼梯剖面图通常不画至屋顶，也不画基础，所以相连接处分别用

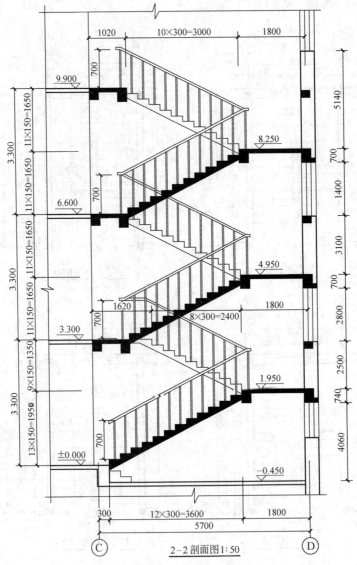

图 8-22 学生宿舍楼楼梯剖面图

折断线表示。

楼梯剖面图反映了各梯段、平台、栏杆扶手的构造和它们之间的相互连接方式，同时也表明了梯段数、踏步级数和楼梯间的墙体及其墙体上门、窗洞的位置等。

在楼梯剖面图中应标注各层地面、楼面、休息平台面的标高，还应标注梯段、栏杆扶手的高度尺寸，梯段高度＝踏步高度×踏步级数；成人用栏杆扶手高度一般为900mm，应为踏面的中间到扶手顶面的高度。扶手坡度应与梯段坡度一致。楼梯间的外墙尺寸标注应与建筑剖面图相同。

对于楼梯踏步、栏杆扶手等细部还需用更大的比例才能表示其具体施工做法和要求，其放大图样可用索引符号在楼梯剖面图中标明，再绘制各节点详图或选用标准图集，图8-21、图8-22为学生宿舍楼的楼梯详图，未给出有关楼梯的其他节点详图。

（三）楼梯详图的阅读方法

1. 楼梯平面图的阅读

以图8-21楼梯平面图为例说明其阅读方法及内容。

（1）根据楼梯间的轴线编号与尺寸，可知学生宿舍楼每层有两个楼梯间，分别位于③、④轴线和⑧、⑨轴线上，开间尺寸3600mm，进深尺寸5700mm。

（2）楼梯形式为常见的两跑楼梯，每层楼梯踏步数均为22步。底层楼梯的两个楼梯段踏步数不相等，第一跑13步，第二跑9步，其余均为11步。

（3）楼梯尺寸标注：梯段宽度1720mm；休息平台宽度1800mm；楼梯井宽160mm；标准梯段长3000mm；踏面宽度300mm；楼地面、平台面标高。

2. 楼梯剖面图的阅读

以图8-22楼梯剖面图为例说明其阅读方法及内容。

（1）图8-22为楼梯剖面图，是采用垂直的剖切平面从每层第一跑梯段剖切后向第二跑梯段方向投影而形成的。

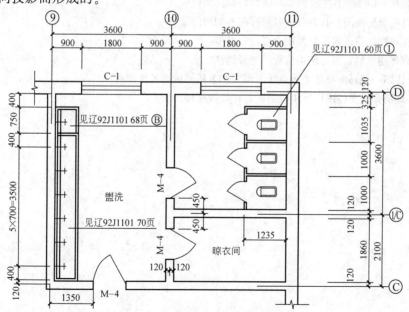

图8-23 学生宿舍楼卫生间详图

（2）图中重点是楼梯的剖切，室内地面以下部分、屋顶部分均省略没有画出。剖到的梯段踏步轮廓线与未剖到的梯段踏步轮廓线粗细分明，并用图例说明使用的材料。

（3）配合图形重点标注楼梯高度方向的尺寸：各层地面和休息平台的面的标高尺寸；各梯段高度采用该梯段踏步数×踢高表示；梯段长度尺寸与楼梯平面图对应。

绘制楼梯详图时，步骤、线形和材料图例的要求与建筑平面图及剖面图基本相同，在此不再赘述。

除以上列举的常用建筑详图外，还有许多需要绘制的细部的详图。如图 8-23 所示为学生宿舍楼卫生间的详图，请学生在教师的指导下，自行阅读，以便与第九章内容对应。

本 章 小 结

本章主要介绍了：

建筑总平面图、建筑平面图、建筑立面图、建筑剖面图、建筑详图等，这些图纸与室内给水排水、暖通空调设计时关系最密切，必须认真对待。

房屋建筑施工图的设计特点是：遵照"国标"的有关规定；用正投影的图示方法；详细准确绘制出来的图样，并按照一定编排规律组成的一套图纸。

在学习时要注意其表达方法、投影规律、各图之间的关系及尺寸等情况。

思考题与习题

1. 试述一套房屋建筑图包括哪些内容？
2. 房屋建筑图的特点是什么？
3. 怎样识读房屋建筑图？
4. 平面图上定位轴线和编号有什么规定？
5. 什么是绝对标高和相对标高？
6. 什么是总平面图？其主要内容有哪些？如何阅读？
7. 什么是建筑平面图？其主要内容有哪些？如何阅读？
8. 建筑立面图如何命名？立面图主要内容有哪些？
9. 如何选择建筑剖面图的剖切位置，怎样阅读？
10. 墙身详图一般是由哪几个节点详图组成？怎样阅读墙身详图？
11. 楼梯详图是由哪些图样所组成的，怎样阅读楼梯详图？

第九章 给水排水工程图

【学习目标】 识读给水排水施工图;掌握给水排水施工图的识图方法。
【知识重点】 室内给水、排水平面图,给水、排水系统图;室外管网平面布置图,室外管道纵剖面图。

第一节 概 述

在现代化的城镇及工矿建设中,给水排水工程是为了解决生产、生活、消防的用水以及排除、处理污水和废水这些基本问题所必需的城镇建设工程,通过修建自来水厂、给水管网、排水管网及污水处理厂等市政设施,以满足城镇建设、工业生产及人民生活的需要。它包括给水工程、排水工程以及建筑给排水工程三方面。整个工程与房屋建筑、水力机械、水工结构等工程有着密切关系。因此,在学习给水排水工程图之前,对房屋建筑图、钢筋混凝土结构施工图等都应有一定的认识。同时对轴测图的画法也要掌握,因为在给水排水工程图中,经常要用到这几种图。

一、给水排水工程图的分类及其组成

给水排水工程图按其工程内容的性质和作用来分,可分为下面几类图样。

(一)室内给水排水工程图

室内给水排水工程通常是指:从室外给水管网引水到建筑物内的给水管道,建筑物内部的给水及排水管道,自建筑物内排水到窨井之间的排水管道以及相应的卫生器具和管道附件。它一般包括:建筑内部的给水系统、排水系统、建筑消防系统、热水供应系统、建筑雨水排水系统等等。图样内容一般有管道平面布置图、管道系统轴测图、卫生设备或用水设备等安装详图。

(二)室外管道及附属设备图

主要表示敷设在室外地下的各种管道的平面及高程布置,一般有城市住宅小区内或某街道干管平面图、工矿企业内的厂区管道平面图以及相应的管道纵剖面图和横剖面图,此外还包括管道上附属设备,如消火栓、闸门井、窨井、排放口等施工图。

(三)水处理工艺设备图

这类图是指自来水厂和污水处理厂的设计图。如水厂内各个处理构筑物和连接管道的总平面布置图;反映高程布置的流程图;还有取水构筑物、投药间、泵房等单项工程平面、剖面等设计图;以及给水及污水的各种处理构筑物(如沉淀池、过滤池、曝气池等)的工艺设计图等。

二、给水排水工程图的特点

(1)给水排水工程图中所表示的设备和管道一般采用统一的图例,由于管道的断面尺寸比其长度尺寸小得多,所以在小比例的施工图中以单线条表示管道,用图例表示管道上的配件,参见表9-1给水排水工程常见图例,节选自给水排水制图标准(GB/T 50106—

2001)。这些线形和图例符号,将在以下各节分别予以介绍。标准中没有的可在施工图上加上图例符号说明。绘制和阅读给水排水工程图时,可参阅给水排水制图标准(GB/T 50106—2001)和《给水排水设计手册》。

给水排水工程常见图例 表 9-1

序号	名称	图例	说明
1	管道		用于一张图内只有一种管道
		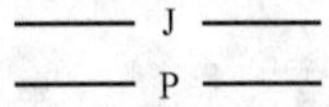 J / P	用汉语拼音字头表示管道类别
			用图例表示管道类别
2	交叉管	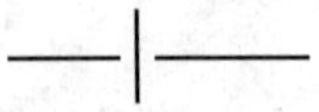	指管道交叉不连接时,在下方和后方的管道应断开
3	三通连接	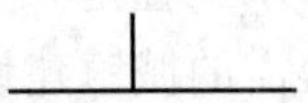	
4	承插连接		
5	法兰连接	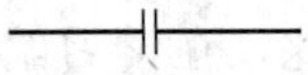	
6	管道支架		上图为固定支架,下图为滑动支架
7	管道坡向		
8	管道立管	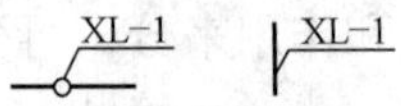 XL-1 XL-1	左图为平面图的画法,右图为立面图、轴测图的画法
9	排水明沟	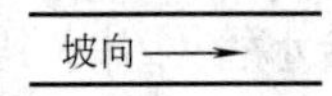 坡向	若为虚线,则表示排水暗沟
10	水龙头	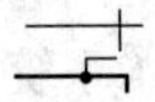	上图为平面图的画法,下图为立面图、轴测图的画法
11	脚踏开关	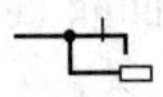	
12	冷热水混合开关	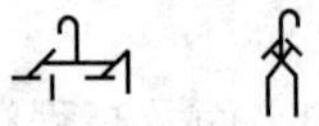	左图为轴测图的画法,右图为立面图画法
13	截止阀		左图为 $DN<50$,右图为 $DN \geqslant 50$
14	闸阀	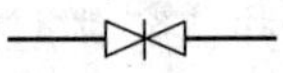	
15	检查口	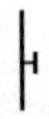	
16	清扫口	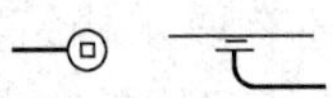	左图为平面图的画法,右图为立面图、轴测图的画法
17	通风帽		
18	防回流污染止回阀		
19	地漏	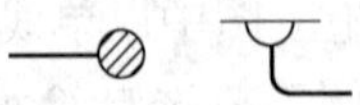	左图为平面图的画法,右图为立面图、轴测图的画法

续表

序号	名 称	图 例	说 明
20	自动冲洗水箱	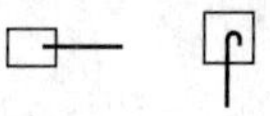	左图为平面图的画法,右图为立面图、轴测图的画法
21	洗脸盆		左图为挂式洗脸盆,右图为台式洗脸盆
22	浴盆	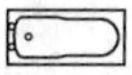	
23	洗涤盆	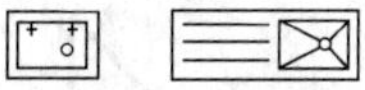	右图为带沥水板的洗涤盆
24	盥洗槽	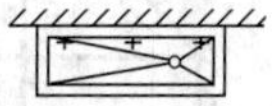	
25	大便器		左图为蹲式大便器,右图为坐式大便器
26	小便槽		
27	淋浴喷头	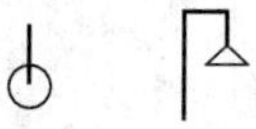	左图为平面图的画法,右图为立面图、轴测图的画法
28	小便器	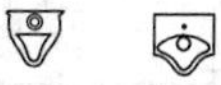	左图为平面图的画法,右图为立面图、轴测图的画法
29	水泵	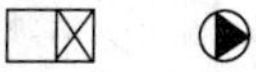	左图为平面图的画法,右图为立面图、轴测图的画法
30	热交换器	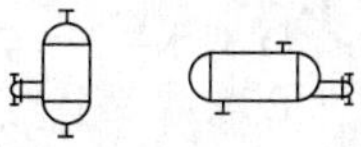	左图为立式热交换器,右图为卧式热交换器
31	温度计		
32	压力表		
33	水表		
34	室外消火栓		
35	室内消火栓		左图为平面图的画法,右图为立面图、轴测图的画法
36	自动喷洒头	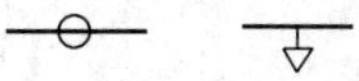	左图为平面图的画法,右图为立面图、轴测图的画法

（2）给排水管道的布置，往往是纵横交错的，在平面图上要表明它们的空间走向是比较困难的。因此，在给排水工程中，一般采用斜等轴测图来表示管道系统的空间关系及其走向，这种直观图称为管道系统轴测图，简称系统轴测图。

（3）给排水工程中管道设备安装应与建筑施工图相互配合，尤其在预留洞、预埋件、管沟等方面对土建的要求须在图样上明确表示和注明。

第二节　室内给水工程图

一、室内给水系统的概述
（一）室内给水系统的组成
室内给水系统一般由下列各部分组成（图 9-1）。

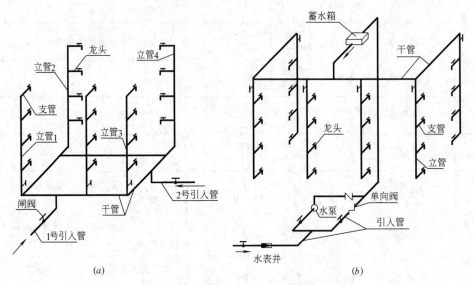

图 9-1　建筑内部给水管网的组成及布置图式
(a) 直接供水的水平环形下行上给式布置；(b) 设水泵、水箱供水的树形上行下给式布置

1. 引入管
指室外（厂区、校区、住宅区）给水管网与建筑物室内管网之间的联络管段。
2. 水表节点
水表节点是指引入管上装设的水表及其前后设置的闸门、泄水装置等总称。水表用以记录用水量；闸门可以关闭管网，以便修理和拆换水表；泄水装置为检修时放空管网、检测水表精度及测定进户点压力值。
3. 给水管道
包括干管、立管、支管。
4. 给水附件及设备
包括闸阀、逆止阀、各种配水龙头及分户水表等。
5. 升压及储水设备
在室外给水管网压力不足或室内对安全供水、水压稳定有要求时，需设置各种附属设备，如水箱、水泵、气压装置、水池等升压和储水设备。
6. 室内消防设备
按照建筑物的防火等级要求，需要设置消防给水时，一般应设消火栓消防设备。有特殊要求时，还应专门装设自动喷水消防或水幕消防设备。
（二）室内给水系统布置方式

室内给水系统与室外给水管网的水压和水量关系密切，室外水压及流量大，则室内无须加压，因此，按照有无加压和流量调节设备来分，有直接供水方式（图9-1a），设水泵、水箱供水方式（图9-1b），气压给水装置供水方式等。

若按水平配水干管敷设位置不同，可分为下行上给式和上行下给式两种。下行上给式的干管敷设在地下室或第1层地面下，一般用于住宅、公共建筑以及水压能满足要求，无须加压的建筑物。上行下给式的干管敷设在顶层的顶棚上或阁楼中，由于室外管网水压力不足，建筑物上须设置蓄水箱或加压泵，一般用于多层民用建筑、公共建筑（澡堂、洗衣房）或生产流程不允许在底层地面下敷设管道以及地下水位高，敷设管道有困难的地方。

（三）室内给水管道的布置原则

（1）管道布置时应力求长度最短，尽可能呈直线走向，并与墙、梁、柱平行敷设。

（2）给水立管应尽量靠近用水量最大设备处或不允许间断供水的用水处，以保证供水可靠，并减少管道转输流量，使大口径管道长度最短。

（3）一幢单独建筑物的给水引入管，应从建筑物用水量最大处引入。当建筑物卫生用具布置比较均匀时，应在建筑物中央部分引入，以缩短管网向不利点的输水长度，减少管网的水头损失。

二、室内给水管网平面布置图

在房屋内部，凡需用水的房间，均需配置卫生设备和给水器具。如图9-2所示是某校学生宿舍的室内给水管网平面布置图。

室内给水管网平面布置图的画法如下：

（一）建筑平面图

室内给水平面图的建筑部分往往采用1：50的比例单独画出用水房间，也可采用与房屋建筑平面图相同的比例，一般常用1：100。有时可与采暖系统合并绘制。

平面布置图中的建筑部分只是一个辅助内容，重点应突出管道布置和卫生设备，因此，房屋建筑平面图的墙身和门窗等线形，一律都画成细实线。

为了充分显示房屋建筑与室内给水排水设备间的布置和关系，又由于室内管道与户外管道相连，所以底层的卫生设备平面布置图，视具体情况和要求，最好单独画出一个整幢房屋的完整平面图。例图9-2（a）中因篇幅所限没有画完整。

其他楼层只须画出与用水设备和管道布置有关的房屋平面图，不必将整个楼层全部画出。如果盥洗用房和卫生设备及管道布置完全相同时，只须画出一个相同楼层的平面布置图。但在图中必须注明各楼层的层次和标高。如楼层给水设备布置不同时，则须每个楼层分别画出。如图9-2（b）所示，2、3、4层卫生器具及管道布置完全一样，只画一个平面布置图。

建筑平面图主要绘制墙、柱和门窗。墙、柱只须画墙身轮廓线，而门窗只画出门窗洞位置，不必标注门窗代号。房屋的细部及次要轮廓均可省略。

为使土建施工与管道设备的安装能互为核实起见，在各层的平面布置图上，均须标注墙、柱的定位轴线编号和轴线尺寸。对于大型或高层建筑物，在底层平面布置图上，尚应画出"指北针"，以表明朝向。此外，还要标注各楼层地面标高，便于与管道及用水设备的标高核实。

（二）卫生器具与用水设备平面布置

房屋的卫生器具或车间的用水设备，一般已在建筑平面图或车间平面图中布置好，可以直接抄绘于室内给水的平面布置图上，然后再加以配置管道。也有在建筑图中留有盥洗用房或生产设备，须由给水排水技术人员对其进行卫生器具和配水装置的布置与画图。如图 9-2 所示，厕所内设有蹲式大便器、污水池，盥洗间设有盥洗槽、地漏。

各种卫生器具和用水设备，均可按比例用图例表示，一般用中实线画其平面图形的外轮廓，内轮廓可以细线画出。对于常用的卫生器具或用水设备，均系具有统一规格的工业标准产品，在平面布置图中不必画其详细形体，施工时可按"给水排水国家标准图集"来安装。图中一般不标注其外形尺寸，如施工或安装上需要，可注出其定位尺寸。对于非定型产品的盥洗槽、小便槽、污水池等土建设施，则应由建筑设计人员绘制施工详图，可不必再抄绘或另行绘图。

（三）管道的平面布置

管道是室内管网平面布置图的主要内容，通常用单线条的粗实线表示。底层平面布置图应画出引入管、下行上给式的水平干管、立管、支管和配水龙头。

给水立管是指每个给水系统穿过地坪及各楼层的竖向给水干管，但要注意区别，在空间竖向转折的各种管道不能算作立管。立管在平面图中可画以小圆圈表示。

当立管数量多于 1 个时应加以编号。编号宜按图 9-2 方式表示，被标注的立管用引出线引出，在横线上注写管道类别代号（汉语拼音字头）、立管代号（L）及数字编号。

如图 9-2 所示，给水管从设在房屋轴线⑩北端的地下管沟入口，通过底层水平干管分

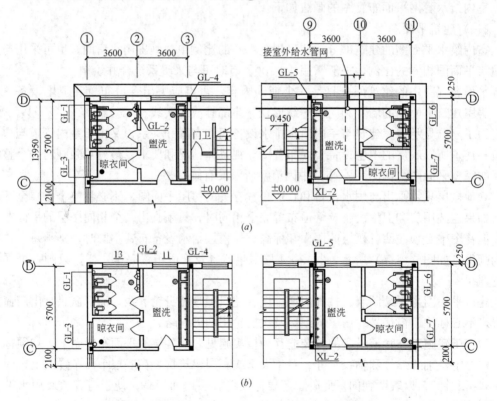

图 9-2 某学生宿舍楼盥洗室给水管网平面布置图
(a) 某学生宿舍楼给水系统底层平面图；(b) 某学生宿舍楼给水系统四层平面图（局部）

三路送到用水处：左端送至设在楼层另一侧的盥洗、卫生间，图中因篇幅所限未画出。右端分两路分别通过立管 5（标记为 GL-5）、立管 6（标记为 GL-6）、立管 7（标记为 GL-7）送入晾衣间、盥洗室、卫生间。

用单线画的管道，只能表示出管路系统的布置或走向，因为管路在空间转折较多，而且相互交错或重叠。所以按照平面布置图上的投影关系，是不易充分完整地看出管路在空间的具体位置，而只能显示出各卫生器具及配水设备间的管道连接情况。要想完整显示全部管路系统在空间的延伸，还必须绘制管道系统轴测图（图 9-3），配合平面布置才能组成完整的设计图样以便施工。

平面布置图中的给水管，应画出各卫生器具及配水设备的放水龙头或角阀的支管接口，可用中实线画出。

在管道平面布置图上一般要标注管径、坡度等数据。管道的长度则可在施工安装时，根据设备间的距离，直接在实地量测后截割而得，所以在图上不必注写管道长度尺寸。

（四）图例与说明

1. 图例

给水排水工程图中较多的器具和设备是用图例来表示的。它不仅要作为施工时的技术指导文件，又将作为土建结构及机电设备的设计依据。所以，为了能够正确阅读图样，避免错误和混淆起见，无论是否采用标准图例，仍应附上各种管道及附件、卫生器具、配水设备、闸门、仪表等图例，对于某些标准产品，尚须在图例中注明其标准详图的图号或产品规格。表 9-1 所列常见给排水工程的图例。

2. 说明

给水工程图中除了用图形、尺寸来表达设备的形状和大小外，对施工要求、有关材料等情况仍必须用文字加以说明，一般有如下各点：

（1）标高、管径、尺寸等单位，室内标高的零点相当于绝对标高的数值。
（2）标准管路单元的用水户数，水箱的标准图集。
（3）城市管网供水与屋顶水箱供水区域的划分与层数。
（4）各种管道的材料与连接方式，防腐与防冻措施。
（5）套用标准图的名称与图号。
（6）采用设备的型号与名称、有关土建施工图的图号。
（7）安装质量的验收标准。
（8）其他施工要求。

（五）室内给水管网平面布置图的画图步骤

绘制室内给水排水平面图时，一般先绘底层给水平面图，再画其余各楼层给水平面图。

绘制每一层给水平面图底稿的画图步骤如下：

（1）画建筑平面图。建筑（即室内）给水平面图中的建筑轮廓应与建筑平面图一致，其画图步骤也与建筑平面图相同。

（2）画用水设备平面图。

（3）画给水管网平面布置图。画建筑室内给水管网平面布置图就是用沿墙的直线连接各用水点。一般先画立管，然后画给水引入管，最后按水流方向画出各干管、支管及管道附件。

(4) 画必要的图例。

(5) 布置并标注尺寸、标高、编号和必要的文字。

三、室内给水管网轴测图

平面布置图只是显示了建筑内部给水排水设备的水平方向的布置，由于管道的形状是细长的，在空间的走向是空间三个方向上的转折延伸，所以采用正面斜等轴测图的方式表达管道的空间情况，如图 9-3 所示。这种给水管网轴测图是室内给水排水工程图中最为常用的立体图，具有较强的直观性，画图简便，符合工程图的要求。

(一) 给水管网轴测图的图示特点

建筑内部给水排水工程的管路系统一般是沿着墙角和墙面来布置和敷设的，它在空间的转折和分合多数按着直角方向延伸，形成一个三向的直角坐标系统。按照管路系统的特点，一般采用"正面斜等轴测图"。通常把房屋的高度方向作为 OZ 轴，OX 和 OY 轴的选择则以能使图上管道简单明了，避免管道过多地交错为原则。

轴测图的比例一般与平面布置图相同，OX、OY 向尺寸可直接从平面图上量取，OZ 向尺寸根据房屋的层高（本例为 3.3m）和配水龙头的习惯安装高度尺寸决定。例如盥洗槽、污水池等的水龙头高度，一般采用 1.2m 左右，淋浴喷头的高度采用 2.4m，大便器、小便槽的高位水箱高度采用 2.4m，其上的球形阀门高度采用 2.2m。

如果配水设备较为密集和复杂时，也可将管网轴测图的比例放大绘制，反之如果管网轴测图较为简单，为使图幅较为紧凑，也可将绘图比例缩小一些。总之视具体情况来选用恰当的比例，以既能显示清楚，而又不过于重叠、交叉或内容空洞为准。但须注意凡同一类性质的图样，其比例应一致，否则随意采用各种不同的比例，将容易导致设计绘图和施工安装的错误。

轴测图中的管路也都用单线来表示，其图例及线形、图线宽度等均与平面布置图中的相同。一般由于给水管采用螺纹联结的镀锌焊接钢管，所以在管路上可不必画出管道的接头形式。

在给水管网轴测图上只须绘制管路及配水设备，如图 9-3 所示，可用图例画出阀门、水表、配水龙头及大便器、小便槽冲洗水箱支管，而卫生器具及用水设备等，已在平面布置图中明确表达出来，所以也就无必要再画。

当空间成交叉的管路，而在管网轴测图中两根管道重影时，应鉴别其前后及上下的可见性。在重影处可将前面或上面的管道（即可见的管道）画成连续的；而将后面或下面的管道画成断开的。

在同一管网轴测图中，为使图形清晰和绘图简捷，对于高层或多层建筑的房屋，而卫生器具和管道布置完全相同的楼层，可以只画一个有代表性楼层的所有管道，而其他楼层的管道可以省略不画。

如图 9-3 所示，由于每层的配水支管相同，所以在 GL-5、GL-6、GL-7 立管中均省略了 2 层以上的配水支管，在支管的切断处须画以波浪线"～"并以指引线标明"同底层"注解。

(二) 给水管网轴测图的尺寸标注

1. 标注管径

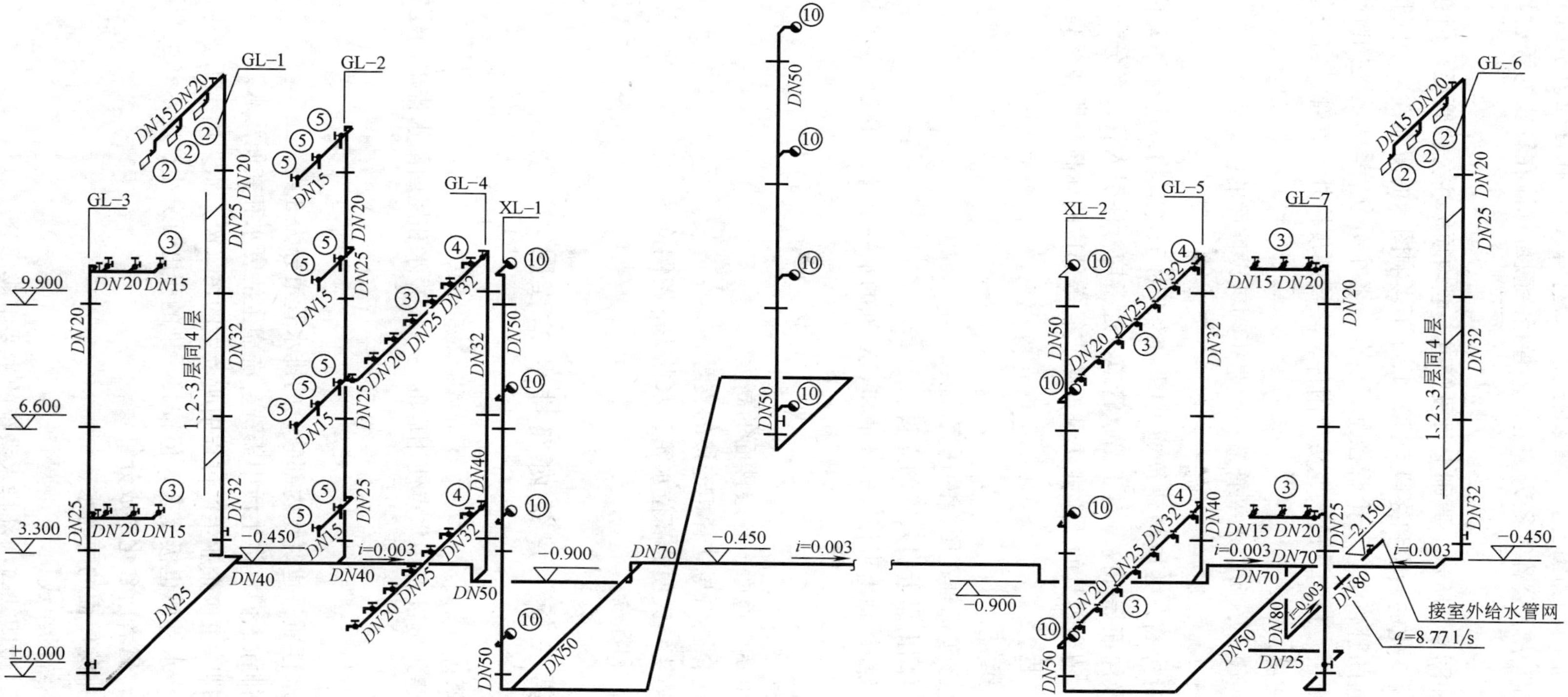

给排水系统图中编号说明：

2　大便器（2、3、4层）

3　盥洗槽

4　污水池

5　立式小便器

10　单栓室内消火栓安装图

11　钢筋混凝土圆形排水检查井

图 9-3　室内给水管网轴测图

管道的管径必须标注在管网轴测图上。管径须标注"公称管径",在管径数字前应加注代号"DN",如"DN25"表示公称管径为25mm,管径一般可标注在管段的旁边,也可用指引线引出标注。

给水系统管径的标注如图9-3所示：原则上每段管道一般均须标注公称管径,但在直向的连接管段中,可在管径变化的始段和终段旁注出,如不影响图示的清晰性,中间管段可省略标注。在三通或四通的管路中,不论管径是否变化,各个分岔管段均须注出管径。管段上的阀门、截止阀、水表、角阀、放水龙头等附件,除特殊规格外,其管径均与各管段的管径相同,不须专门注出。

给水系统输送的是带压媒介,所以水平管道一般是不须敷设坡度的。

2. 标注标高

轴测图上仍然标注相对标高,并应与建筑施工图一致。对于建筑物,应标注室内地面、室外地面、各层楼面及屋面等标高。对于给水管道,通常应标注引入管、各分支横管及水平管段、阀门及水表、卫生器具的放水龙头及连接支管等部位的标高。所注标高数字是指该给水管段的中心线高程。

(三) 轴测图的画图步骤

(1) 设定 OX、OY、OZ 坐标轴在图幅的适宜位置。
(2) 从引入管开始,再画出靠近引入管的立管。
(3) 根据水平干管的标高,画出平行于 OY 轴和 OX 轴的水平干管,其长度从平面图中相应方向量取。
(4) 依次画出其他立管。
(5) 在每根立管上定出室内地面、各层楼面的高度。
(6) 根据各支管的轴向,画出与立管相连接的支管。
(7) 画上水表、淋浴喷头、大便器高位水箱、水龙头等图例符号。
(8) 注上各管道的直径和标高。

第三节 建筑内部排水工程图

一、室内排水系统概述

室内排水工程是指把建筑内部各用水点使用后的污(废)水和屋面雨水排出到建筑物外部的排水管道系统。

(一) 排水管道分类

按所排除的污(废)水性质,建筑物内部装设的排水管道分为3类。

(1) 生活污水管道：排除人们日常生活中盥洗、洗涤生活废水和粪便污水。
(2) 工业废水管道：排除工矿企业生产过程中所产生的污(废)水。由于工业生产门类繁多,所排除的污(废)水性质也极复杂,但按其污染的程度可分生产废水和生产污水两类,前者仅受轻度污染,后者所含化学成分复杂。
(3) 雨水管道：接纳排除屋面的雨雪水。

(二) 建筑内部排水系统的组成

以生活污水系统为例,说明建筑内部排水系统的主要组成部分。

(1) 卫生器具和生产设备受水器。

(2) 排水管道及附件。

存水弯（水封段）：用存水弯的水封隔绝和防止有害、易燃气体及虫类通过卫生器具泄入口侵入室内。常用的管式存水弯有：S形和P形。

连接管：连接卫生器具和排水横支管之间的短管（除坐式大便器、钟罩式地漏等处均包括存水弯）。

排水横支管：排水横支管接纳连接管的排水并将排水转送到排水立管，且坡向排水立管。若为与大便器连接管相接的排水横支管，其管径应不小于100mm，流向排水立管的标准坡度为2%。当大便器多于1个或卫生器具多于2个时，排水横支管应有清扫口。

排水立管：接纳排水横支管的排水并转送到排水排出管（有时送到排水横干管）的竖直管段，其管径一般为$DN100$、$DN150$，但不能小于$DN50$或所连横管管径。立管在底层和顶层应有检查口，多层建筑中，则每隔1层应有1个检查口，检查口距楼地面高度为1.100m。

排出管：将室内污水排入室外窨井，其排出管管径大于或等于排水立管（或排水横干管）的管径，向窨井方向应有1%～3%的坡度，条件允许时尽可能取高限，以利排水。

管道检查、清堵装置：清扫口可单向清通，常用于排水横管上。检查口则为双向清通的管道维修口，常用于排水立管上，高出楼地面1100mm。

(3) 通气管道：在顶层检查口以上的立管管段称为通气管。用以排除有害气体，并向排水管网补充新鲜空气，利于水流通畅，保护存水弯水封。其管径一般与排水立管相同，通气管高出屋面不小于0.3m（平屋面）到0.7m（坡屋面），且必须大于最大积雪厚度。

(三) 排水管道布置注意事项

(1) 立管布置要便于安装和检修。

(2) 立管应尽量靠近污物、杂质最多的卫生设备（如大便器、污水池），横管向立管方向应有坡度。

(3) 排出管应选最短长度与室外管道连接，连接处应设窨井。

二、建筑内部排水管网平面布置图

图9-4是图9-2所示学生宿舍卫生间的排水管网平面布置图。

建筑内部排水管网平面布置图画法如下：

(1) 建筑平面图、卫生器具与配水设备平面图内容，要求同给水管网平面布置图。

(2) 管道的平面布置。

1) 每条水平的排水管道通常用单线条粗虚线表示。底层平面布置图应画出室外窨井、排水管、横干管、立管、横支管及卫生器具排水泄水口，其中立管用黑圆点表示。

2) 为使平面布置图与管网轴测图相互对照和便于索引起见，各种管道须按系统分别予以标志和编号。排水管以窨井承接的每一排出管为一系统。

3) 图9-4中的排水系统，为粪便污水与生活废水分流之系统。盥洗间的生活废水由排出管4/P排到室外排水管道，而厕所的污水由排出管5/P排到室外排水管道。

三、室内排水管网轴测图

排水管道也需要用轴测图来表达其空间连接和布置情况。图9-5是根据图9-4画出的某学生宿舍排水管网轴测图。

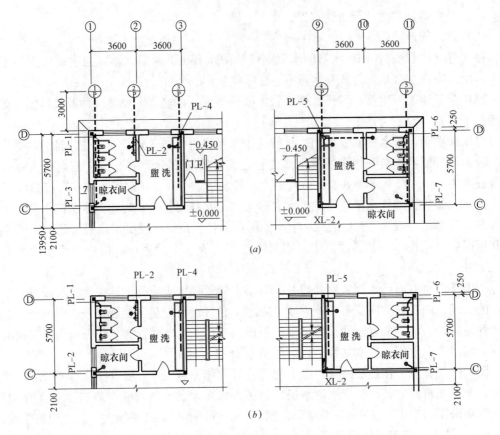

图 9-4 排水管网平面布置图
(a) 底层排水管网平面布置图；(b) 4 层排水管网平面布置图

(一) 排水管网轴测图的图示特点

排水管网轴测图的图示与给水管网轴测图基本一致，在此不再赘述。不相同处有以下几点：

(1) 排水管网轴测图中的管道用粗线表示，排水管采用承插连接的排水铸铁管，一般不必画出管道的接头形式。

(2) 与排水平面图相对应，在排水管网轴测图上应标注与平面布置图中"索引符号"的代号与编号相应的"详图符号"。

(3) 排水管网轴测图只须绘制管路及存水弯，卫生器具及用水设备可不必画出。如图 9-5 所示，可用图例画出相应器具上的存水弯、排泄口的横支管以及立管上的通气帽、检查口与室外窨井等。排水横管虽有坡度，但由于比例较小，不易画出坡降，为使画图简便起见，仍画成水平管道。立管与排出管实际上是用弧形弯管连接的，为使画图方便，仍可画成直角弯管。

(二) 排水管网轴测图的尺寸标注

1. 管径

排水系统管径的标注如图 9-5 所示，各种不同类型卫生器具的存水弯及连接管，均须分别注出其公称管径。如每层大便器连接管 $DN100$，地漏存水弯 $DN75$，盥洗槽存水弯

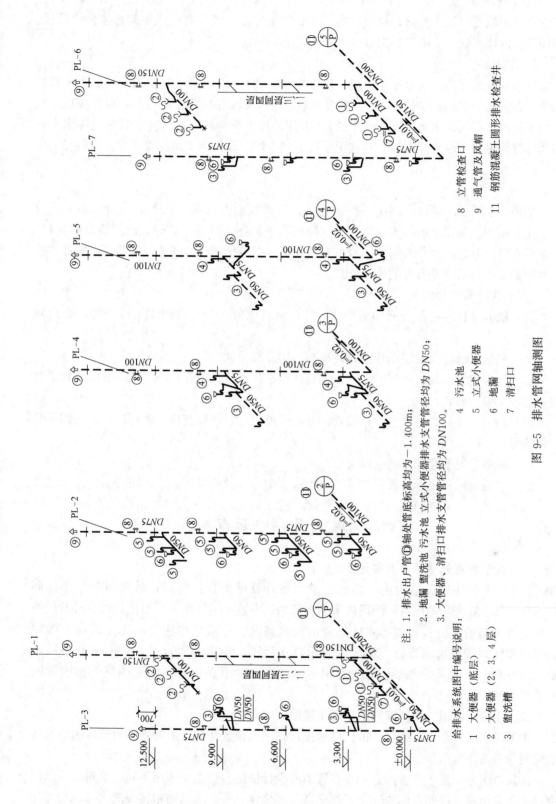

图 9-5 排水管网轴测图

$DN75$。同一排水横支管上的各个相同类型卫生器具的连接管，只须注出一个管径即可。横管上各管段管径如无变化，也可在始、末管段上标注，或仅在管段中间标注一个管径。不同管径的横支管、立管、排出管等均须逐段分别标注。

2. 坡度

排水系统的管路一般都是重力流，所以排水横管都应向立管方向具有一定坡度，且应标注。在坡度数字前须加代号"i"，坡度可标注在该管段相应管径的后面，也有在坡度数字的下边画以箭头以示坡向（指向下游）。横管及排出管均须标注坡度。只有当排水横管采用标准坡度时或坡度相同时，则在图中可省略不注，而在施工图的说明中，按管径列表统一说明。

3. 标高

如图9-5所示，排水管网应注标高为：各层楼地面及屋面、立管上的通气帽及检查口、主要横管及排出管的起点标高。终点标高不予标注，可按照坡降在施工敷设时定出。较短横支管，其标高也可省略，一般由安装人员根据卫生器具的安装位置及管道配件的连接情况确定。最后标注窨井的地面标高。

（三）排水管网的画法

（1）轴向选择与给水管网轴测图应一致，从排水管开始，再画水平横干管，最后画立管。

（2）根据设计标高确定立管上的各地面、楼面和屋面。

（3）根据卫生器具、管道附件（如地漏、存水弯、清扫口等）的安装高度以及管道坡度确定横支管的位置。

（4）画卫生器具的存水弯、连接管，并画管道附件，如检查口、清扫口、通气帽等的图例符号。

（5）画各管道所穿墙体的断面符号。

（6）在适宜的位置标注管径、坡度、标高、编号以及必要的文字说明等。

第四节 室外管网平面布置图

一、建筑物室外管网平面布置图

为了说明新建房屋室内给水排水管道与室外管网的连接情况，通常还要用小比例（1∶500，1∶1000）画出室外管网的平面布置图。在这一类图中，只画出局部室外管网的干管，说明与给水引入管和排水排出管的连接情况。一般用中实线画出建筑物外墙轮廓线，粗实线表示给水管道，粗虚线表示排水管道。检查井用直径2~3mm的小圆表示。图9-6（a）是某宿舍室外给水管网平面布置图，图9-6（b）是它的室外排水管网布置平面图。

二、小区（或城、镇）管网总平面布置图

为了说明一个小区（或城、镇）给水排水管网的布置情况，通常须画出该区的给水排水管网总平面布置图。

建筑总平面图是小区管网总平面布置图的设计依据。但由于作用不同，建筑总平面图重点在于表示建筑群的总体布置、道路交通、环境绿化等，所以用粗实线画出建筑物的轮

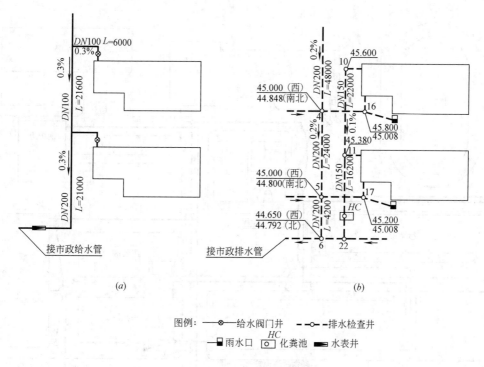

图 9-6 室外管网平面布置图
（a）给水管网；（b）排水管网

廊。而管网总平面布置图则应以管网布置为重点，所以应用粗实线画出管道，而用中实线画出房屋外轮廓，用细实线画出其余地物、地貌、道路，绿化可略去不画。如图 9-7 所示的某校区管网总平面布置图，将给水与排水管网布置画在同一张图纸上（也可分别画出）。画图时要注意以下几点。

（1）给水管道用粗实线表示。房屋引入管处均应设置阀门井，一个居民区或独立用水单位还应有水表井；根据消防要求设置相应数量的消火栓。如属城市管网布置图，还应画上水厂、泵站和水塔等的位置。

（2）由于排水管道经常要疏通，所以在排水管的起端、两管相交点和转折点均要设置检查井，在图上用直径 2～3mm 的小圆表示。两检查井之间的管道应是直线，不能做成折线或曲线。排水管是重力自流管，因此在小区内只能汇集于一点而向排水干管排出。应从上流开始，按主次把检查井顺序编号，在图上用箭头表示流水方向。图中排水干管和雨水管、粪便污水管等均用粗虚线表示。本例是把雨水管、污水管合一排除，即通常称为合流制的布置方式，一般用于小区域。

为了说明管道、检查井的埋设深度、管道坡度、管径大小等情况，对较简单的管网布置可直接在布置图中注上管径、坡度、流向，每一管段检查井处的各向管道的管内底标高。室外管道宜标注绝对标高。图 9-6（b）是图 9-7 中检查井 4、5、6、10、11、16、17、22 处的放大图。如检查井 4、5 之间排水管道直径为 200，坡度为 0.2%，自 4 号流向 5 号检查井。在 4 号检查井处，分子数 45.000（西）表示与检查井 4 相连的西向管道在该处的管内底标高，分母 44.848（南北）表示南北管道在检查井 4 处的管底标高。

159

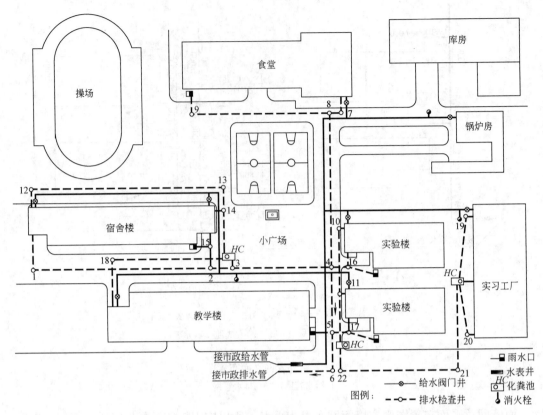

图 9-7 某校区管网总平面布置图

给水管道一般只要标注直径和长度,如图 9-6（a）中的 DN 和 L。

图 9-7 的各管道也应与图 9-6 一致,分别标注各管道的具体内容,但由于本图比例较小,所以均未注上。

三、管道纵剖面图

由于整个市区管道种类繁多,布置复杂,因此,应按管道种类分别绘出每一条街道的管网总平面布置图和管道纵剖面图,以显示路面起伏、管道敷设的坡度、埋深和管道交接等情况。图 9-8 是某街道的管网总平面布置图,图中分别以粗实线、粗虚线和粗点划线画出给水管、排水管和雨水管三种管道。图 9-9 是该街道排水干管纵剖面图。

纵剖面图的内容、读法和画法如下:

管道纵剖面图由图样和资料表两部分构成。

(1) 管道纵剖面图的内容有:管道、检查井、地层的纵剖面图和该干管的各项设计数据。前者为图样部分用剖面图表示,后者为资料部分在管道剖面图下方的表格分项列出。项目名称有干管的直径、坡度、埋设深度、设计地面标高、自然地面标高、干管内底标高、水平长度、设计流量 Q（单位时间内通过的水量,以 L/s 计）、流速 v（单位时间内水流通过的长度,以 m/s 计）、充盈度（表示水在管道内所充满的程度,以 $\dfrac{h}{D}$ 表示,h 指水在管道断面内占有的高度,D 为管道的直径）。此外,在表格下方,还应画出管道平面示意图,以便与剖面图对应。

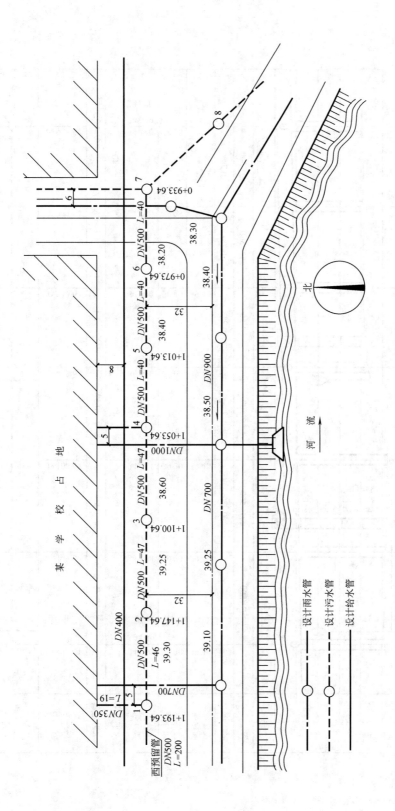

图 9-8 街道管网总平面布置图

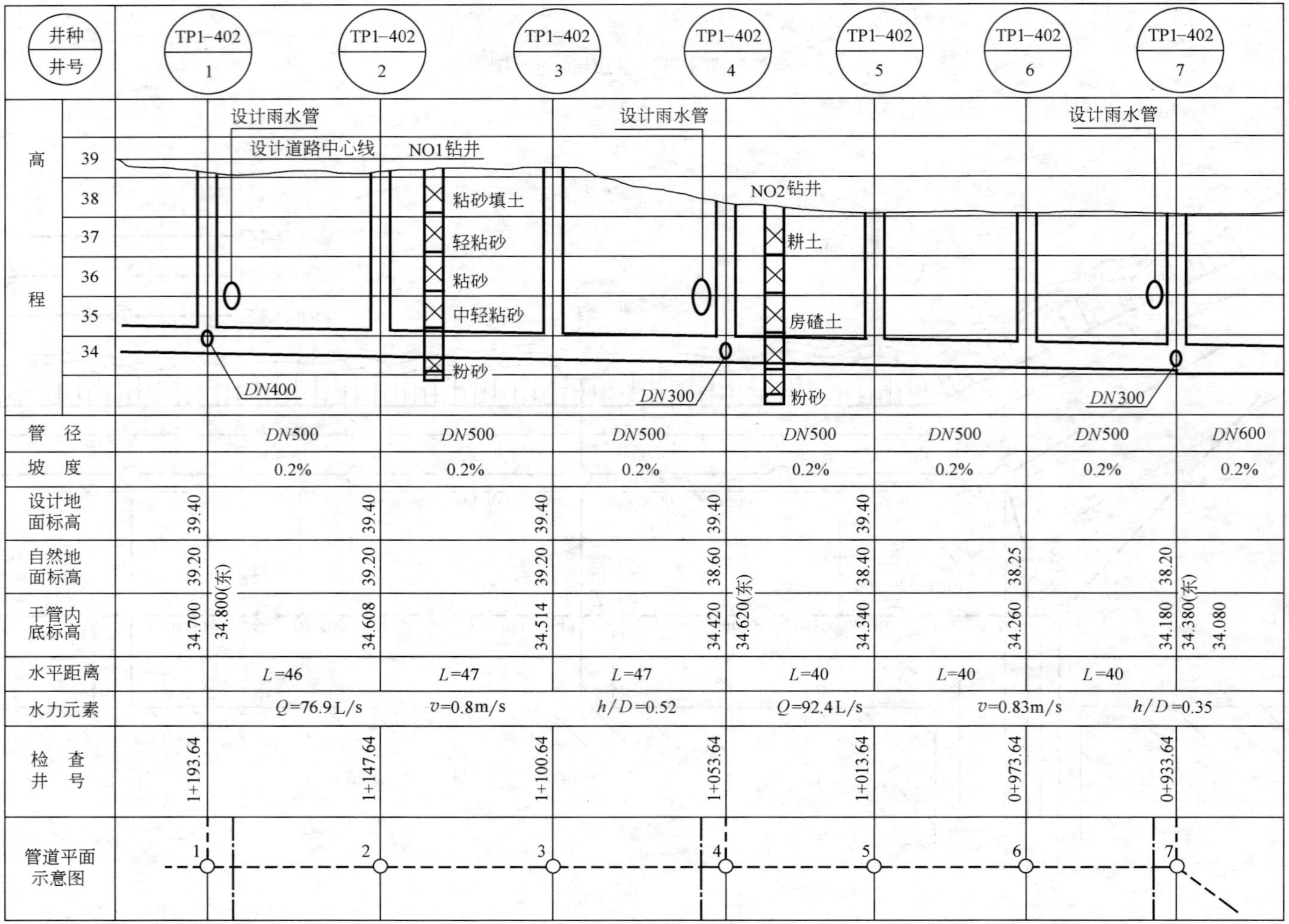

图 9-9 街道污水干管纵剖面图

(2) 由于管道的长度方向（图中的横向）比其直径方向（图中的竖向）大得多，为了说明地面起伏情况，通常在纵剖面图中采用横竖两种不同的比例。在图 9-9 中，竖向比例为 1∶100（也可采用 1∶200 或 1∶50），横向比例采用 1∶1000（也可采用 1∶2000 或 1∶500），一般竖横的比例为 10∶1。

(3) 管道剖面是管道纵剖面图的主要内容。它是沿着干管轴线垂直剖开后画出来的。画图时，在高程栏中根据竖向比例（1 格代表 1m）绘出水平分格线；根据横向比例和两检查井之间的水平距离绘出竖直分格线。然后根据干管的直径、管底标高、坡度、地面标高，在分格线内按上述比例画出干管、检查井的剖面图。管道和检查井在剖面图中都用双线表示，应把同一直径的设计管段都画成直线。此外，还应画出另一方向与该干管相交或交叉的管道断面。因为竖横比例不同，所以断面画成椭圆形。

(4) 该干管的设计项目名称，列表注写于剖面图的下方。应注意不同管段之间设计数据的变化。例如 1 号检查井到 4 号检查井之间，干管的设计流量 $Q=76.9$L/s，流速 $v=0.8$m/s，充盈度 $\frac{h}{D}=0.52$。而 4 号检查井到 7 号检查井之间，干管的设计数据则变为 $Q=92.4$L/s，$v=0.83$m/s，$\frac{h}{D}=0.35$。其余数据如表中各栏所示。

表格下方的管道平面示意图只画出该干管、检查井和交叉管道的位置，以便与剖面图对应。

(5) 为了显示土层的构造情况，在纵剖面图还应绘出有代表性的钻井位置和土层的构造剖面。图中绘出了 1、2 号两个钻井的位置。从 1 号钻井可知该处自上而下土层的构造分别是：黏砂填土、轻黏砂、黏砂、中轻黏砂、粉砂。

(6) 在管道纵剖面图中，通常将管道剖面画成粗实线，检查井、地面和钻井剖面画成中实线，其他分格线则采用细实线。

本 章 小 结

本章介绍了室内给水、排水平面图，给水、排水系统图；室外管网平面布置图，室外管道纵剖面图。

给水排水施工图一般是用单线条表示管道、用图例表示管道上的配件绘制的图样。

室内给水排水管网平面图包含的主要内容有：建筑平面图、卫生器具与用水设备平面布置图、管道的平面布置图等。在识读给水排水平面图时，了解设计说明的内容，看清图纸的比例，熟悉有关图例，明确卫生器具、配件的位置，确定管道的位置、方向、立管编号等。识读方法是从管道的一端起，沿着管道顺次阅读，注意细节不要遗漏。

室内给水排水系统图，采用正面单线斜等轴测图的方式表达管道的空间情况。建筑内部给水排水施工的管路系统一般是沿着墙角和墙面来布置和敷设的。当空间成交叉的管路，即两根（或两根以上）管道重影时，应注意鉴别其前后及上下的可见性。在重影处可将前面或上面的管道（即可见的管道）画成连续的；而将后面或下面的管道画成断开的。识读给排水系统图时，在阅读平面图的基础上，还应注意管道的直径、坡度、标高等内容。

思考题与习题

1. 室内给水与排水系统由哪些部分组成？

2. 试述室内给水施工图的图纸组成。
3. 试述室内排水施工图的图纸组成。
4. 室内给水施工图的主要内容是什么？如何阅读。
5. 室内排水施工图的主要内容是什么？如何阅读。
6. 室外给、排水平面图的主要内容是什么？
7. 室外管道纵剖面图由哪些部分组成，具有什么特点？如何阅读。
8. 抄绘教材第九章的室内给排水系统平面图、轴测图（平面图中将给水系统和排水系统合并）。

第十章　暖通空调工程施工图

【学习目标】　掌握采暖施工图的识图；掌握阅读空调施工图的方法。
【知识重点】　暖通空调工程施工图的有关规定；锅炉房管道施工图；室内采暖平面图、系统图；通风空调系统平面图、剖面图。

第一节　暖通空调工程施工图的有关规定

为了统一暖通空调专业制图规则，保证制图质量，提高制图效率，做到图面清晰、简明，符合设计、施工、存档的要求，适应工程建设的需要，国家制定了《暖通空调制图标准》GB/T 50114—2001。

标准适用于下列制图方式绘制的图样：
(1) 手工制图；
(2) 计算机制图。

标准适用于暖通空调专业下列的工程制图：
(1) 新建、改建、扩建工程的各阶段设计图、竣工图；
(2) 原有建筑物、构筑物等的实测图；
(3) 通用设计图、标准设计图。

暖通空调专业制图，除应符合本标准外，还应符合《房屋建筑制图统一标准》(GB/T 50001—2001) 以及国家现行的有关强制性标准的规定。

一、图线

(1) 图线的基本宽度 b 和线宽组，应根据图样的比例、类别及使用方式确定。
(2) 基本宽度 b 宜选用 0.18、0.35、0.5、0.7、1.0mm。
(3) 图样中仅使用两种线宽的情况，线宽组宜为 b 和 $0.25b$。三种线宽的线宽组宜为 b、$0.5b$、$0.25b$。如表 10-1 所示。

线宽表　　表 10-1

线宽组	线宽(mm)			
b	1.0	0.7	0.5	0.35
$0.5b$	0.5	0.35	0.25	0.18
$0.25b$	0.25	0.18	(0.13)	—

(4) 在同一张图纸内，各不同线宽组的细线，可统一采用最小线宽组的细线。
(5) 暖通空调专业制图采用的线形及其含义，宜符合表 10-2 的规定。
(6) 图样中也可以使用自定义图线及含义，但应明确说明，且其含义不应与标准相反。

二、比例

总平面图、平面图的比例，宜与工程项目设计的主导专业一致，其余可按表 10-3 选用。

线型及其含义 表10-2

名称		线型	线宽	一般用途
实线	粗	———————	b	单线表示的管道
	中粗	———————	0.5b	本专业设备轮廓、双线表示的管道轮廓
	细	———————	0.25b	建筑物轮廓;尺寸、标高、角度等标注线及引出
虚线	粗	— — — —	b	回水管线
	中粗	— — — —	0.5b	本专业设备及管道被遮挡的轮廓
	细	- - - - -	0.25b	地下管沟、改造前风管的轮廓线;示意性连线
波浪线	中粗	～～～～	0.5b	单线表示的软管
	细	～～～	0.25b	断开界线
单点长画线		—·—·—·—	0.25b	轴线、中心线
双点长画线		—··—··—	0.25b	假想或工艺设备轮廓线
折断线		——/\——	0.25b	断开界线

比例 表10-3

图 名	常用比例	可用比例
剖面图	1∶50、1∶100、1∶150、1∶200	1∶300
局部放大图、管沟断面	1∶20、1∶50、1∶100	1∶30、1∶40、1∶50、1∶200
索引图、详图	1∶1、1∶2、1∶5、1∶10	1∶3、1∶4、1∶15

三、常用图例

(1) 暖通空调专业制图代号宜按表10-4、表10-5选用。

水、汽管道代号 表10-4

序号	代号	管道名称	序号	代号	管道名称
1	R	(供暖、生活、工艺用)热水管	10	LR	空调冷/热水管
2	Z	蒸汽管	11	LQ	空调冷却水管
3	N	凝结水管	12	n	空调凝结水管
4	P	膨胀水管、排污管、排气管、旁通	13	RH	软化水管
5	G	补给水管	14	CY	除氧水管
6	X	泄水管	15	YS	盐液管
7	XH	循环管、信号管	16	FQ	氟气管
8	Y	溢水管	17	FY	氟液管
9	L	空调冷水管			

风道代号　　　　　　　　　　　　　　　　　表 10-5

序号	代号	风道名称	序号	代号	风道名称
1	K	空调风管	4	H	回风管(一、二次回风可附加 1、2 区别)
2	S	送风管	5	P	排风管
3	X	新风管	6	PY	排烟管或排风、排烟共用管道

(2)暖通空调专业制图常用图例宜按表 10-6、表 10-7 选用。

水、汽管道阀门和附件　　　　　　　　　　　表 10-6

序号	名称	图例	序号	名称	图例
1	截止阀（通用）	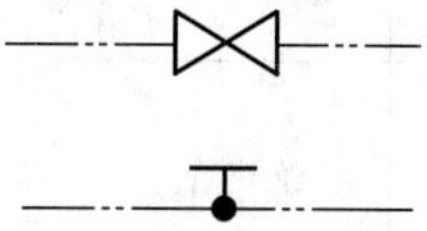	12	旋塞	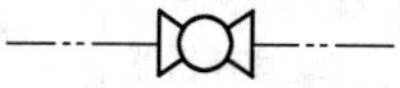
2	闸阀		13	快放阀	
3	手动调节阀	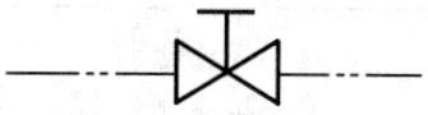	14	止回阀	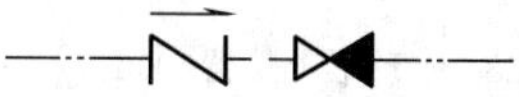
4	球阀、转心阀		15	减压阀	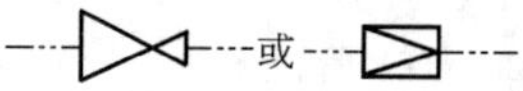 或
5	蝶阀	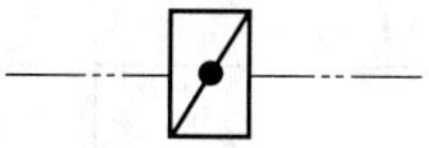	16	安全阀	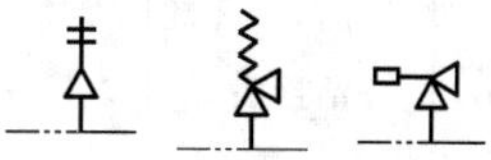
6	角阀	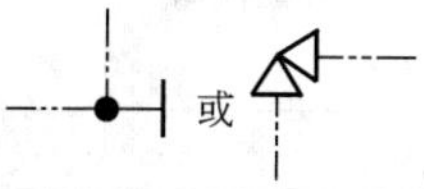 或	17	疏水阀	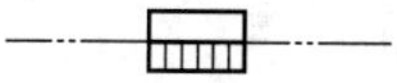
7	平衡阀		18	浮球阀	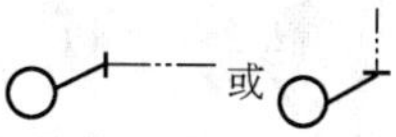 或
8	三通阀	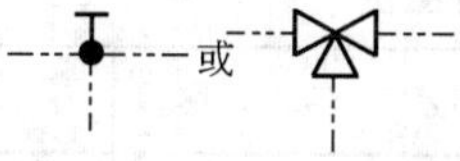 或	19	集气罐、排气装置	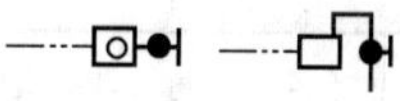
9	四通阀	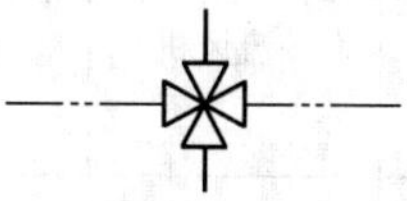	20	自动排气阀	
10	节流阀		21	除污器（过滤器）	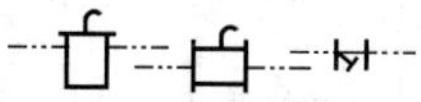
11	膨胀阀	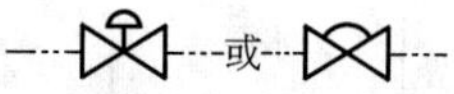 或	22	节流孔板、减压孔板	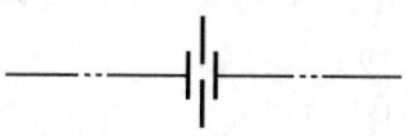

续表

序号	名称	图例	序号	名称	图例
23	补偿器		33	丝堵	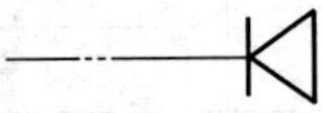
24	矩形补偿器	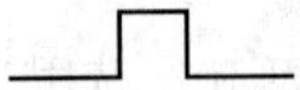	34	可曲挠橡胶软接头	
25	套管补偿器	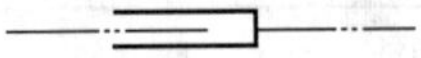	35	金属软管	
26	波纹管补偿器	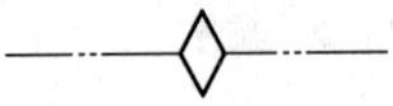	36	绝热管	
27	弧形补偿器		37	保护套管	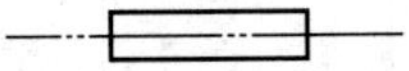
28	球形补偿器	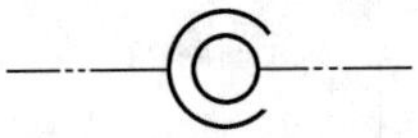	38	伴热管	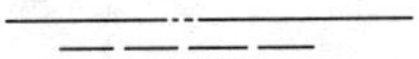
29	变径管、异径管	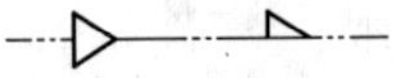	39	固定支架	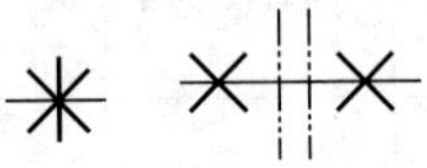
30	活接头		40	介质流向	 → 或 ⇨
31	法兰	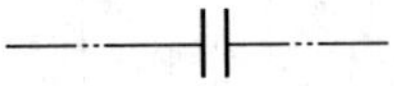	41	坡度及坡向	$i=0.003$ 或 $i=0.003$
32	法兰盖	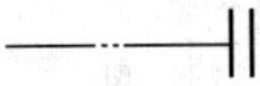			

暖通空调设备图例　　　　　　　　　　　　表10-7

序号	名称	图例	序号	名称	图例
1	散热器及手动放气阀	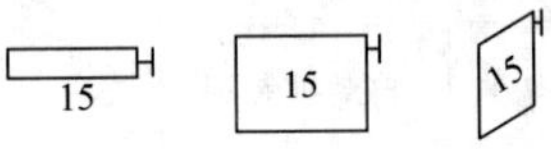 15　15　15	3	轴流风机	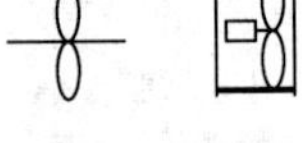
2	散热器及控制阀	15　15　15	4	离心风机	
			5	水泵	

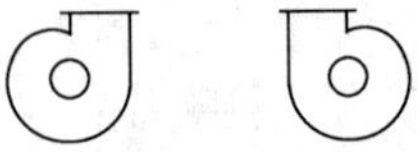

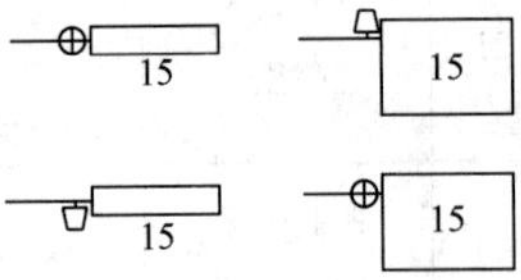

续表

序号	名　称	图　例	序号	名　称	图　例
6	空气加热、冷却器		11	挡水板	
7	板式换热器		12	窗式空调器	
8	空气过滤器		13	分体空调器	
9	电加热器		14	风机盘管	
10	加湿器		15	减振器	

第二节　采暖施工图

在冬季气温较低的地区，为了满足人们的工作、生活及生产的需要，常需要采用采暖的方法来提高室内的温度。

一、概述

人们在日常生产和生活中需要使用大量的热能，在使用热能中用以保证建筑物卫生和舒适条件的供暖和空调消耗的能量占有很大的比例。人们在长期的社会实践中，使供暖工程有了很大的发展。从火的使用、蒸汽机的发明、电能的应用以及原子能的利用使人类利用能源的能力有了长足的进步，也使供热工程技术有了很大的发展。

（一）采暖系统的分类与组成

所有的供暖系统都是由热媒制备（热源）、热媒输送和热媒利用三个主要部分组成。根据以上三个部分相互位置可分为：局部供暖系统（如烟气供暖、电热和煤气供暖）、集中供暖（如采用锅炉、供热管道、散热器等供暖）。根据供暖系统中散热给室内的方式不同可分为：对流和辐射供暖两种。

集中供暖系统由三大部分组成：热源、热力网（如供热管线系统）、热用户（供热、通风空调、热水供应、生产工艺的用热系统等）。

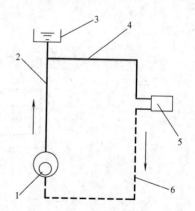

图 10-1　自然循环系统工作原理图
1—热水锅炉；2—供水立管；3—膨胀水箱；
4—供水干管；5—散热器；6—回水立管

（二）采暖系统的基本形式

(1) 热水供暖系统，热水供暖系统可分为：

1) 自然循环热水供暖系统，图 10-1 所示为自然循环系统工作原理图。
2) 机械循环热水供暖系统，图 10-2 所示为机械循环热水供暖系统。

根据管道布置方式不同，机械循环热水采暖系统主要方式有：

1) 机械循环上供下回式热水供暖系统，如图 10-3 所示。
2) 机械循环下供下回式系统，如图 10-4 所示。

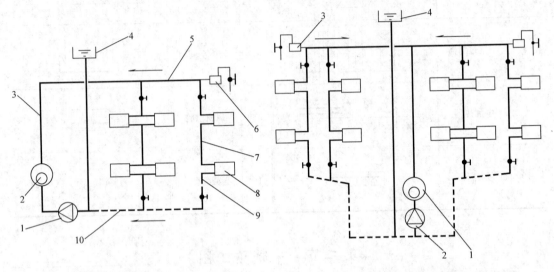

图 10-2 机械循环热水供暖系统示意图
1—循环水泵；2—热水锅炉；3—供水总立管；4—膨胀水箱；5—供水干管；6—集气罐；7—供水立管；8—散热器；9—回水立管；10—回水干管

图 10-3 机械循环上供下回式热水供暖系统
1—热水锅炉；2—循环水泵；3—集气罐；4—膨胀水箱

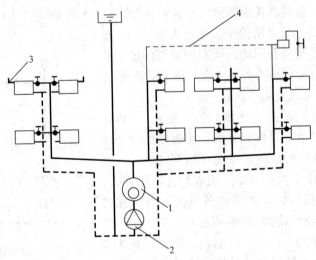

图 10-4 机械循环下供下回式系统
1—热水锅炉；2—循环水泵；3—冷风阀；4—空气管

3) 机械循环中供式热水供暖系统,如图 10-5 所示。
4) 机械循环下供上回式热水供暖系统,如图 10-6 所示。
5) 图 10-7 所示为同程式系统。
6) 图 10-8 所示为水平串联式系统。

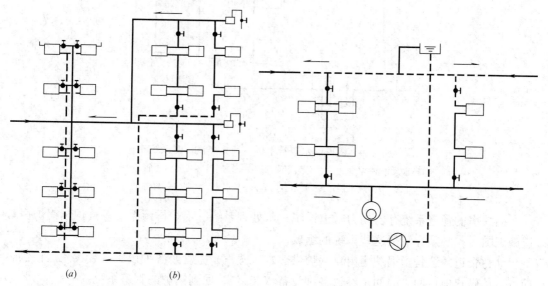

图 10-5 机械循环中供式热水供暖系统
(a) 上部系统—下供下回式双管系统;
(b) 下部系统—上供下回式单管系统

图 10-6 机械循环下供上回式热水供暖系统

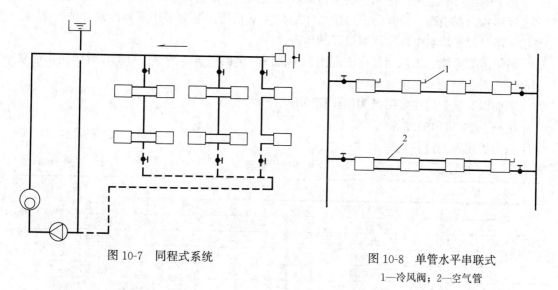

图 10-7 同程式系统

图 10-8 单管水平串联式
1—冷风阀;2—空气管

(2) 蒸汽供暖系统,图 10-9 所示为机械回水双管上供下回式蒸汽供暖系统示意图。

二、锅炉房管道施工图

锅炉是专业性很强的大型热源设备。组成锅炉系统的各种设备交织在一起。形成一个复杂的系统。

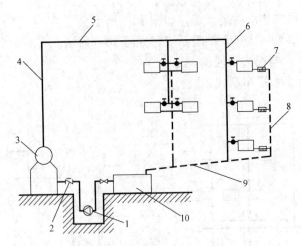

图10-9 机械回水双管上供下回式蒸汽供暖系统
1—循环水泵；2—止回阀；3—蒸汽锅炉；4—总立管；5—蒸汽干管；6—蒸汽立管；7—疏水器；8—凝水立管；9—凝水干管；10—凝结水箱

　　锅炉房的管道系统有：动力管道系统、水处理系统、锅炉排污系统等。识读锅炉房管道施工图时，必须弄清楚这些系统的组成。

　　动力管道系统是指锅炉房内自锅炉供热水（蒸汽）主管经各种设备（装置）送往供热地点，从供热地点回来的回水经过各种设备（装置），回到锅炉的管道系统。

　　锅炉给水软化处理方法广泛采用钠离子交换法。钠离子交换软化系统一般由钠离子交换器、盐液调配池、盐液泵、生水加压泵、反洗水箱等组成。

　　锅炉的排污有定期排污和连续排污两种。定期排污口设在锅炉最底处，定期排污的污水温度和压力都很高，必须降温减压后才能排入下水道，通常采用室外冷水井或扩散器。连续排污口设在炉水中含盐浓度最高的地方。

　　锅炉房管道施工图包括管道流程图、平面图、剖面图、详图等。有的设计单位不绘制剖面图，而绘制管道系统轴测图。

　　下面以某锅炉房主要图纸为例作简单介绍。

（一）锅炉房内的设备

　　该锅炉房内的设备见表10-8。

锅炉房设备表　　　　　　　　　　　　　　表10-8

编　号	名　称	编　号	名　称
①	热水锅炉	⑫	盐液泵
②	炉排电机	⑬	软水箱
③	鼓风机	⑭	立式直通除污器
④	引风机	⑮	集水缸
⑤	除尘器	⑯	分水缸
⑥	螺旋出渣器	⑰	采暖变频调速稳压装置
⑦	上煤机	⑱	液压式水位控制阀
⑧	循环水泵	⑲	安全阀
⑨	补水泵	⑳	压力变送器
⑩	离子交换器	㉑	淋浴储水箱
⑪	盐液箱	㉒	淋浴加压泵

（二）管道流程图的识读

管道流程图又称汽水流程图或热力系统图，锅炉房内管道系统的流程图，主要表明锅炉系统的作用和汽水的流程，同时反映设备之间的关系。识图时要掌握的主要内容和注意事项如下：

（1）查明锅炉的主要设备。流程图一般将锅炉房的主要设备以方块图或形状示意图表现出来。

（2）了解各设备之间的关系。锅炉设备之间的关系是通过连接管路来实现的。识读时可先从锅炉本体看起。锅炉的给水及软化处理系统是较复杂的，识图时找出盐溶解器、盐水箱、盐液泵、钠离子交换器、软水箱之间的管路联系。

（3）流程图的管道通常都标注有管径和管路代号，通过图例可以知道管路代号的涵义，从而有助于了解管路系统流程和作用。

（4）流程图所表示的汽水流程是示意的。图中表示的各设备之间的关系，可供管道安排时查对管路流程之用。另外阀门方向也要依据流程图安装。管路的具体走向、位置、标高等则需要查阅平、剖面图或系统轴测图。

图 10-10 所示为某锅炉房管道流程图。从锅炉顶部出来，供水管向后（方位按投影图确定，即左右、上下、前后，以下同）分两路，其中一路向右经阀门到分水缸。由分水缸引出各个支路分别通向采暖地点、浴池等。另一路向左经阀门通向淋浴储水箱，从储水箱引出管向左，经阀门后分两路通过阀门接两台并列淋浴加压泵，再经阀门通向淋浴地点，此管道的直径为 $DN50$。从集水缸引出管，经阀门向左，经立式直通除污器后，通向两台并列循环水泵，循环水泵入口加阀门，水泵出口加止回阀与阀门，之后经止回阀与阀门通向锅炉回水入口。从图 10-10 的右端看：给水管引入自来水向左分别引向卫生间、引向锅炉前、经阀门进入锅炉、经阀门接盐液箱、经阀门接离子交换器、经阀门后进入软水箱、经阀门进入淋浴储水箱，管道公称直径分别是：$DN70$、$DN50$、$DN40$、$DN20$、$DN15$。水经离子交换器后进入软水箱，从底部引出经阀门通向两台并列补水泵。泵入口加阀门，出口加止回阀与阀门，之后通向压力变送器，接两台并联循环水泵。从软水箱顶部引出管，经阀门接压力变送器。循环水泵出口管通向锅炉。从锅炉引出各条排污管，经阀门通向排水管道。在设备上按规定还装有压力表、温度计、液压式水位控制阀等。一定要认真查阅。

（三）锅炉房管道平面图的阅读

锅炉房管道平面图主要表示锅炉、辅助设备和管道的平面布置以及设备与管路之间的关系。识读时要掌握的主要内容和注意事项如下。

（1）查明锅炉房设备的平面位置和数量。通过各个设备的中心线至建筑物的距离，确定设备的定位尺寸，了解设备接管的具体位置和方向。设备较多，图面较复杂时，识读时可参考设备平面布置图，对设备逐一弄清楚。锅炉本体大都布置在锅炉间内，水处理设备及给水箱、给水泵等一般单独布置在水处理间内。如果是大型锅炉房，换热器设备多布置在第 1 层或第 2 层，给水箱、反洗水箱则多布置在第 3 层。水处理设备一般布置在底层。钠离子交换器之间的中心距应不小于 700mm，以便安装和检修。

（2）了解采暖管道的布置、管径及阀门位置，查明分水缸的安装位置、进出管道位置和方向。

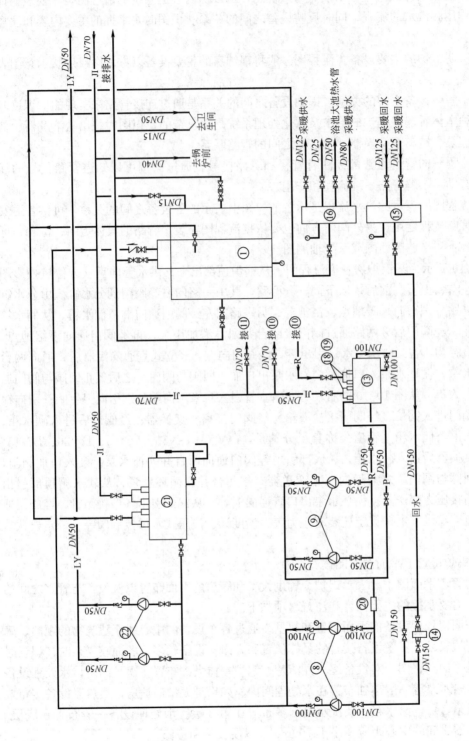

图 10-10 某锅炉房管道流程图

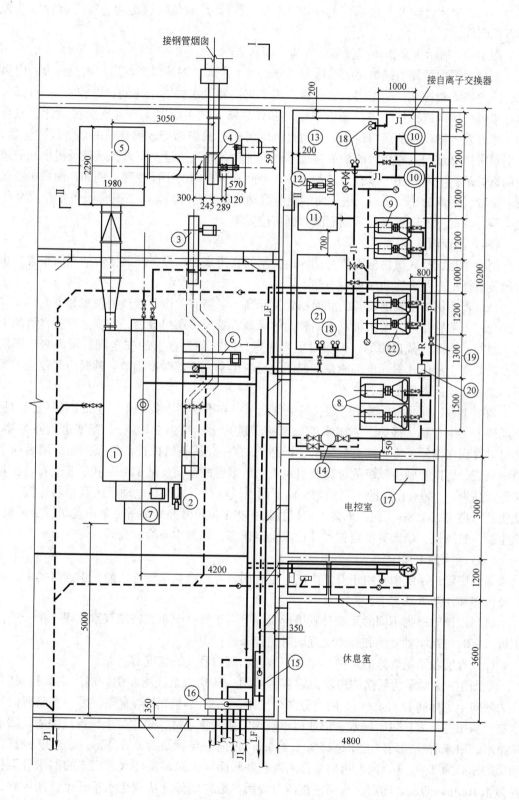

图 10-11 某锅炉房设备、管道平面布置图

(3) 查明水处理及其他系统的平面布置，了解管路的位置、走向、阀门设置以及管径、标高等。

图10-11所示为某锅炉房设备、管道平面布置图。

从平面图中可知道锅炉房的总体布局分成6个房间。锅炉等所在房间面积最大；引风机、除尘器等布置在一个房间；软水箱、离子交换器等占去一个房间；电控室一个房间，内有采暖变频调速稳压装置；还有卫生间和休息室。从平面图上看此锅炉房设计比较合理，结合系统图，煤从南门运入后，通过运煤机送进锅炉燃烧，燃烧后的烟气经除尘器，到引风机排至烟囱。燃烧后的炉渣通过除渣机排除，经人工运至室外。从鼓风机出来的风通向锅炉炉排底部。还可以看出各种设备在平面锅炉房内的平面位置。例如，锅炉中心线到右墙轴线距离为4200mm。锅炉前端距前墙轴线距离为5000mm。其他设备定位尺寸依此类推。在此图上还可以找到剖面图的剖切位置等。

（四）剖面图的识读

剖面图是设计人员根据需要有选择地绘制的，用来表示设备及其接管的立面布置。识读时要掌握的主要内容和注意事项如下。

（1）查明锅炉及辅助设备的立面布置及标高，了解有关设备接口的位置和方向。

（2）了解管路的立面布置，查明管路的标高、管径、阀门设置。特别是泵类在管路上的止回阀、闸阀、截止阀等，识图时更要注意。同时各设备上的安全阀、压力表、温度计、调节阀、液位计等，也都能在剖面图上反映出来，识读时要搞清各种阀门和仪表的类型、型号、连接方法及相对位置。

如图10-12所示为某锅炉房烟、风道剖面图。在平面图上找到Ⅰ—Ⅰ的剖切位置。从剖面图Ⅰ—Ⅰ看到从锅炉下方出来的烟气从烟道升至标高为3.400m，穿墙进入除尘器，还可以看到在图的下方中间有鼓风机，标高0.500m。从鼓风机排出的风向左穿墙后向下通向风道。可以看到引风机的标高及引风机出口烟道的标高。从剖面图Ⅱ—Ⅱ上看，在除尘器标高为3.900m出来的烟气经弯头向下到引风机，引风机与电动机用联轴器连接，电动机的标高为0.728m。在剖面图上可以找到一些定位尺寸及标高等，如电动机、引风机、除尘器、鼓风机、烟囱等的定位尺寸；除尘器顶部、锅筒中心线标高等。

（五）系统图的识读

锅炉房管道系统图多用正等测画法，也有用斜等测或斜二测画法的。识读时要掌握的主要内容和注意事项如下。

（1）识读时根据不同的系统分别进行识读。对于每一个系统按照气水流程一步步进行识读，有时把系统轴测图和管道流程图对照起来进行识读。

（2）查明各系统管路的走向、标高、坡度、阀门及仪表情况等。

如图10-13所示为某锅炉房动力管道系统图。从动力系统图左侧，锅炉供水经阀门、压力表向上到标高为4.400m，向右分两个支路，一支路通向淋浴水箱，另一支路通向分水缸；从图左下方，供暖回水、浴池回水经阀门接入集水缸，集水缸上设有压力表，回水从集水缸出来后经阀门向上至标高为4.400m，再向下至标高为0.640m，接立式旁通阀，阀门的标高为2.000m，向左再向后接入两台并联循环水泵，循环水泵出来的回水升至标高为4.100m，向左、向后、再向左接压力表后，通向锅炉。从软化水箱开始读图：软化水箱的进水有J1管，经阀门在标高为2.800m连接液压水位控制阀进入水箱；从离子交

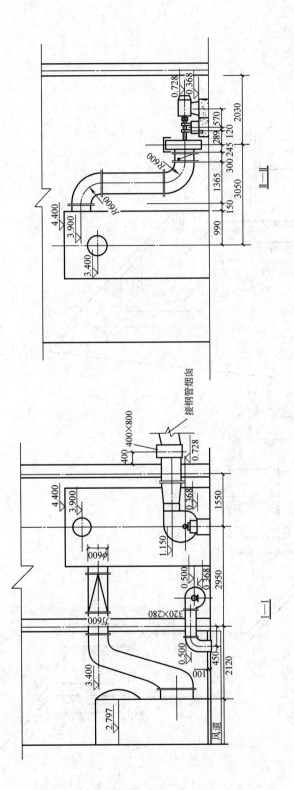

图 10-12 某锅炉房烟、风道剖面图

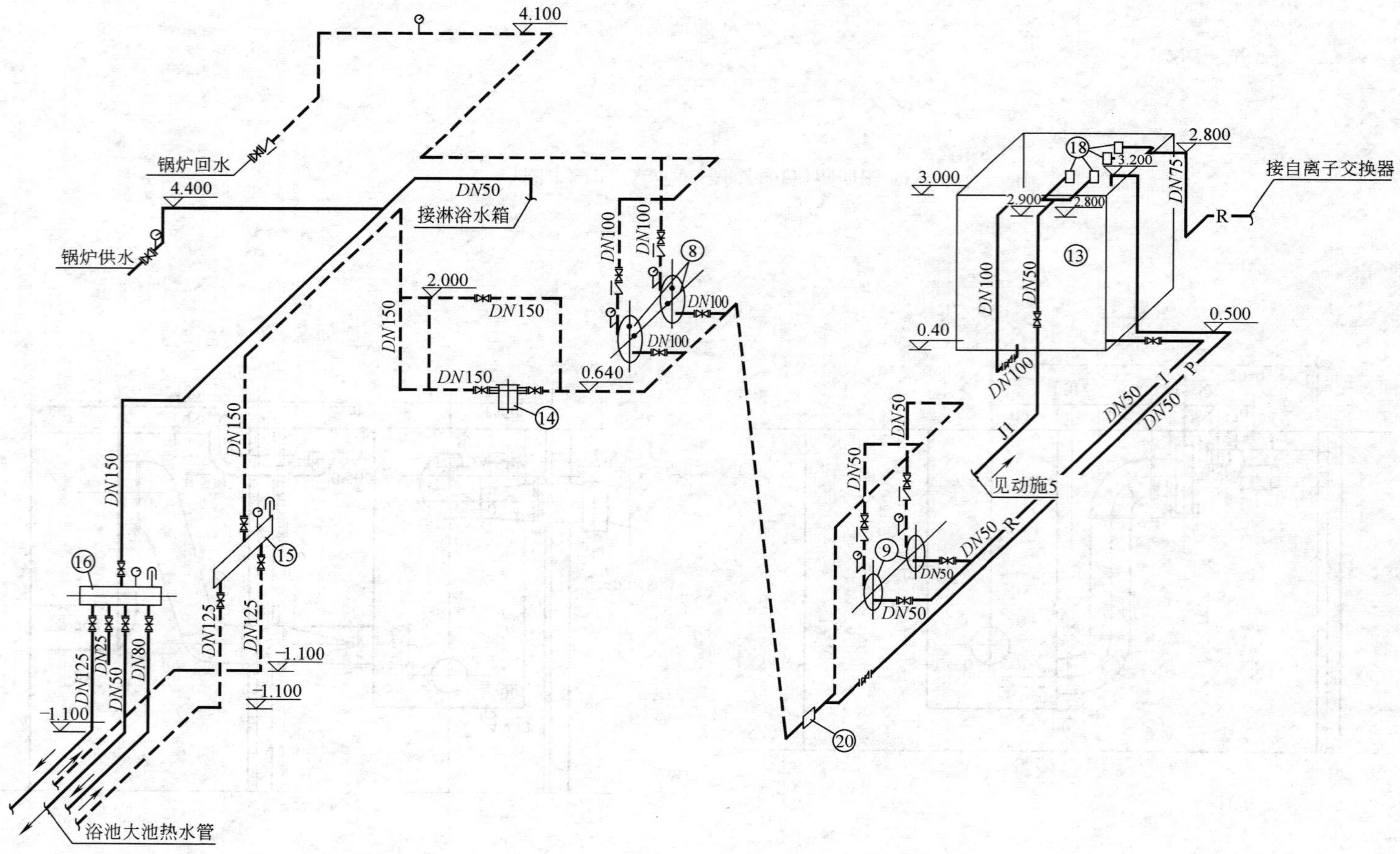

图 10-13 某锅炉房动力管道系统图

换器出来的经过软化处理的水在标高 2.800m 接入控制阀进入水箱,从软化水箱底部引出管经阀门连接两台补水泵后接入压力变速器,压力变速器连接循环水泵;软化水箱 3.200m 到压力变速器设有旁通管,中间有阀门。

淋浴管路系统图读法相同,不再叙述。

(六)详图的识读

锅炉房管道系统的详图主要是节点详图、标准图和设备(如水箱)及其接管详图。

三、室内采暖施工图

室内采暖施工图,是指建筑物内采暖管道的平面图、管道系统图、详图等。采暖管道、散热器和附件示意性地画在给定的建筑平面图上,系统图则反映系统的全貌,反映出管道与散热器的连接。

(一)室内采暖施工图的表示方法

(1)平面图上本专业所需的建筑物轮廓应与建筑图一致。但该图中的房屋平面图不是用于土建施工,故只要求用细实线把建筑物与采暖有关的墙、门窗、平台、柱、楼梯等部分画出来。平面图的数量,原则上应分层绘制,管道系统布置相同的楼层平面可绘制一个平面图。

(2)散热器宜按图 10-14 的画法绘制。

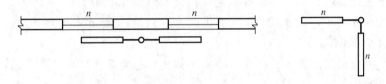

图 10-14 散热器画法
n—散热器数量、规格

(3)平面图中散热器的供水(供气)管道、回水(凝结水)管道,宜按图 10-15 绘制。

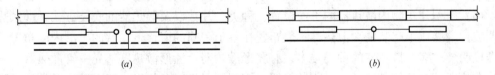

图 10-15 平面图中散热器的画法
(*a*)双管系统;(*b*)单管系统

(4)采暖入口的定位尺寸,应为管中心至所邻墙面或轴线的距离。

(5)采暖系统图宜用单线图绘制。

(6)系统图宜采用与相对应的平面图相同比例绘制。

(7)系统图中的散热器宜按图 10-16 画法绘制。

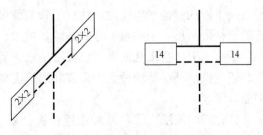

图 10-16 系统图中的散热器画法

（二）施工图的识读

1. 采暖设计说明书

采暖设计说明书用来说明图样的设计依据和施工要求，也是图样的补充。读图时要认真、仔细地阅读设计说明书。

作为例子，下面摘录了某学生宿舍楼采暖设计说明书。

采暖设计说明书（摘录）

（1）采暖系统：热媒为低温水，供水温度为95℃，回水温度为70℃，采暖形式为垂直单管系统。

（2）系统工作压力0.2MPa，采暖热负荷203.525kW，系统入口供回水压差17.73kPa。

（3）管道材料及连接方式：管材均采用焊接钢管，当$DN \leqslant 32mm$时丝扣连接，当$DN > 32mm$时焊接连接，管道弯管采用煨弯。

（4）散热器选用四柱760型散热器，每组设手动放气阀一个。

（5）明设管道及支架等刷樟丹一遍、银粉二遍，在刷油前应将表面铁锈、污物等除净。

（6）采暖系统排气采用自动放气阀。

（7）系统装完后，尚须进行综合试验，试验压力为0.6MPa。

（8）散热器组装后，以0.6MPa压力进行水压试验，3min内不渗漏为合格，5min内压力降不超过0.02MPa。

（9）系统综合试压后应进行冲洗，冲洗至排放水不含杂质、水色不浑浊，然后进行试运行及初调整。

（10）未尽事宜，请按国标《建筑给排水及采暖工程施工质量验收规范》（GB 50242—2002）执行。

2. 平面图的识读

室内采暖管道平面图主要表示管道、附件及散热器在建筑平面上的位置以及它们之间的相互关系，是施工图中的主体图纸。识读时要掌握的主要内容和注意事项如下。

（1）查明建筑物内散热器的平面位置、种类、片数以及散热器的安装方式，即散热器是明装、暗装或半暗装的。散热器一般布置在各个房间的窗台下，有的也沿内墙布置。散热器以明装较多。散热器的种类较多，有翼形散热器、柱形散热器、光滑管散热器、钢管串片散热器、扁管式散热器、板式散热器、钢制辐射板以及热风机等。散热器的种类除可用图例识别外，一般在施工说明中注明。

（2）了解水平干管的布置方式，干管上的阀门、固定支架、补偿器等的平面位置和型号以及干管的管径。识读时须注意干管是敷设在最高层、中间层还是底层。供水、供汽干管敷设在最高层，说明是上分式系统；供水、供汽干管敷设在底层说明是下分式系统。在底层平面图上还会出现回水干管或凝结水干管（用粗虚线表示），识读时也要注意到。识读时还应搞清补偿器的种类、形式和固定支架的形式、安装要求以及补偿器和固定支架的平面位置等。

（3）查清系统立管数量和布置位置。复杂系统有立管编号，简单的系统有的不进行编号。

(4) 在热水采暖系统平面图上还标有膨胀水箱、集气罐等设备的位置、型号以及设备上连接管道的平面布置和管道直径。

(5) 在蒸汽采暖系统平面图上还标有疏水装置的平面位置、规格尺寸等。

(6) 查明热媒入口及入口地沟情况。热媒入口无节点图时，平面图上一般将入口组成的设备如减压阀、混水器、疏水器、分水器、分汽缸、除污器和控制阀门表示清楚，并注有规格，同时还注出管径、热媒来源、流向、参数等。如果热媒入口主要配件、构件与国家标准图相同时，则注明规格及其标准图号，识读时可按给定的标准图号查阅标准图。当有热媒入口节点图时，平面图上注有节点图的，识读时可按给定的编号查找热媒入口放大图进行识读。

图 10-17、图 10-18、图 10-19、图 10-20 所示为某学生宿舍楼一～四层采暖平面图。

一层采暖平面图：散热器布置在各个房间的窗台下，两门厅两侧墙各布置一组散热器，种类为四柱 760 型散热器，片数 7～22 片，明装；供水干管用粗实线表示，在采暖入口 R 处从后向前穿墙到墙内侧，向上、再向前、之后向右，在右墙内侧向上（供水总立管）；回水水平干管用粗虚线表示，从卫生间起向左沿采暖地沟（细实线与内墙所示部分）敷设，最后通到采暖入口 R 处；在图 10-17 中可见各散热器的布置位置及片数，散热器一端（下部）通过横管、立管向下接回水水平干管，另一端（上部）通过横管、立管通向二层，图 10-17 中还标有各组散热器片数。

应当指出：在读平面图时，一定要参照其他平面图，尤其要参照系统图。这样才能准确无误。

二层采暖平面图：对应一层上来的各立管通过横管接散热器一端（下部），散热器另一端（上部）通过横管、立管通向三层，二层散热器片数与一层不同，分别是 6～18 片；散热器布置与一层基本相同；图 10-18 中还标有各组散热器片数；注意对应一层门厅散热器布置不同，接管也有所不同。

三层采暖平面图：散热器片数为 8～15 片，散热器与二层布置相同；各立管与二层对应；散热器接管同二层。

四层采暖平面图：采暖供水总立管从下上来后接水平供水干管（用粗实线表示），水平供水干管沿墙向后、向左、向前、向右、向后，在末端接自动排气阀（标高见系统图）；散热器与三层布置相同，散热器一端（下部）通过横管、立管向下接三层上来的立管，另一端（上部）通过横管、立管通向上接供水水平干管；图 10-20 中还标有各组散热器片数；各组散热器的片数为 6～19 片。

3. 系统轴测图的识读

采暖系统轴测图表示热媒入口至出口的采暖管道、散热设备、主要附件的空间位置和相互关系。系统轴测图一般为斜等测图。识读时要掌握的主要内容和注意事项如下。

(1) 查明管道系统的连接，各段管路的管径大小、坡度、坡向、水平管道和设备的标高以及立管编号等。采暖系统轴测图可以对管道的布置一目了然。它清楚地表明，干管与立管之间以及立管、支管与散热器之间的连接方式，阀门的位置和数量，散热器支管的坡度等。

(2) 了解散热器的类型、规格及片数。当散热器为光滑管散热器时，要查明散热器的

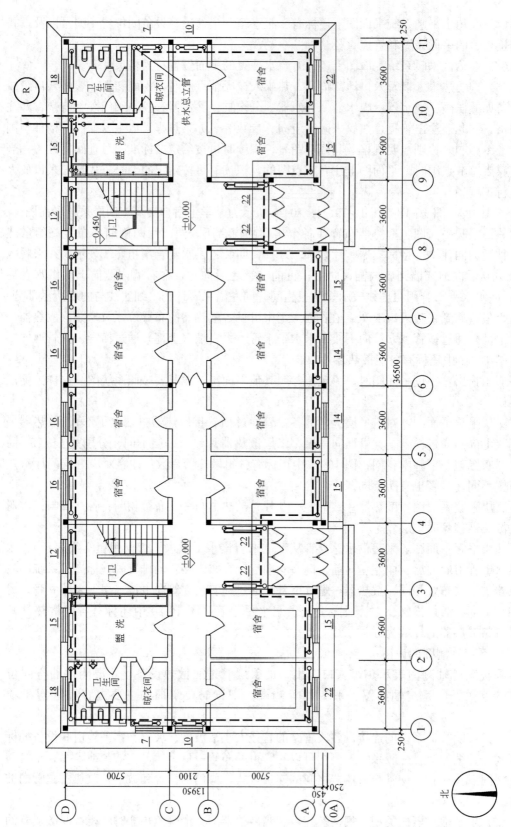

图 10-17 某学生宿舍楼一层采暖平面图

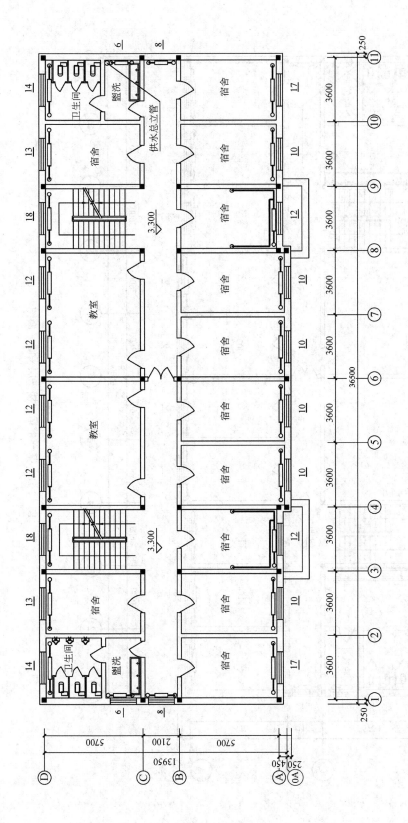

图 10-18 某学生宿舍楼二层采暖平面图

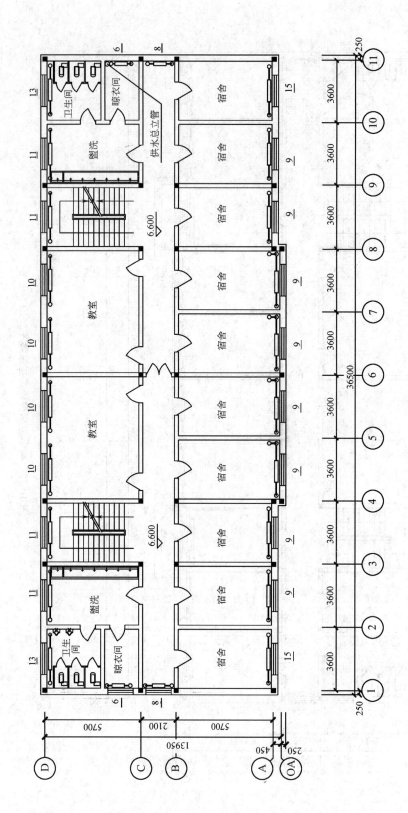

图 10-19 某学生宿舍楼三层采暖平面图

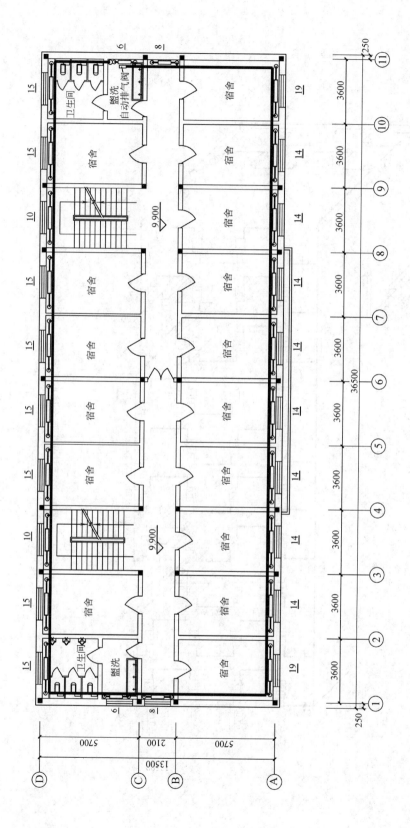

图 10-20 某学生宿舍楼四层采暖平面图

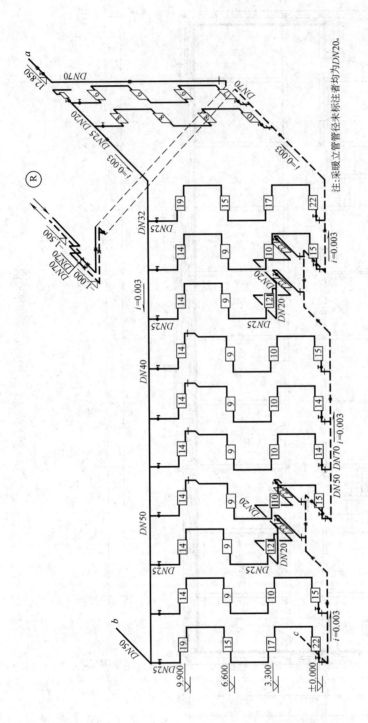

图 10-21 某学生宿舍楼采暖系统图（一）

型号、管径、排数及长度；当散热器为翼形散热器或柱形散热器时，要查明规格与片数以及带脚散热器的片数；当采用其他特殊的采暖散热设备时，应弄清设备的构造和底部或顶部的标高。

（3）注意查清其他附件与设备在系统中的位置，凡注明规格尺寸者，都要与平面图和材料表等进行核对。

（4）查明热媒入口处各种设备、附件、仪表、阀门之间的关系，同时搞清热媒来源、流向、坡度、标高、管径等，如有节点详图时要查明详图编号，以便查找。

图10-21、图10-22所示为某学生宿舍楼采暖系统图，识图如下。

供水管从采暖入口R处（标高为－1.500m）穿墙进入室内，向上（标高为－1.000m）、再向前、之后向右，接供水总立管，供水总立管向上至四层顶部接供水水平干管（标高为12.850m），供水水平干管向后、向左、向前、向右、向后接自动排气阀，管径分别$DN70$、$DN50$、$DN40$、$DN32$、$DN25$、$DN20$，坡度为0.003（高低差千分之三，箭头侧低）。

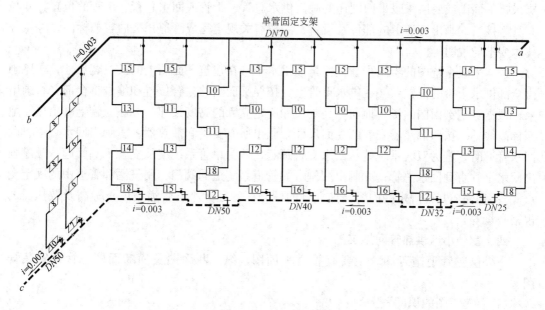

图10-22 某学生宿舍楼采暖系统图（二）

供水水平干管接有各立管，各立管向下通过横管接各组散热器一端（上部），散热器另一端（下部）通过横管、立管向下通向下层散热器。散热器的接管相同。

一层散热器一端（下部）通过横管、立管向下接回水水平干管（用粗虚线表示）；回水水平干管的末端（位置在图10-22右下）起，向左、向下、向左、向上、向左、向下、向左、向上、向左到左端后向前，到前端后，向右、向后、向右、向前、向右、向后、向右、向前、向右，到右端后，向后、向左、再向后（此处标高为－1.000m）、向下、再向后（此处标高为－1.500m）通向采暖入口R处；管径分别$DN25$、$DN32$、$DN40$、$DN50$、$DN70$，坡度为0.003（高低差千分之三，箭头侧低）。图10-21反映了散热器的安装方位及各组片数；各阀门的安装位置；自动排气阀的位置；固定支架的位置；丝堵的位置；各种接管管径；各楼层的标高等。

4. 详图的识读

室内采暖管道施工图的详图包括标准图和节点详图。标准图是室内采暖管道的一个重要的组成部分，供水管、回水管与散热器之间的具体连接形式、详细尺寸和安装要求一般都由标准图反映出来。作为室内采暖管道施工图，设计人员通常只画平面图、系统轴测图和通用标准图中没有的局部节点图。采暖系统的设备和附件的制作与安装方面的具体构造和尺寸以及接管的详细情况要参阅标准图。因此，必须掌握这些标准图，记住必要的安装尺寸和管道连接用的管件，以便作到运用自如。

标准图主要包括：膨胀水箱和凝结水箱的制作、配管与安装；分水器、分气罐、集水器的构造、制作与安装；疏水器、减压调压板的安装和组成形式；散热器的连接与安装；采暖系统立、支、干管的连接；管道支吊架的制作与安装等。

（三）室内采暖施工图的绘图步骤

（1）采暖平面图的绘图步骤：①按比例画出建筑平面图，以表示采暖管道及设备等在房屋中的安装位置；②画出平面图中各组散热器的位置；③画出各立管的位置；④若是顶层采暖平面图或底层采暖平面图还要画出供水总管、干管或回水总管、干管的位置，并与立管连接；⑤画出管道上的部件及设备；⑥按有关规定完成管道相关内容的标注；⑦填写技术要求与说明等。

（2）采暖系统图的绘图步骤：①量取供水干管在建筑平面图上的长、宽尺寸，顺序画出全部供水干管的位置；②在供水干管上，按照平面图的立管位置和编号将全部立管画出来，根据建筑剖面图的楼、地面标高等尺寸确定立管的高度尺寸，并在立管上画出楼、地面标高线；③按照散热器安装的立面尺寸，画出所有支管和散热器；④画出回水管道，画回水管道时，若为双管系统就从回水支管画起，若为单管系统就从立管末端画起，顺序画出回水干管直到回水总管；⑤画出图例（如管道系统上的阀门、集气罐和管道中的固定支点等）；⑥完成其他规定的内容（如立管的编号、管径大小、管道坡度、标高及散热器的规格数量等）。

四、室外小区供热管网施工图

室外供热管道施工图，主要有管道平面图，纵、断面图及横断面图，管道安装详图等。

（一）施工图的识读

（1）平面图的识读。如图 10-23 所示为室外小区供热管道平面图。从图上可以看到供热水管、回水管道的走向，即两管平行布置。从检查室 3 开始，向右延伸，到检查室 4，此段管道距离为 73.00m、直径为 426mm、壁厚为 8mm。经检查室 4 后继续向右，经波纹管补偿器，距离为 47.50m。再向右 15.00m，向前转 90°后，向前 9.00m，向右转 90°，经 9.00m 后，向前转 90°。继续向前到检查室 5，距离为 37.50m；继续向前，从检查室 4 到检查室 5，管道直径为 325mm，壁厚 7mm，图 10-23 上的尺寸以热水管道为准；管道的平面布置从图 10-23 上的坐标可以看出具体位置。即检查室 3 固定支架的坐标为 X-54219.42m、Y-32469.70m，第一个转弯处的坐标为 X-54354.40m、Y-32457.80m。

从设计说明知道管道采用直埋敷设、波纹管补偿器，固定支架用"GZ"表示，长度单位为"m"。

从图 10-23 上看到检查室内设有固定支架、波纹管补偿器等。看到从检查室引出管经

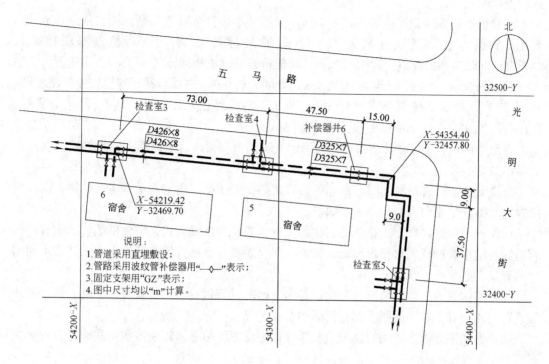

图 10-23 室外小区供热管道平面图

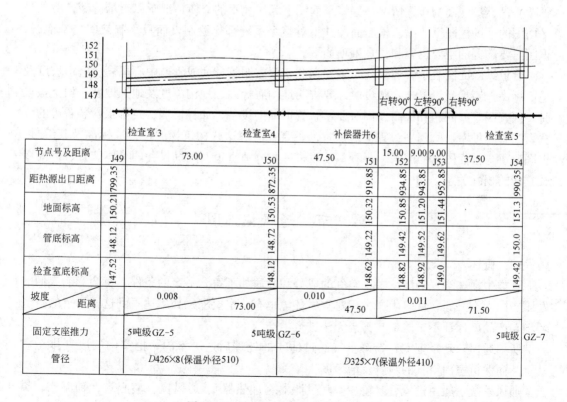

图 10-24 室外小区供热管道纵断面图

阀门通向采暖处。

（2）纵、断面图识读。如图 10-24 所示为室外小区供热管道纵断面图。从左检查室 3 开始：节点为 J_{49}，地面标高为 150.21m，管底标高为 148.12m，检查室底标高为 147.52m，距热源出口距离为 799.35m；其他检查室读法相同。

坡度的表示：J_{49} 到 J_{50} 距离为 73.0m，坡度为 0.008，左低右高。其他坡度读法相同。从 J_{49} 到 J_{50}，管径、壁厚分别为 426mm、8mm，保温外径为 510mm。从 J_{50} 到 J_{54}，管径、壁厚分别为 325mm、7mm，保温外径为 410mm。

在图 10-24 上还标有其他内容，如固定支座推力、标高、坐标等，识图时要注意。

（二）图示内容和要求

管道平面图：管道平面图是室外供热管道的主要图纸，用来表示管道的具体走向，识图时应掌握的主要内容和注意事项如下。

（1）查明管道名称、用途、平面位置、管道直径和连接方式。室外供热管道中有蒸汽管道和凝结水管道或供水管道和回水管道，同时还要注意室外供热管道中有无其他不同用途的管线，必须一一看清楚。

（2）了解管道的敷设情况、辅助设备布置情况。管道的辅助设备有补偿器、排水和放气装置、阀门等。在平面图上都有具体的布置情况。

（3）看清平面图上注明管道节点及纵、横断面图的编号，以便按照这些编号查找有关图纸。

管道纵、横断面图：室外供热管道的纵、横断面图，主要反映管道及构筑物（地沟、管架）纵、横立面的布置情况，并将平面图上无法表示的立体情况予以表示清楚，所以是平面图的辅助性图纸。纵、横断面图并不对整个系统都作绘制，而只绘制某些局部地段。识图时要掌握的主要内容和注意事项如下。

管道纵断面图表示管道纵向布置。据此，要查明管道底或管道中心标高、管道坡度及地面标高。直埋敷设、地沟敷设时，要查明地沟底标高、地沟深度及地沟坡度；架空敷设时，要查明管架间距和标高。同时要了解管道辅助设备，如补偿器、疏排水管装置等的位置，当有配件室、阀门平台等构筑物时，还要查清楚这些构筑物的位置、标高及其编号。识图时要与平面图对照起来一起看，可以进一步弄清管道及辅助设备的具体位置、标高以及它们的相互关系。

第三节 通风施工图

一、概述

人类生活在空气的环境中，空气的成分和性质如不符合一定的条件，将会影响人们的健康。同人类一样，许多生产过程对空气环境也有一定要求。如果达不到这种要求的空气环境，产品就保证不了质量，甚至无法进行生产。

所谓通风，就是把室外新鲜空气经过适当的处理后送进室内，把室内的废气排至室外，从而保持室内空气的新鲜及洁净度。

通风系统一般由进风百叶窗、空气过滤器（加热器）、通风机（离心式、轴流式、贯流式）、风道以及送风口等组成（图 10-25）。

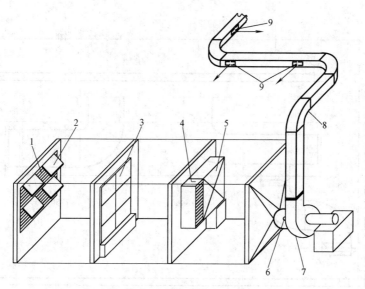

图 10-25 机械通风系统
1—百叶窗；2—保温阀；3—过滤器；4—旁通阀；5—加热器；
6—启动阀；7—通风机；8—风道；9—送风口

排风系统一般由排风口（排风罩）、风道、风机、风帽等组成（图 10-26）。

二、通风施工图的组成

通风施工图由基本图、详图及文字技术说明等组成。基本图包括通风平面图、剖面图和通风系统图；详图包括构件、配件的安装或制作加工图。当详图采用标准详图或其他工程的图纸时，在图纸的目录中应附有说明。文字技术说明包括：设计所采用的气象资料、工艺标准等基本数据，通风系统的划分方式，通风系统的保温、油漆等统一做法和要求以及风机、水泵、过滤器等设备的统计表等。

三、施工图的识读

（一）平面图的识读

通风平面图是表明通风管道系统等的平面布置，识图时掌握的内容和注意事项如下。

（1）查清建筑平面轮廓、轴线编号与尺寸；

（2）查清通风管道与设备的平面布置及连接形式，风管上构件的装配位置，风管上送风口或吸风口的分布及空气流动方向；

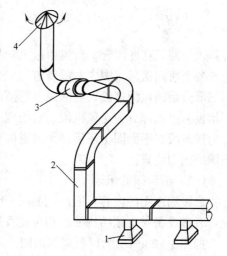

图 10-26 机械排风系统
1—排风罩；2—风道；3—通风机；4—排风风帽

（3）查清通风设备、风管与建筑结构的定位尺寸，风管的断面或直径尺寸，管道和设备部件的编号，送风系统、排风系统的编号；

（4）详细阅读设计或施工技术说明。

如图 10-27 所示为某人防工程风机室平面图。图中风机系统被分为 8 个部分：第一部

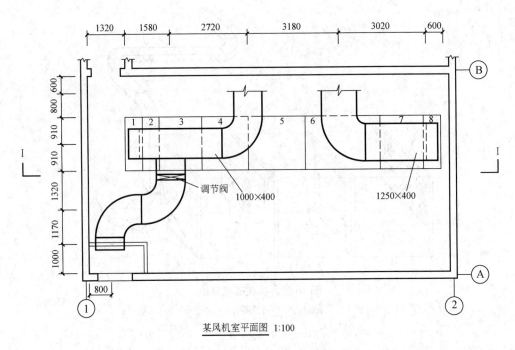

图 10-27 某风机室平面图
1—新回风混合段；2—粗效过滤段；3—回风消声段；4—回风机段；
5—表冷器及挡水板段；6—送风机段；7—送风消声段；8—送风段

分新风与回风在此混合，新风由通风管道自地面引入（图中右前管道），回风则由回风管道自各个房间送回（图中左前管道）。第二部分粗效过滤段，对混合后的风进行粗效过滤。第三部分是回风消声段，对回风进行消声处理。第四部分为回风机。第五部分为表冷器及挡水板。第六部分为送风机段，对处理后的风进行加压。第七部分为送风消声段。第八部分为送风段。平面图上还反映了风道的有关尺寸（如定位尺寸、截面尺寸等），反映出剖面图的剖切位置。

(二) 剖面图的识读

通风剖面图的内容：通风剖面图表明通风管道、通风设备及部件在竖直方向的连接情况，管道设备与土建结构的互相位置及高度方向的尺寸关系等。

如图 10-28 所示为风机室剖面图。从图中可以看出 8 个部分的分割情况和进风管、送风管的高度位置。与第一段相接的是进风管（规格 1000mm×400mm），与第八部分相连的是送风管（规格 1250mm×400mm）。在风管与机组连接处各设一个调节阀，调节进、送风的风量。

(三) 通风系统图的识读

通风系统图是把通风系统的全部管道、设备和部件用投影的方法绘制的轴测图（图10-25、图 10-26），以表明通风管道、设备和部件在空间的连接及纵横交错、高低变化等情况。图中应注有通风系统的编号、设备部件的编号、风管的截面尺寸、设备名称及规格型号、风管的标高及设备材料明细表等。

(四) 通风详图的识读

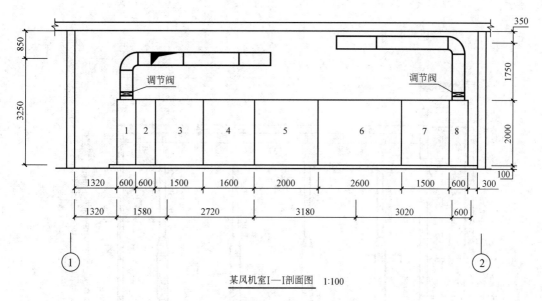

图 10-28 某风机室Ⅰ—Ⅰ剖面图
1—新回风混合段；2—粗效过滤段；3—回风消声段；4—回风机段；
5—表冷器及挡水板段；6—送风机段；7—送风消声段；8—送风段

通风详图由平面图、立面图、详图和技术说明组成。通风详图一般有调节阀、检查门等构件的加工详图；风机减振基础、进风室的构造、加热器的位置、过滤器等设备的安装详图。各种详图常有标准图可选用。

第四节 空调施工图

空气调节，简称空调，是指为了满足人们的生活、生产需要，改善环境条件，用人工的方法使室内的温度、相对湿度、洁净度和气流速度等参数达到一定要求的技术。

一、空调施工图特点

（一）空调系统的分类

现行的空调系统有集中式、半集中式和分散式三种形式。

集中式空调又称"中央空调"。空调机组集中安置在空调机房内，空气经过处理后通过管道送入各个房间，一些大型的公共建筑，如宾馆、影剧院、商场、精密车间等，大多采用集中式空调。

半集中式空调系统有两种，一种是风机盘管系统，另一种是诱导器系统。大部分空气处理设备在空调机房内，少量设备在空调房间内，既有集中处理，又有局部处理。

局部空调机组有窗式空调机、壁挂式空调机、立柜式空调机及恒温恒湿机组等。它们都是一些小型的空调设备，适用于小的空调环境。安装方便，使用简单，适用于空调房间比较分散的场合。

（二）空调施工图的特点

空调施工图与其他工程图总体接近。空调机房施工图类似于锅炉房施工图；送、回风管道施工图与通风管道基本一致；冷、热水管道施工图与给水施工图差别不大。在识读时

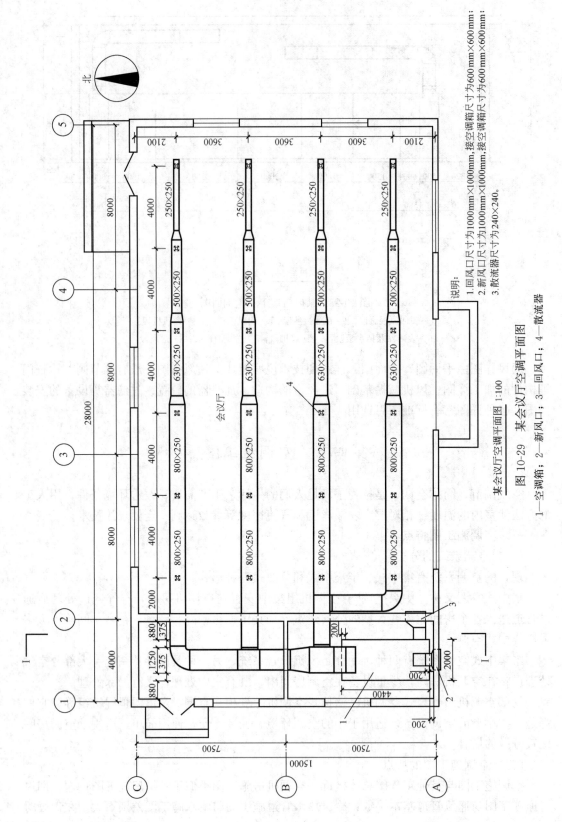

图10-29 某会议厅空调平面图

1—空调箱；2—新风口；3—回风口；4—散流器

可参照上述图纸,但不能生搬硬套,做到仔细、认真,不放过一个细节。

二、空调施工图的识读

下面介绍某会议厅空调施工图的识读。

(一) 平面图的识读

如图10-29所示为某会议厅空调平面图。可以看出,空调箱1等布置在机房内(在图10-29的左侧),通风管道从空调箱1起向后分四条支路延伸到会议厅右端,通过散流器4向会议厅送经过处理的风。整体布置均匀、大方。空调机房南墙设有新风口2,尺寸为1000mm×1000mm,通过变径接头与空调箱1连接,连接处尺寸为600mm×600mm,空调系统由此新风口2从室外吸入新鲜空气以改善室内的空气质量。在空调机房右墙前侧设有回风口,通过变径接头与空调箱连接,连接处尺寸为600mm×600mm,新风与回风在空调箱1混合段混合,经冷、热、净化等处理后,由空调箱顶部的出风口送至送风干管。图10-29中空调箱1、送风干管的布置位置见图示的有关尺寸,空调箱1距前墙200mm、距左右墙各880mm,空调箱1的平面尺寸为4400mm×2000mm。其他尺寸读法相同。送风干管从空调箱1起向后,分出第一个分支管,第一个分支管向右通过三通向前另分出一个分支管,前面的分支管向前后,向右。送风干管再向后又分出第二个送风分支管。四路分支管一直通向右侧。在四路分支管上布置有尺寸为240mm×240mm的散流器4。管道尺寸从起始端到末端逐渐缩小。有关尺寸如图10-29所示。

(二) 剖面图的识读

如图10-30所示为某会议厅空调剖面图。从Ⅰ—Ⅰ剖面图上可以看出,空调箱的高度为1800mm,送风干管从空调箱上部接出,送风干管大小分别为1250mm×500mm、800mm×500mm、800mm×250mm,高度分别为4000mm、4250mm。三路分支管从送风干管接出,前一路接口尺寸为800mm×500mm,后两路接口尺寸为800mm×250mm。从该剖面图上可以看出三个送风支管在这根风管上的接口的位置,图上用▬标出。在图上标有新风口、回风口接口的高度及其他相关尺寸等。

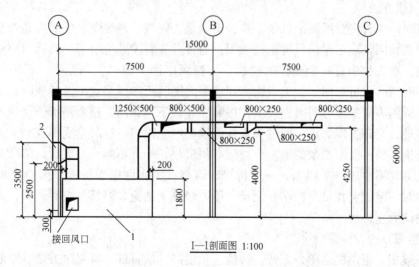

图10-30 某会议厅空调Ⅰ—Ⅰ剖面图
1—空调箱;2—新风口

(三) 系统图的识读

如图 10-31 所示为某会议厅空调系统图。系统图清晰地表示出该空调系统的构成、管道空间走向及设备的布置情况，如标高分别为：4.000m、4.250m，各段管道宽乘以高分别为：1250mm×500mm、800mm×250mm、630mm×250mm、500mm×250mm、250mm×250mm 等。

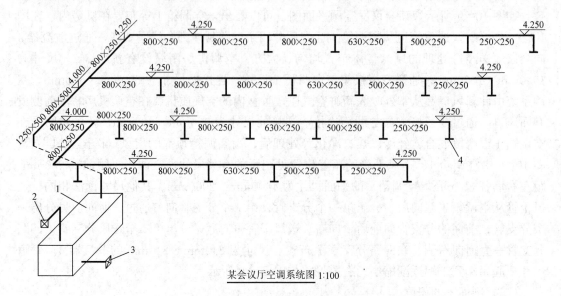

某会议厅空调系统图 1:100

图 10-31 某会议厅空调系统图
1—空调箱；2—新风口；3—回风口；4—散流器

(四) 综合读图

将平面图、剖面图、系统图等对照起来看，我们就可清楚地了解到这个带有新、回风的空调系统的情况。综合读图是识图中不可缺少的一个环节。

三、空调施工图的识读方法与绘制步骤

(一) 识读方法

在读图时，应首先对照图纸目录，检查图纸是否完整。每张图纸的名称是否与图纸目录所列的图名相同，确定无误后再正式读图。通常首先看设计说明书，然后对整套图纸粗略的看一遍，在头脑中有一个整体的轮廓，再按顺序读平面图、剖面图、系统图、详图等。在读图时同时也可对图纸交叉识读。如读平面图时可参照系统图及其他图，形成正确的结论。在读到不懂的地方时可先放下，按顺序，读下一张图，整套图纸读完后不懂的地方再重新整理，直到弄懂为止。回过头来从头读起细化内容，这时会变得容易，不懂的地方可顺利解决。如再有不清楚的地方可查阅有关资料，千万不能马马虎虎，似懂非懂，一定要仔细认真，不放过一个线条，一个符号。但有些工程图由于种种原因会出现一些错误，在读图时一定把它找出来，作好记录。不能轻易下结论，要反复查阅资料，或请教同行，直到确认为止。

(二) 绘图方法、步骤

现在一般多采用微机绘图，方便、快捷、精度高、质量好，且修改方便。绘制的图纸更应准确无误。所以绘图时要随时查阅国家有关制图标准（如《房屋建筑制图统一标准》GB/T 50001—2001、《暖通空调制图标准》GB/T 50114—2001 等）。

绘图的顺序：首先绘制工艺流程图，并列出主要设备情况；绘制平面图，根据流程图及工艺要求把主要设备进行合理的排布，并画出设备布置平面图，设备布置合理之后，画出管道设备平面图；根据设备及实际情况、工艺要求，结合平面图画出系统图，在画平面图时也可考虑如何绘制系统图，这样绘制系统就会胸有成竹，少走弯路，更快捷；绘制必要的详图。

本章小结

本章介绍了室内采暖平面图、系统图；通风空调系统平面图、剖面图、系统图。

采暖系统图表示热媒入口至出口的采暖管道、散热设备、主要附件的空间位置和相互关系；采暖系统图可以对管道的布置一目了然；它清楚地表明，干管与立管之间以及立管、支管与散热器之间的连接方式，阀门的位置和数量；散热器支管的坡度等。识读时注意事项：管道系统的连接，各段管路的管径大小、坡度、坡向、水平管道和设备的标高，以及立管编号（不复杂的施工图可不加编号）等；散热器的类型、规格及片数等。

阅读采暖系统图时，要查清各种附件与设备在系统中的位置；热媒入口处各种设备、附件、仪表、阀门之间的关系；同时搞清热媒来源、流向、坡度、标高、管径等。

空调施工图与其他施工图总体接近。送、回风管道施工图的管道平面图多绘制成双线图，系统图多绘制成单线图；冷、热水管道施工图与给水施工图差别不大。在识读时可参照上述图纸，但不能生搬硬套，做到仔细、认真，不放过一个细节。空调施工图一般配有剖面图，读图时可参照房屋建筑剖面图。

通过本章的学习和训练将为今后课程的学习乃至工作打下坚实的基础。

思考题与习题

1. 采暖施工图的表达特点是什么？
2. 锅炉房管道施工图包括哪些图纸？各表明哪些内容？
3. 室内采暖施工图主要包括哪些图纸？各表明哪些内容？
4. 熟悉室内采暖施工图中常用的图例。
5. 室外小区供热管网施工图主要包括哪些图纸？各表明哪些内容？
6. 试述通风施工图的组成？
7. 试述空调施工图的识读方法？
8. 试比较锅炉房管道施工图、室内采暖施工图、室外小区供热管网施工图、通风施工图、空调施工图有何异同？

附录 A 给水排水施工图

室内给水排水设计说明

1. 室内生活给水系统为由室外给水管网直接供水的给水系统，供水方式为下行上给式。
2. 室内给水管材采用 PP-R 管及其配件，高温热熔连接。
3. 给水龙头采用节水型陶瓷芯水龙头，坐便器采用节水型产品。
4. 给水阀门的选择：当 DN≤30mm 时，采用铜质截止阀；当 DN>50mm 时，采用闸阀。
5. 给水管道穿过墙和楼板时均要求设钢套管，套管直径比管道大两号，套管两端与墙面或饰面平，下面相平，但卫生间、厨房、浴室等房间楼板内的活动套管要求高出地面30mm，套管与管道间间距按下表（表1）确定。
6. 给水管的活动支架间距按下表（表1）确定。

表 1

管径 (mm)	15	20	25	32	40	50
间距 (m)	5~25℃	0.8	1	1.1	2.5	1.2	1.4
	35~70℃	0.5	0.6	0.7	0.7	0.7	0.7

7. 给水管道穿建筑物基础、墙、楼板的孔洞和管道墙槽，应配合土建施工预留。
8. 给水管道在交付使用前须用水冲洗。冲洗时，应用自来水以系统内最大设计流量为冲洗流量或不小于 1.5m/s 的流速冲洗，直到出水口出水色和透明度与入口目测一致为合格。
9. 给水管道试验压力为 0.6MPa。水压试验时，先升压至试验压力，10min 压力降不大于 0.05MPa，然后将试验压力降至工作压力作观察检查，不渗不漏为合格。并经有关部门检验符合国家生活饮用水标准方可使用。
10. 排水管材 UPVC 消声排水塑料管，压盖密连接，每层设一个伸缩节，置于楼板内，压盖防出地面。
11. 排水立管在每层距地面 1.5~1.8m 处设管卡子一个。
12. 排水管与排水出户管端部的连接应采用两个45°弯头或弯曲半径不小于4倍管径的90°弯头。
13. 排水管道埋设时管沟底面须夯实平整，回填土应分层夯实。
14. 室内排水横干支管节不小于表下表，其最小设计坡度没有标注者按表下表（表2）。

表 2

管径 (mm)	50	75	100	150	200
排水管最小设计坡度 i	0.035	0.025	0.02	0.01	0.008

15. 地面清扫口应低于地面 5mm，地漏篦子顶面应低于地面 5~10mm。
16. 排水管道穿建筑物基础、墙、楼板的孔洞和管道墙槽，应配合土建施工预留。
17. 排水管道冲洗以管道畅通为合格，暗装埋地的排水管道必须在隐蔽前做灌水试验，其灌水高度应不低于试验层的地面高度，灌水 15min 后，再灌满延续 5min，液面不下降不渗不漏为合格。
18. 给水排水系统图中编号说明：
   ① 大便器 ② 立管检查口 ③ 洗涤槽
   ④ 地漏 ⑤ 钢筋混凝土圆形排水检查井 ⑥ 通气管及风帽
   ⑦ 挂式小便器 ⑧ 低水箱坐式大便器 ⑨ 清扫口
   ⑩ 室外明露式水表 ⑪ ⑫ 室内消火栓
19. 图例（表3）。

表 3

序号	图例	名称	序号	图例	名称
1	———	给水管线	8	┐	带存水弯的排水栓
2	-----	排水管线	9	⌐	排水立管检查口
3	—×—	消防管线	10	⊘	地漏
4	—⋈—	截止阀闸阀	11	○	清扫口
5	—⌒—	水龙头	12	●	室内消火栓
6	—▲—	水表	13	□	止回阀
7	—∥—	排水管管堵			

××公司办公楼	××建筑设计研究院
室内给水排水设计说明	水-1

图 A-1 室内给水排水设计说明

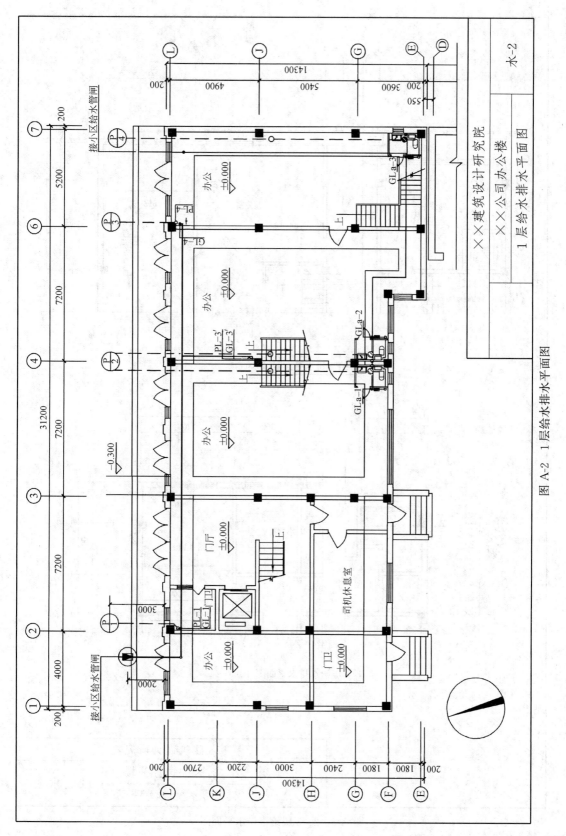

图 A-2 1层给水排水平面图

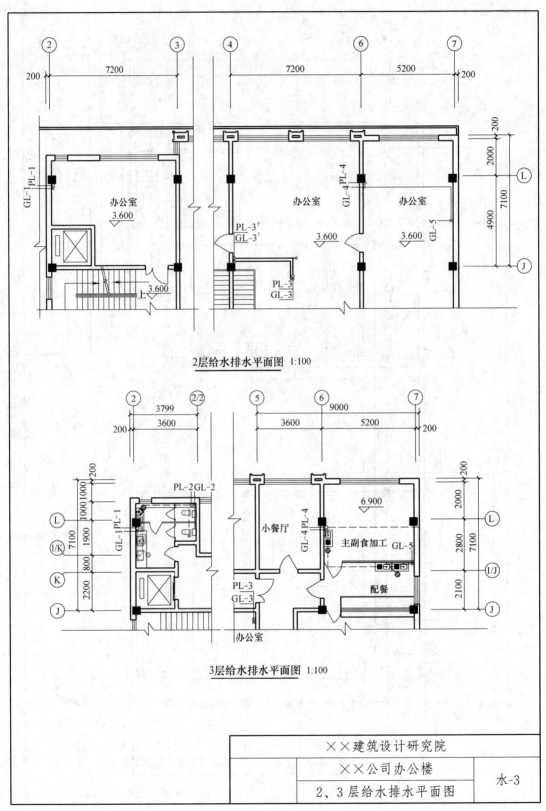

图 A-3 2、3层给水排水平面图

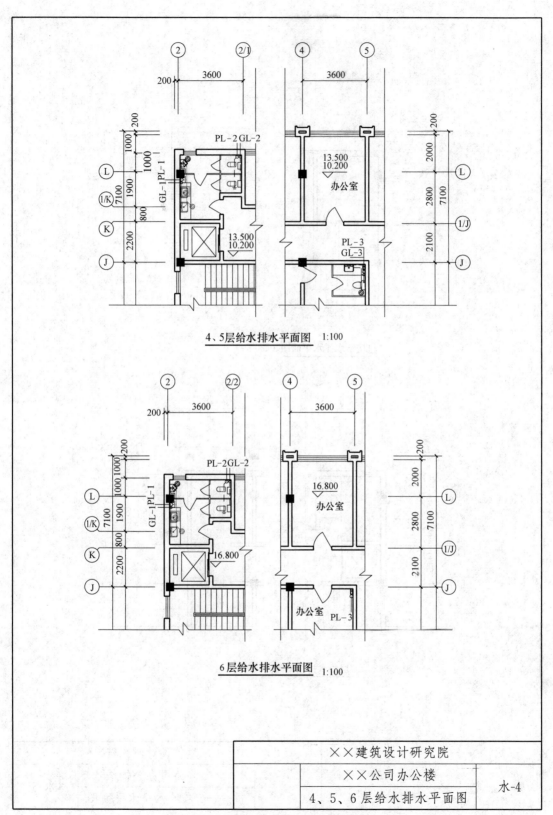

图A-4 4、5、6层给水排水平面图

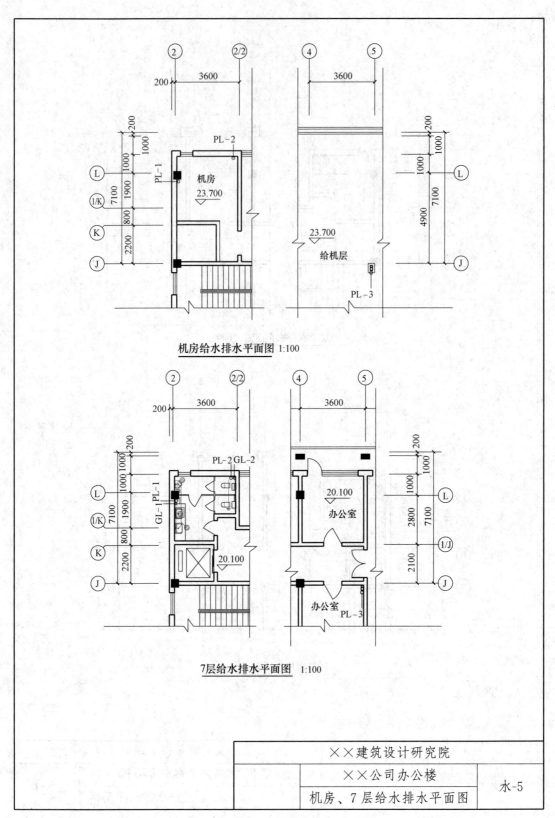

图 A-5 机房、7 层给水排水平面图

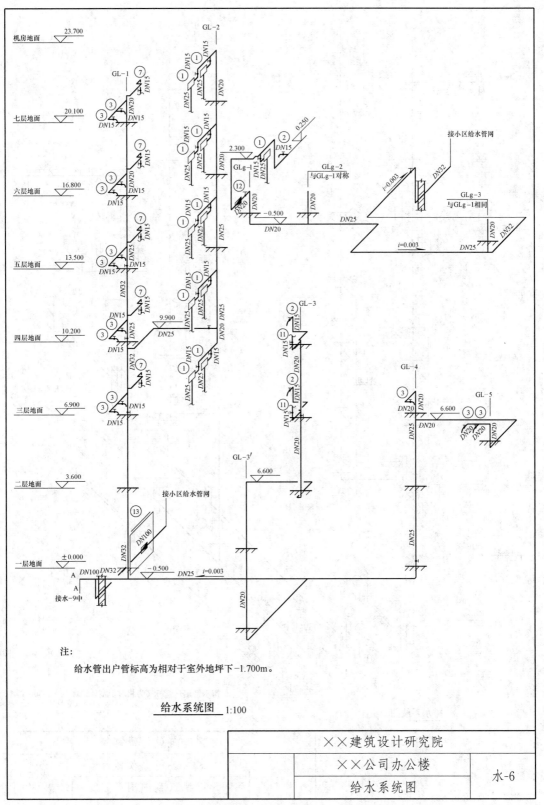

图 A-6 给水系统图

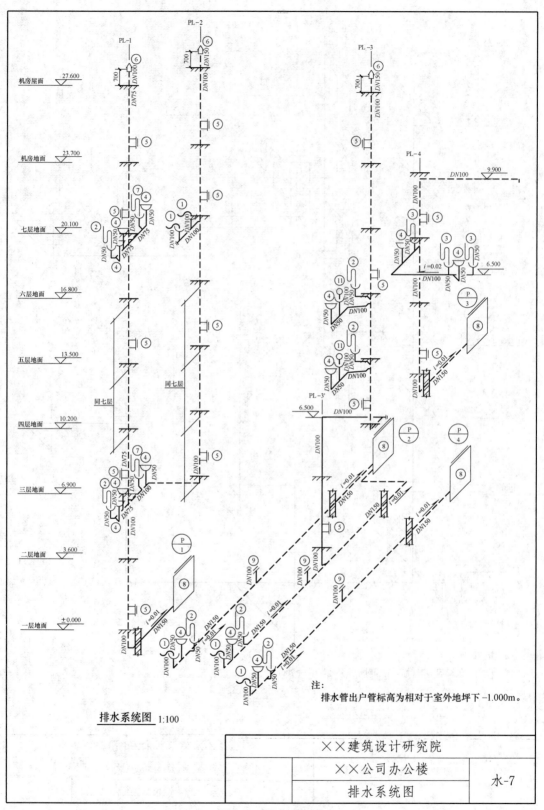

图 A-7 排水系统图

附录 B 采暖施工图

采暖设计说明

1. 采暖系统：热媒为热水，供水温度为70℃，回水温度为50℃。
2. 管道材料及连接方式：采暖供回水主干管采用焊接钢管，管径≥DN32的采用焊接；管径≤DN25的采用丝扣连接。
3. 管道穿过墙壁和楼板时均应设置钢套管，套管与管道之间应填实油麻；安装在其他房间楼板内的套管，上面高出地面50mm，卫生间、厨房、浴室等过板底面相平，安装在墙壁内的套管，顶部应高出地面20mm，底部应与楼板底面相平。
4. 采暖立管在每层地面80mm处设立管卡子一个，固定支架位置见设计图纸，活动支架安装位置间距见下表（表1）。

表1

管道公称直径DN (mm)	15	20	25	32	40	50	70	80	100	125	150
间距(mm) 保温管	1.5	2	2	2.5	3	3	4	4	4.5	5	6
不保温管	2.5	3	3.5	4	4.5	5	6	6	6.5	7	8

5. 采暖系统中管门阀件及支吊架，除锈后刷樟丹一道，银粉两道，明装采暖管道，不允许直接焊接管径大的管径管道上，并且应在系统打压合格后进行。
6. 采暖管道在变径时，应采用过渡节。
7. 凡通过不采暖房间及地沟内的采暖管道均应作保温层，保温采用岩棉管壳，保温厚度为50mm。
8. 采暖系统中的最高点、末端处均应设自动排气阀，其排气管或三通加DN25泄水阀应设最低点；系统最低点可能接至能接至水池处。
9. 热水采暖系统水压试验一般以工作压力0.1MPa进行水压试验，系统顶点压力不应小于0.3MPa，5min内压力下降不大于0.02MPa为合格。
10. 系统使用前必须用清水冲洗，冲洗前应将恒温及调节阀、温度计、调节阀及恒温阀等拆除，待冲洗合格后再装上，冲洗时以滤网，调节阀所能达到的最大压力和流量进行，直到出水口水色和透明度与入水口目测一致为合格。
11. 图中采暖管道标高指管中心，单位为米，图中尺寸单位为毫米。
12. 其他未尽事宜均按有关施工技术操作规程及规范要求执行。
13. 图例（表2）。

表2

序号	图例	名称	说明
1	——	采暖供水管	
2	----	采暖回水管	
3	~~~	保温管	
4	—‖—	丝堵	
5	※ ※	固定支架	左图：单管 右图：多管
6	□	散热器	左图：平面 右图：系统
7	⊡	散热器放风门	
8	⋈	闸阀	
9	⋈	对夹式蝶阀	
10		自动排气阀	
11	⊠	直通式锁闭阀	
12	▱	热表	
13	▷	过滤器	
14	⋈	手动调节阀	

14. 散热器采用四柱760代为 [C]；散热器片数以平面图为准。
15. 系统最大阻力损失为2.5×10⁴Pa，热负荷为196kW。

×××建筑设计研究院		
×××公司办公楼		暖-1
采暖设计说明		

图B-1 采暖设计说明

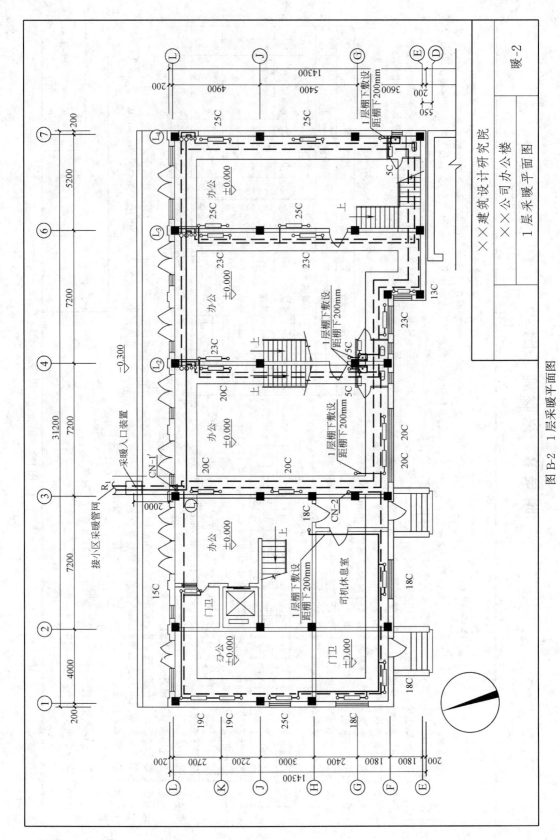

图 B-2 1层采暖平面图

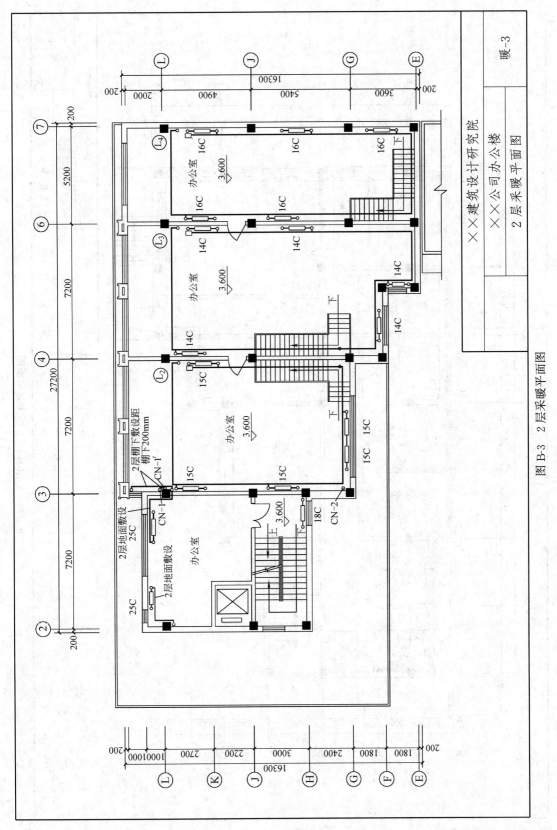

图 B-3　2层采暖平面图

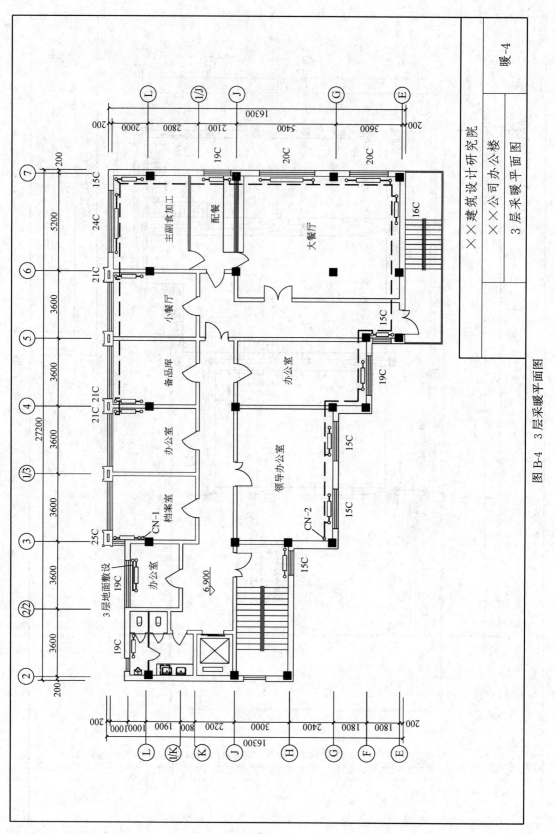

图 B-4 3层采暖平面图

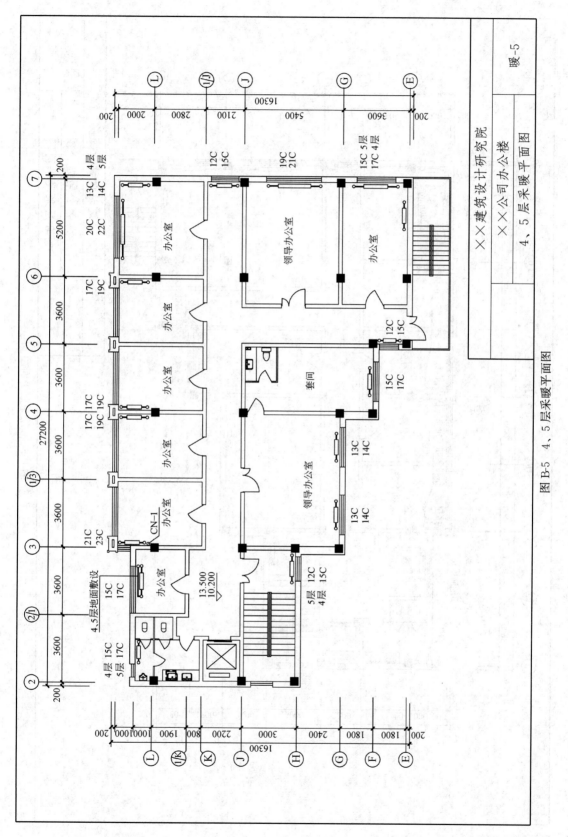

图 B-5 4、5层采暖平面图

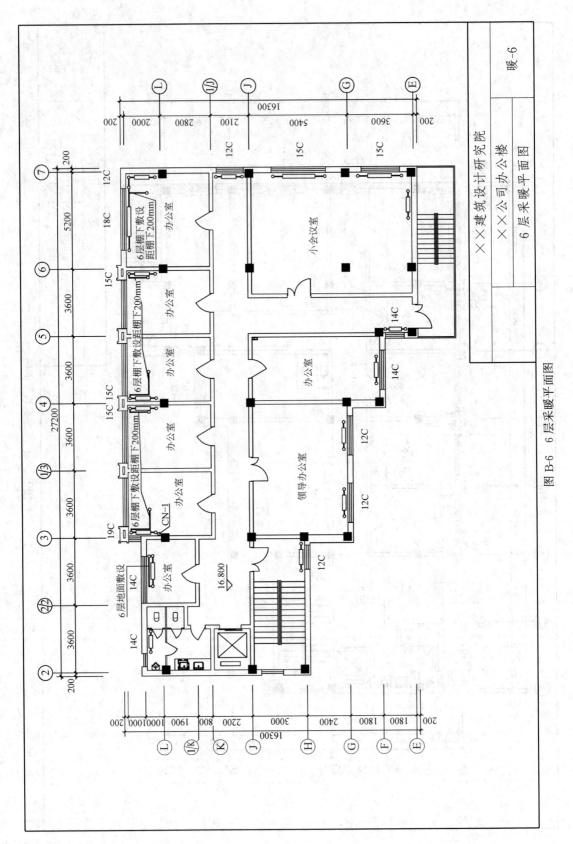

图 B-6　6层采暖平面图

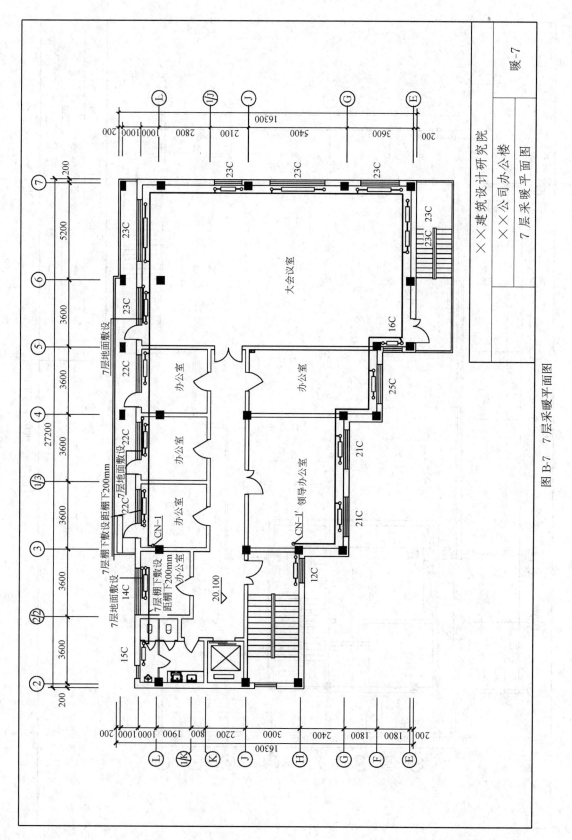

图 B-7 7层采暖平面图

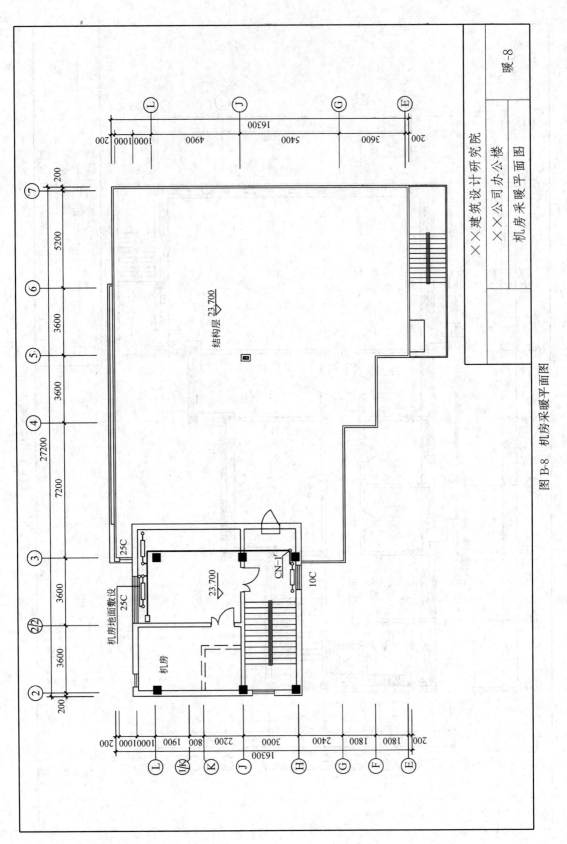

图 B-8 机房采暖平面图

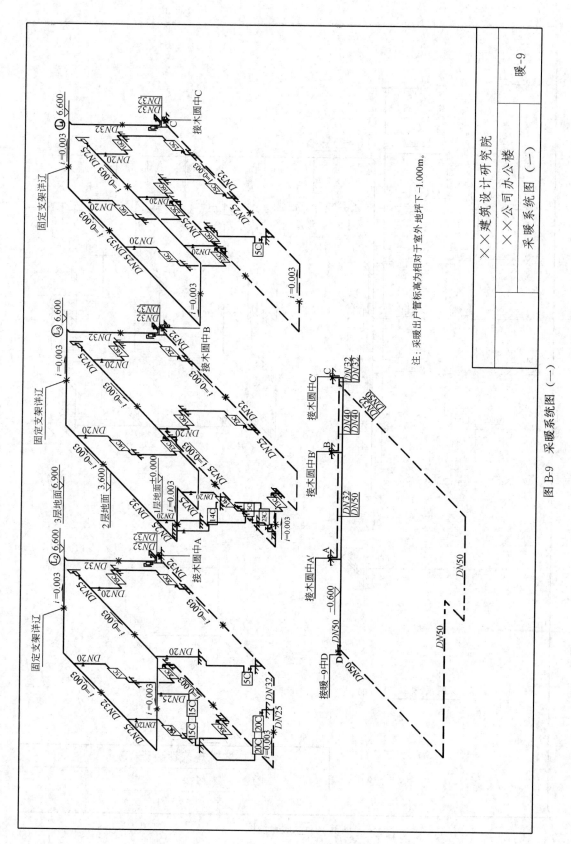

图 B-9 采暖系统图（一）

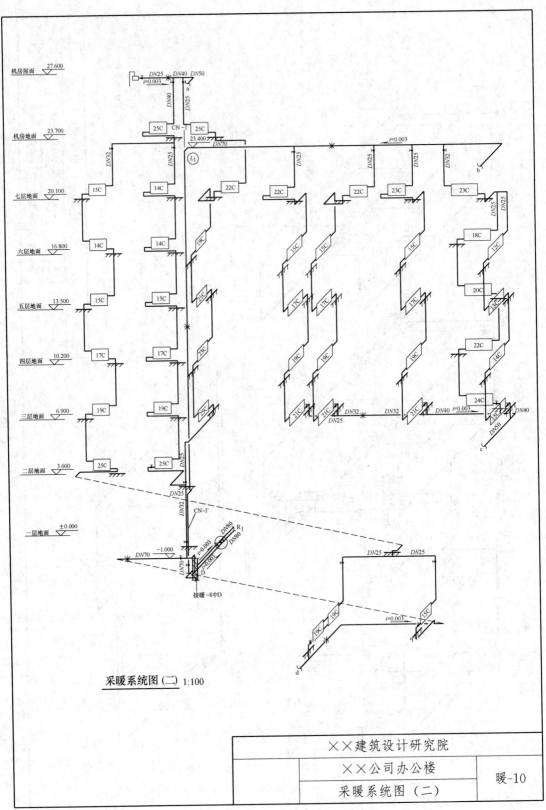

图 B-10 采暖系统图（二）

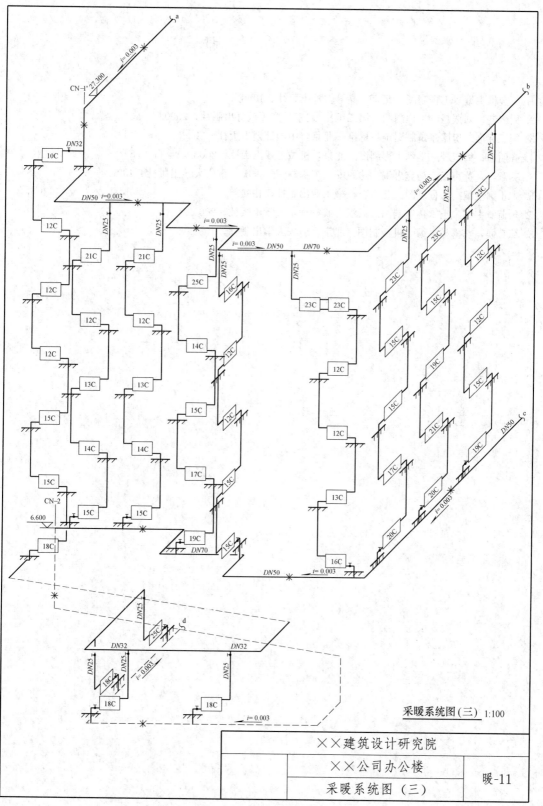

图 B-11 采暖系统图（三）

参 考 文 献

1. 颜金樵主编. 工程制图. 北京：高等教育出版社，1998.
2. 周鹏翔，刘振魁. 工程制图（第二版）. 北京：高等教育出版社，2000.
3. 国家标准. 房屋建筑制图统一标准. 北京：中国计划出版社，2002.
4. 齐明超，梅素琴. 土木工程制图. 北京：机械工业出版社，2003.
5. 莫章金，黄声武，马克忠编. 建筑安装工程制图. 重庆：重庆大学出版社，1997.
6. 卞正国主编. 工程制图. 北京：机械工业出版社，1994.
7. 乐荷卿主编. 土木建筑制图. 武汉：武汉理工大学出版社，2003.
8. 邹宜候，窦墨林主编. 机械制图. 北京：清华大学出版社，1989.

普通高等教育土建学科专业"十一五"规划教材
全国高职高专教育土建类专业教学指导委员会规划推荐教材

工程制图习题集（第二版）

（供热通风与空调工程技术专业适用）

本教材编审委员会组织编写

尚久明　主编

中国建筑工业出版社

本习题集普通高等教育土建学科专业"十一五"规划教材及全国高职高专教育土建类专业教学指导委员会规划推荐教材《工程制图》（供热通风与空调工程技术专业适用）配套使用。

本习题集按国家颁布的有关标准及规范、规定的要求编写。

本习题集选编了投影作图等制图基础理论和基本知识（投影作图、施工图识图及抄图资料）。

本习题集加强了与专业相关的内容，如展开图、工程管道双单线图、施工图识图及抄图等内容。其主要任务是培养学生的图示、图解、读图能力和空间思维能力，领会工程制图标准，掌握供热通风与空调专业工程图的识图方法与绘图技能，为学习专业课及其他课程打下良好的基础。

本习题集可作为高职高专供热通风与空调技术专业工程制图实践教学用书，也可作为建筑类其他专业制图选用实践教学用书，同时可作为生产一线工程技术人员参考书。

前　言

　　本习题集与普通高等教育土建学科专业"十一五"规划教材及全国高职高专教育土建类专业教学指导委员会规划推荐教材《工程制图》（供热通风与空调工程技术专业适用）配套使用。

　　习题集修订是与教材修订同步进行的，内容与教材的内容一一对应。

　　本习题集是在第一版的基础上，并充分考虑读者意见、广泛征求相关专家建议后进行了修订。

　　本习题集保留了第一版的格式及风格，对内容进行了优化处理，删减了一部分非典型的题目，充实了一部分有代表性的题目。

　　修订的主要内容如下：

　　1. 增加了平面几何图形绘制题目，以满足学生手工制图的需要，培养学生绘制图形的能力。

　　2. "立体的投影"、"剖面与断面"修改的内容较多，用新的题目替换一部分题目，新增加了一部分题目，尤其在"立体的投影"中增加了平面与立体相交及两立体相贯等题目。对这部分内容进行强化训练，增强学生的空间思维能力和立体识图能力。

　　3. 对有些图形尺寸太小，进行了放大处理，便于学生作图。

　　4. 对有问题的图形进行了改进处理，有利于学生识图并完成作图。

　　通过上述改进，本版的质量有了很大的提高，作者相信：本版会使您更满意的。

　　由于作者水平有限，习题集中如有疏漏和差错之处，诚恳读者提出批评意见。

第一版前言

本习题集与全国高职高专教育土建类专业教学指导委员会规划推荐教材《工程制图》(供热通风与空调工程技术专业适用)配套使用。

工程制图是一门实践性较强的课程，习题与作业是帮助学生理解、消化、巩固基础理论和基本知识不可缺少的重要环节；也是提高学生识图能力、绘图技能的有效手段。

本习题集本着专业特色、高等职业教育的特点，遵循通俗化、图解化和易读性的原则。选编了投影作图等制图基础理论和基本知识、给排水、暖通空调施工图识图及抄图资料等内容。

本习题集符合学生认识发展规律，具有由浅入深、读画结合、循序渐进、强化训练等特点。

本习题集加强了与专业相关的内容，如展开图、工程管道双单线图、施工图识图及抄图。

本习题集按国家颁布的《房屋建筑制图统一标准》(GB/T 50001—2001)、《总图制图标准》(GB/T 50103—2001)、《建筑制图标准》(GB/T 50104—2001)、《建筑结构制图标准》(GB/T 50105—2001)、《给水排水制图标准》(GB/T 50106—2001)、《暖通空调制图标准》(GB/T 50114—2001) 标准及有关规范、规定的要求编写。

各学校在教学中可根据具体情况和教学需要作适当的删、补。

本习题集由沈阳建筑大学职业技术学院尚久明任主编、新疆建设职业技术学院王芳任主审。参加编写工作有：沈阳建筑大学职业技术学院尚久明"展开图、工程管道双单线图、给排水暖通空调施工识图及抄图作业指导书、给排水施工图资料、采暖施工图资料（一）、采暖施工图资料（二）、通风空调施工图资料"，广东建设职业技术学院徐宁"点、直线、平面的投影"，内蒙古建筑职业技术学院曾艳"立体的投影"，徐州建筑职业技术学院王晓燕"轴测投影、剖面与断面"，内蒙古建筑职业技术学院张敏黎"建筑施工图"。

由于编者水平有限，习题集中如有疏漏和差错之处，诚恳读者提出批评意见。

目 录

平面几何图形绘制 …………………………………………………………………………… 1
点的投影 ……………………………………………………………………………………… 2
直线的投影（一）…………………………………………………………………………… 3
直线的投影（二）…………………………………………………………………………… 4
直线的投影（三）…………………………………………………………………………… 5
平面的投影（一）…………………………………………………………………………… 6
平面的投影（二）…………………………………………………………………………… 7
直线与平面的相对位置 ……………………………………………………………………… 8
平面与平面的相对位置 ……………………………………………………………………… 9
点、直线、平面的综合题（一）…………………………………………………………… 10
点、直线、平面的综合题（二）…………………………………………………………… 11
立体的投影 …………………………………………………………………………………… 12
轴测投影 ……………………………………………………………………………………… 18
剖面和断面 …………………………………………………………………………………… 22
展开图 ………………………………………………………………………………………… 27
单线图 ………………………………………………………………………………………… 31
建筑施工图 …………………………………………………………………………………… 35
给水排水、暖通空调施工图识图及抄图作业指导书 ……………………………………… 40
给水排水施工图资料 ………………………………………………………………………… 41
采暖施工图资料（一）……………………………………………………………………… 44
采暖施工图资料（二）……………………………………………………………………… 47
通风空调施工图资料 ………………………………………………………………………… 53

1. 选取适当比例，抄绘下列图形并完成尺寸标注。

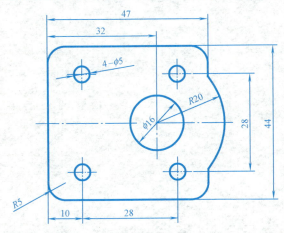

2. 选取适当比例，抄绘下列图形并完成尺寸标注。

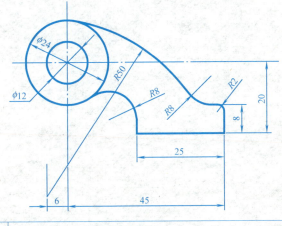

| 平面几何图形绘制 | 班级 | 姓名 | 日期 | 1 |

1. 根据直观立体图，作 A、B、C 三点的三面投影。

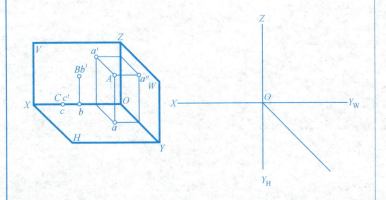

2. 求各点的第三面投影。

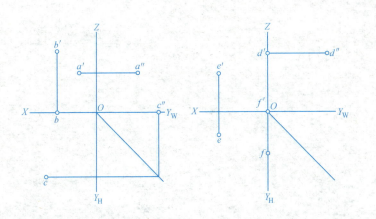

3. 比较两个点的相对位置关系并填空。

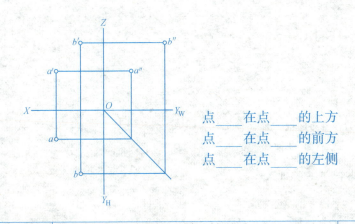

点____在点____的上方
点____在点____的前方
点____在点____的左侧

4. 点 B 在点 A 的上方 10mm，左方 15mm，前方 8mm；点 C 在点 B 的正右方 10mm。求点 B、点 C 的三面投影。重影点需要判别可见性。

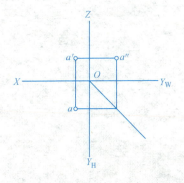

点的投影　　班级　　姓名　　日期

1. (1) 在 AB 上找一点 C，使其分 AB 为 1∶2。
   (2) 已知点 C 在 AB 上，求 c′（不得用侧面投影）并判断点 D 是否在直线 AB 上。

2. 作下列直线的三面投影：
   (1) 水平线 AB，从点 A 向左、向前，$\beta=45°$，长 20mm。(2) 正垂线 CD，从点 C 向后，长 15mm。

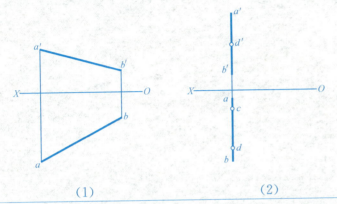

(1)　　　　　　　(2)

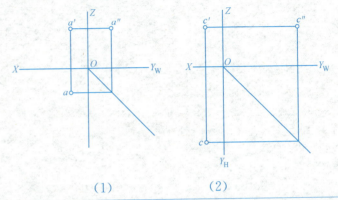

(1)　　　　　　　(2)

3. 已知正平线 AB 的正面投影，且 AB 距 V 面得距离为 18mm 补全 AB 的三面投影图。

4. 分别在图（1）、（2）、（3）中，由点 A 作直线 AB 与 CD 相交，交点 B 距离 H 面 15mm。

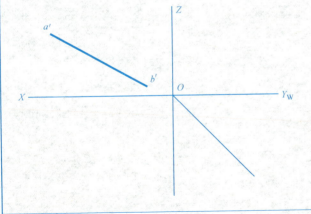

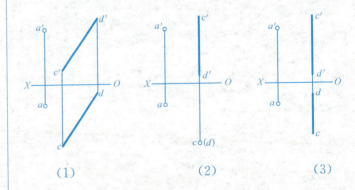

(1)　　　　(2)　　　　(3)

直线的投影（一）

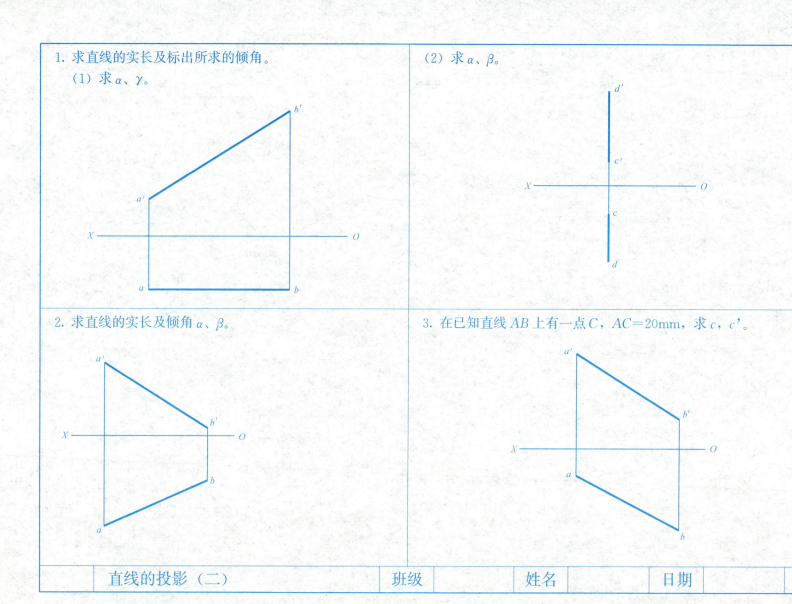

1. 判断下列各图中两直线的相对位置。
(1) (　　)   (2) (　　)

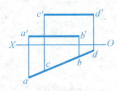 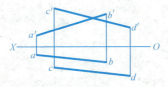

(3) (　　)   (4) (　　)

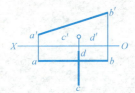 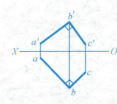

2. 过点 A 作直线 AB 与 CD、EF 两直线均相交。

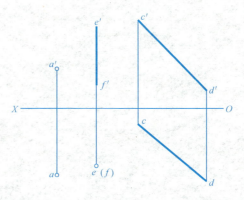

3. 作两交叉直线的公垂线 EF，分别交 AB、CD 于 EF，并标明 AB、CD 间的真实距离。

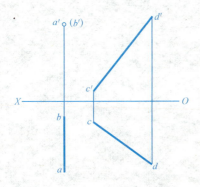

4. 由点 A 作直线 CD 的垂线 AB，垂足为 B，并求出点 A 与直线 CD 之间的真实距离。

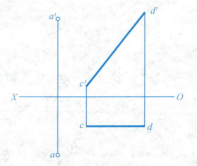

直线的投影（三）　　班级　　姓名　　日期　　5

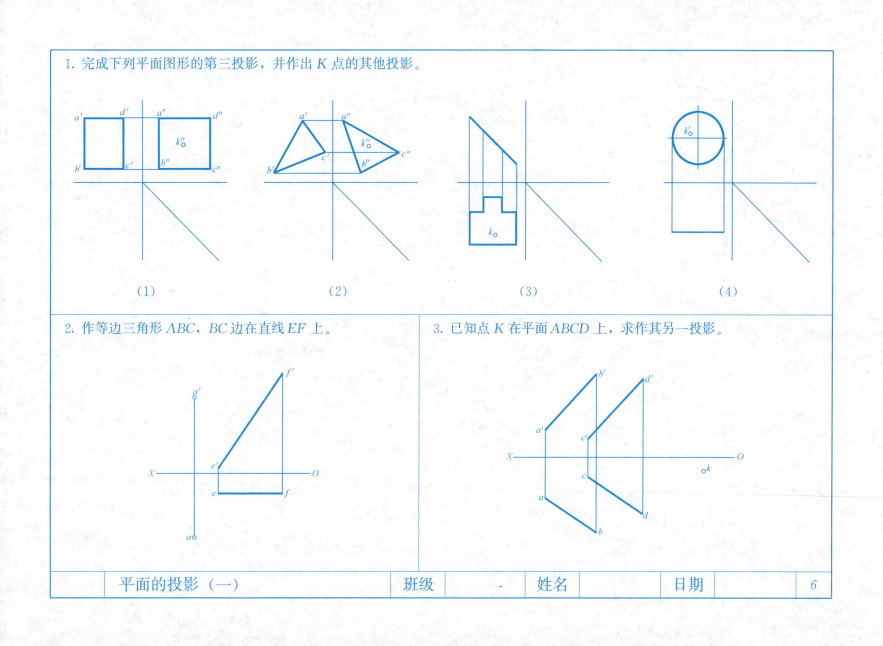

1. 已知三角形 ABC 在平面 DEFG 上，求作其另一投影。

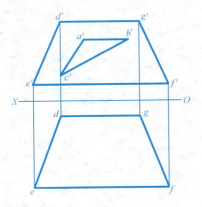

2. 补全平面图形 ABCDE 的两面投影。

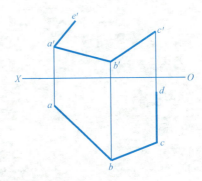

3. 在△ABC 平面内作一点 K，使其距 H 面 16mm，距 V 面 20mm。

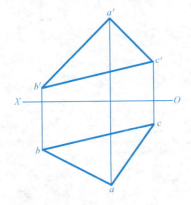

4. 在△ABC 平面内作属于该平面的水平线，该直线在 H 面之上 15mm；作属于该平面的正平线，该直线在 V 面之前 15mm。

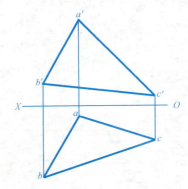

平面的投影（二）

1. △ABC 平行于直线 DE 和 FG，补全△ABC 的水平投影。

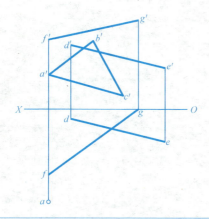

2. 求直线与平面的交点，并判别可见性。

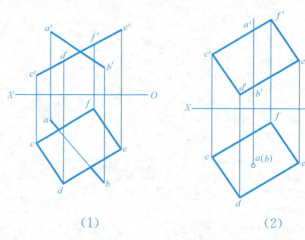

(1)　　　　　(2)

3. 求直线 AB 与平面 CDEF 的交点，并判别可见性。

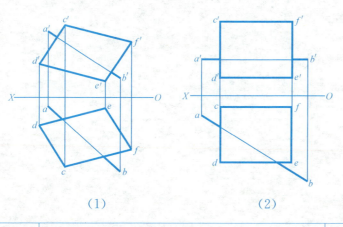

(1)　　　　　(2)

4. 过点 K 作平面的垂线，并求出垂足。

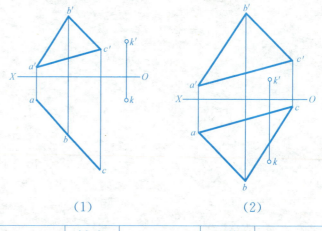

(1)　　　　　(2)

直线与平面的相对位置

1. 已知△DEF∥△ABC，请完成△DEF的水平投影。

2. 求两平面的交线，并判别可见性。

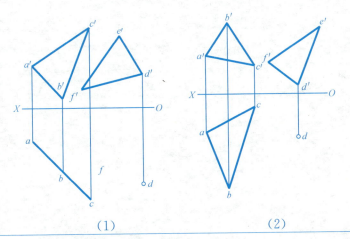

(1)   (2)

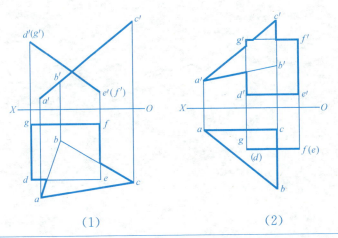

(1)   (2)

3. 求两平面的交线，并判别可见性。

4. 已知△DEF垂直于△ABC，请完成△DEF的水平投影。

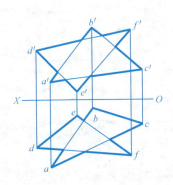

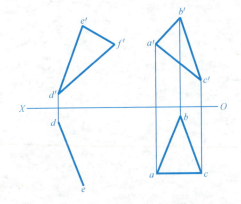

平面与平面的相对位置

1. 过点 K 作直线与两直线 AB、CD 均相交。

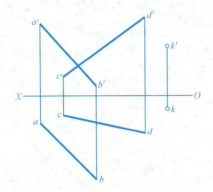

2. 作直线与 AB、CD 都相交，且并行于直线 EF。

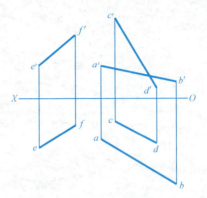

3. 过点 A 作直线 AB，平行于三角形 CDE，并与直线 FG 交于 B 点。

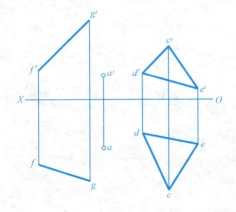

4. 作等腰三角形 CDE，边 CD=CE，顶点 C 在直线 AB 上。

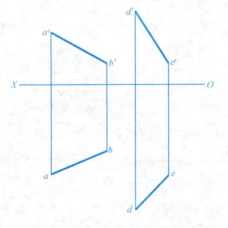

点、直线、平面的综合题（一）

1. 过点 A 作一平面平行于直线 BC，并垂直于平面 DEFG。

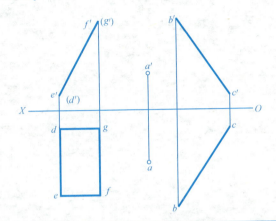

2. 过点 A 作一直线平行于平面 DEFG，与直线 BC 垂直。

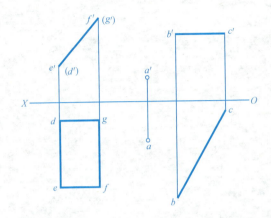

3. 作等腰△ABC 的投影图，已知腰 AB 的两投影，并知底边在直线 BD 上。

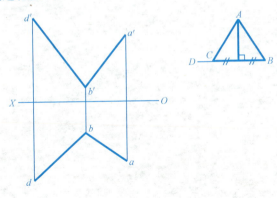

4. 已知一矩形相邻两边 AB、BC 的 V 面投影和其中一边 AB 的 H 面投影，试完成该矩形的投影。

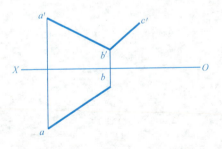

点、直线、平面的综合题（二）

1. 平面体的投影

(1) 已知正五棱柱高为 20mm，下底面与 H 面平行且距离为 5mm，试作五棱柱的 V、W 面的投影。

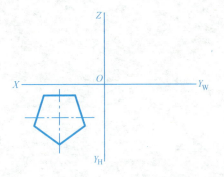

(2) 已知正六棱锥高为 20mm，下底面与 V 面平行且距离为 5mm，试作六棱锥的 H、W 面的投影。

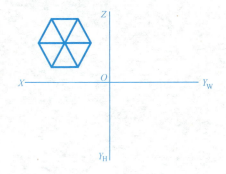

(3) 作四棱柱的 W 面投影，并求其表面上 A、B、C、D 点的另两面投影。

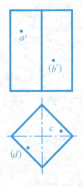

(4) 作五棱锥体表面上点 A、D 及直线 BC 的另两面投影。

立体的投影

2. 曲面体的投影

(1) 作圆柱的侧面投影，并求其表面上 A、B、C、D、E 点的另两面投影。

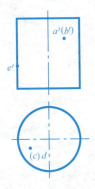

(2) 作圆锥的侧面投影，并求其表面上 A、B、C 点的另两面投影。

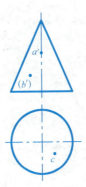

(3) 作圆锥的水平面投影，并求其表面上 C 点及曲线 AB 的另两面投影。

(4) 作球体的侧面投影，并求其表面上 C、D 点及曲线 AB 的另两面投影。

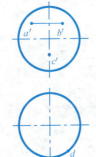

立体的投影

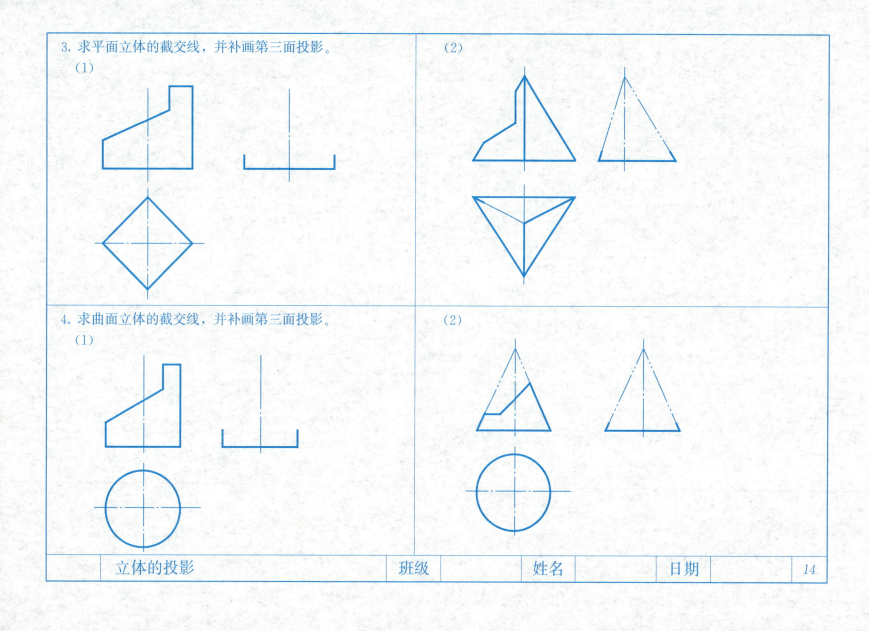

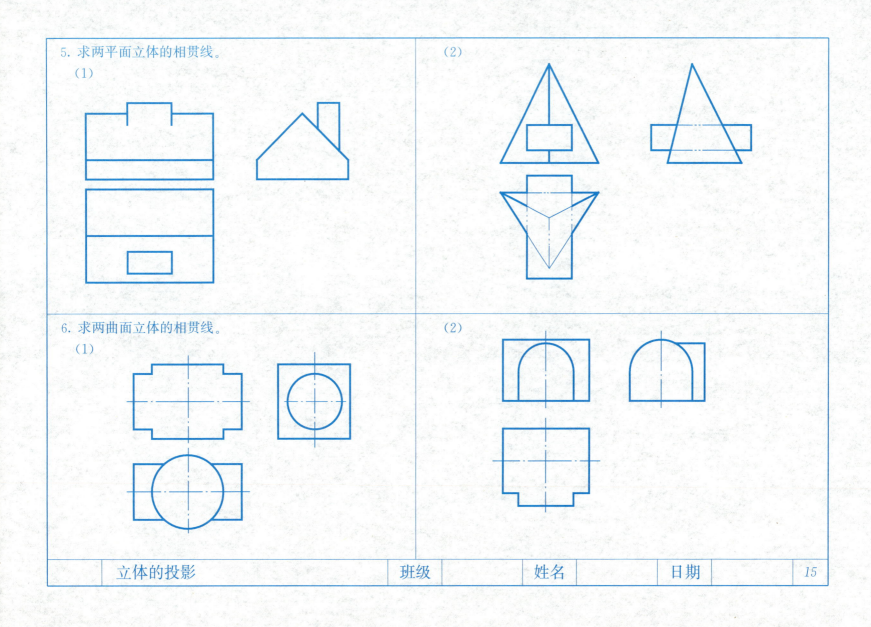

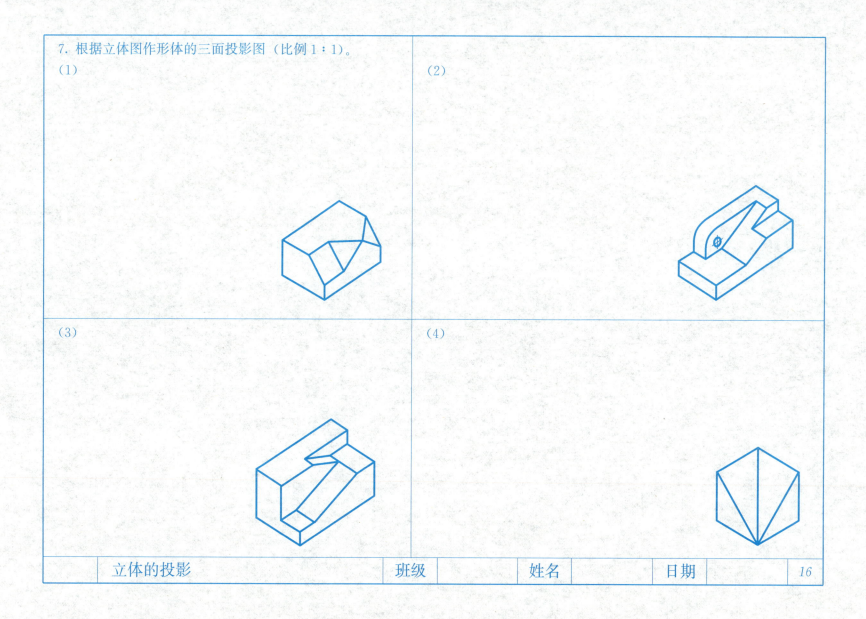

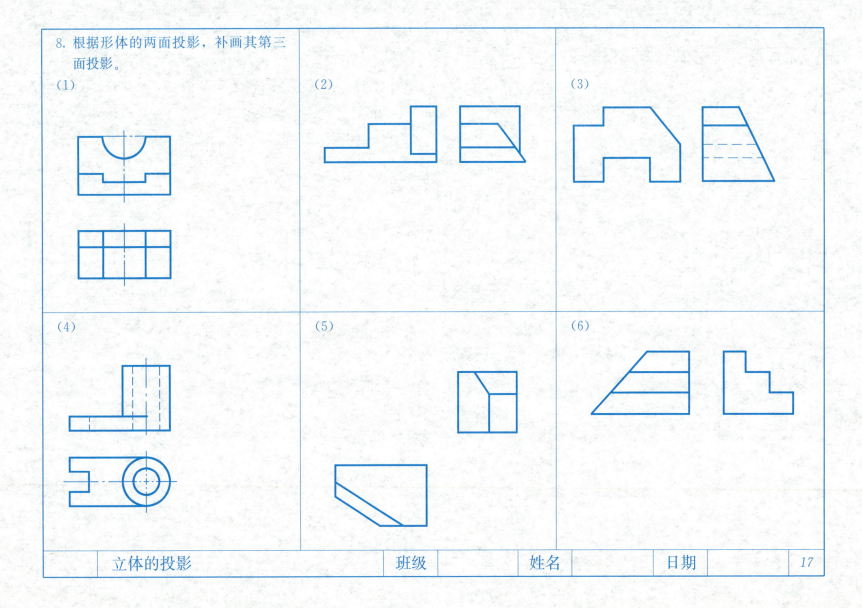

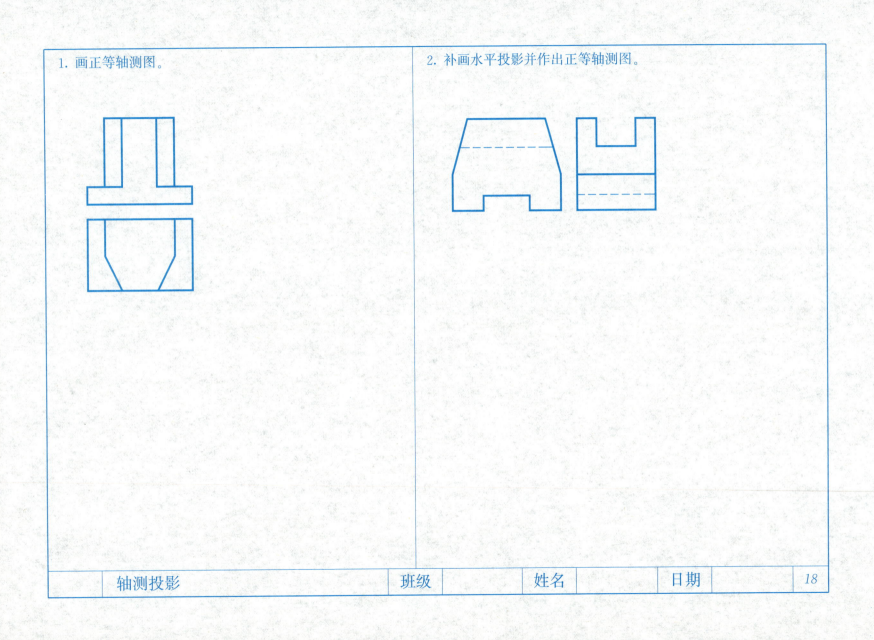

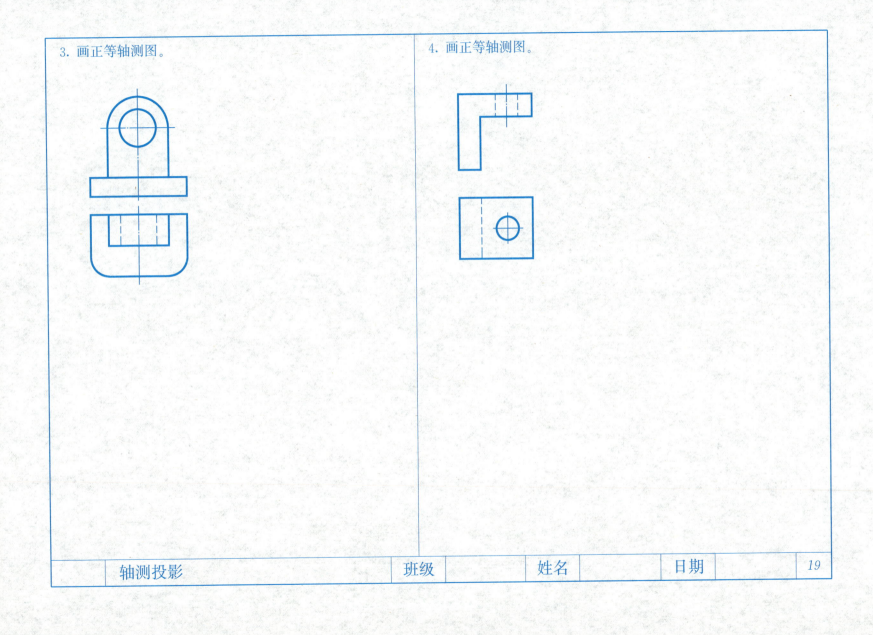

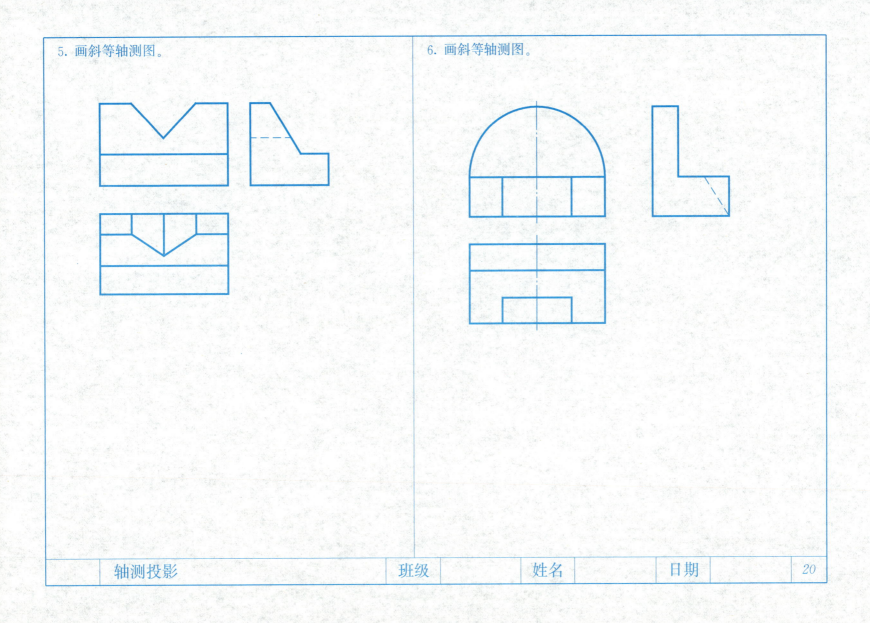

7. 画斜等轴测图。

8. 画斜等轴测图。

轴测投影　　　　班级　　　姓名　　　日期　　21

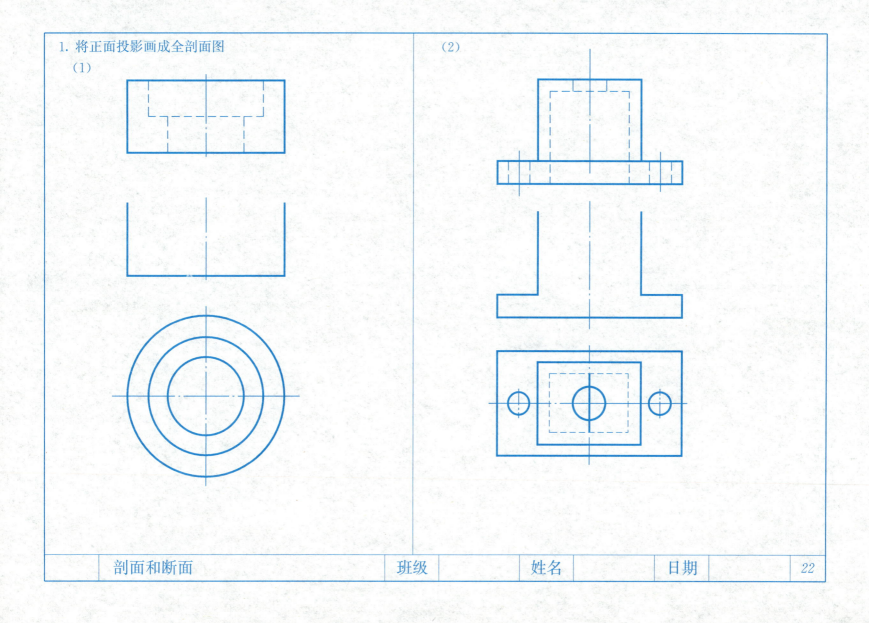

2. 画出 1-1 阶梯剖面图和 2-2 剖面图。

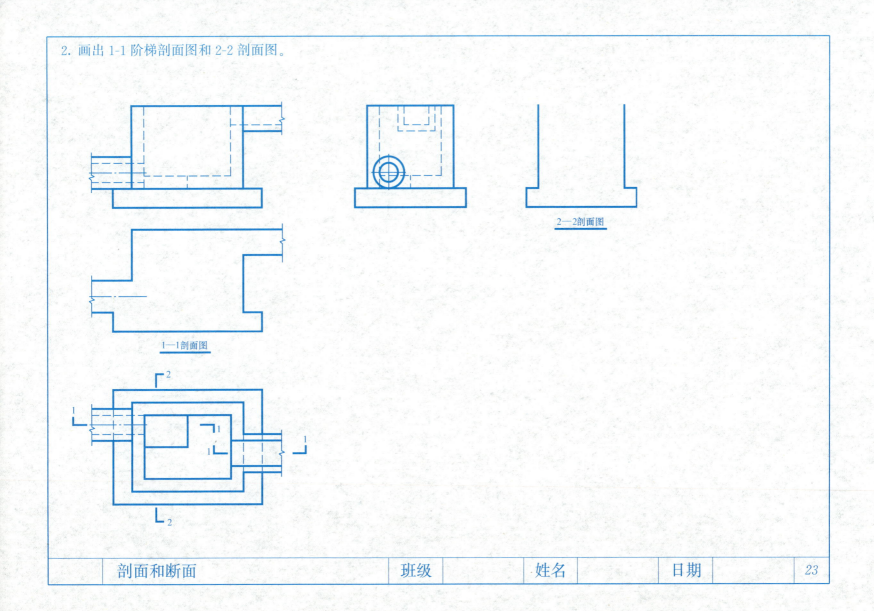

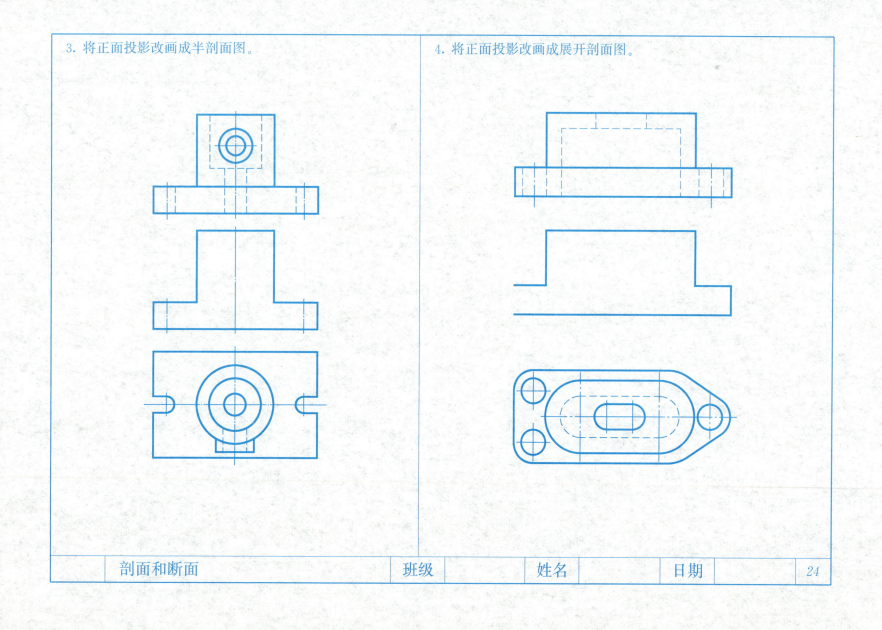

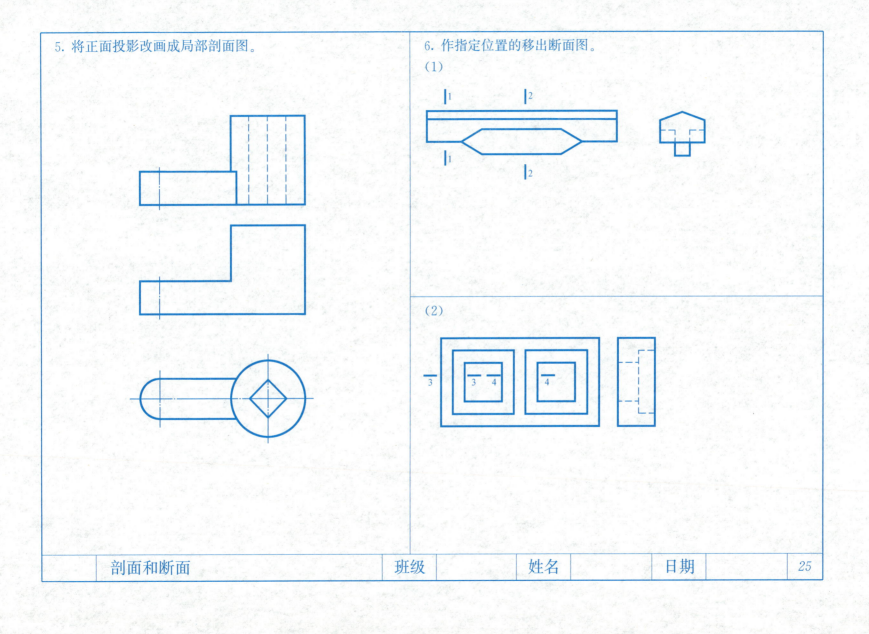

7. 画出侧面投影，并把各图改画成适当的剖面图。

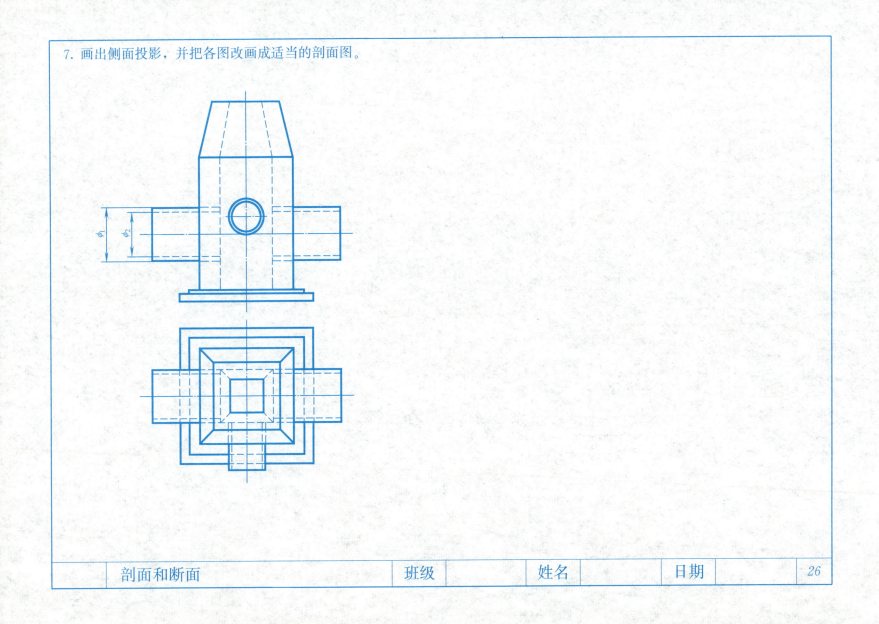

剖面和断面 班级 姓名 日期

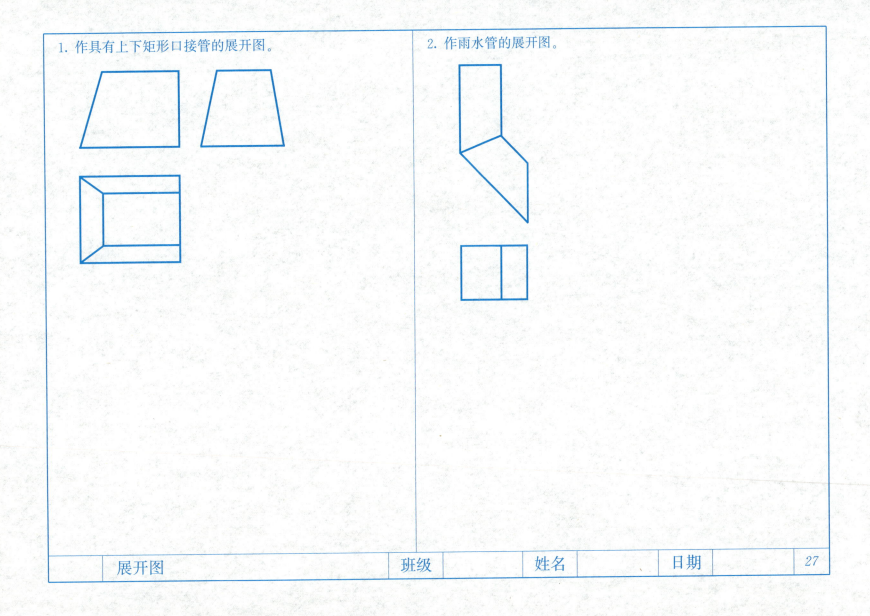

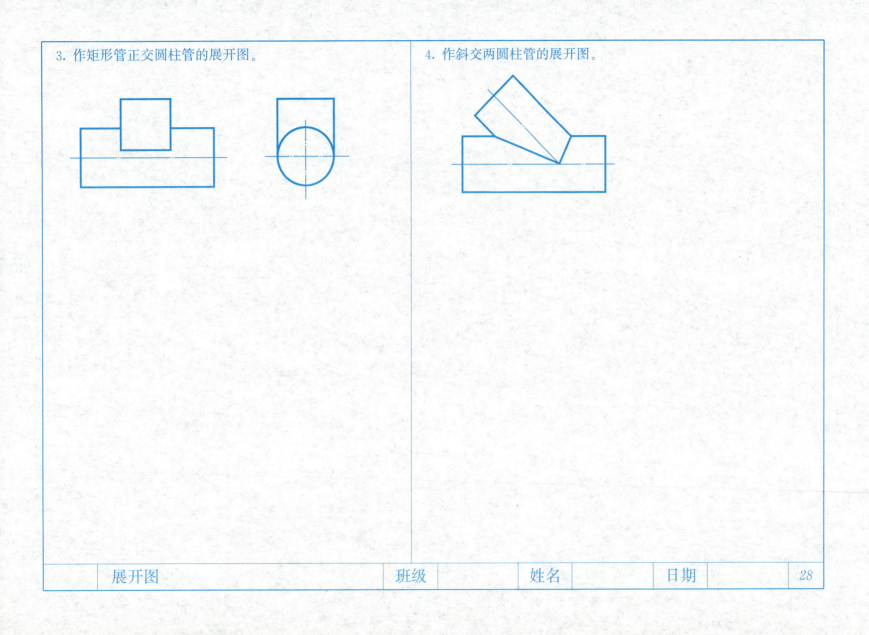

5. 作四节虾壳弯管的展开图（下端两节）。

6. 作上平下斜的圆锥管的展开图。

展开图　　班级　　姓名　　日期

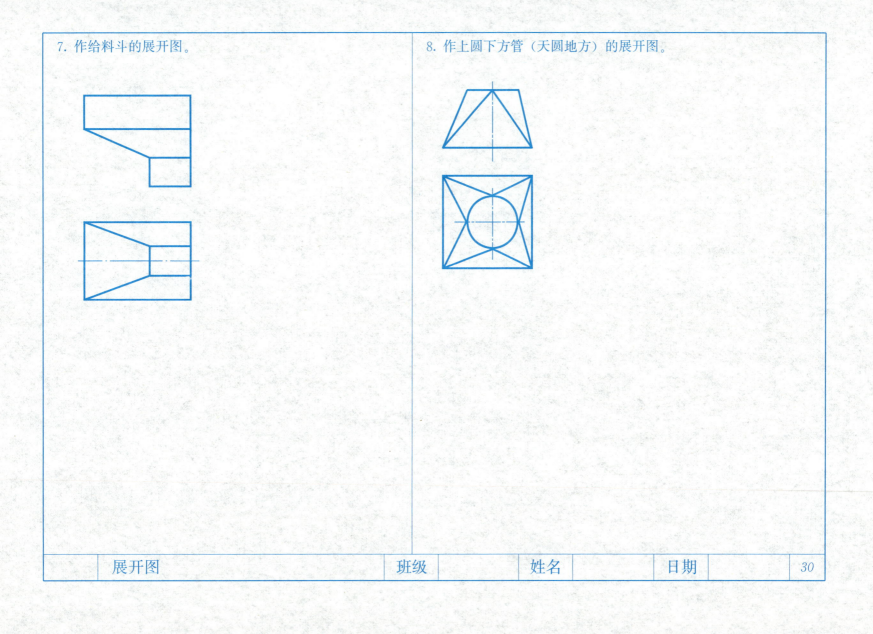

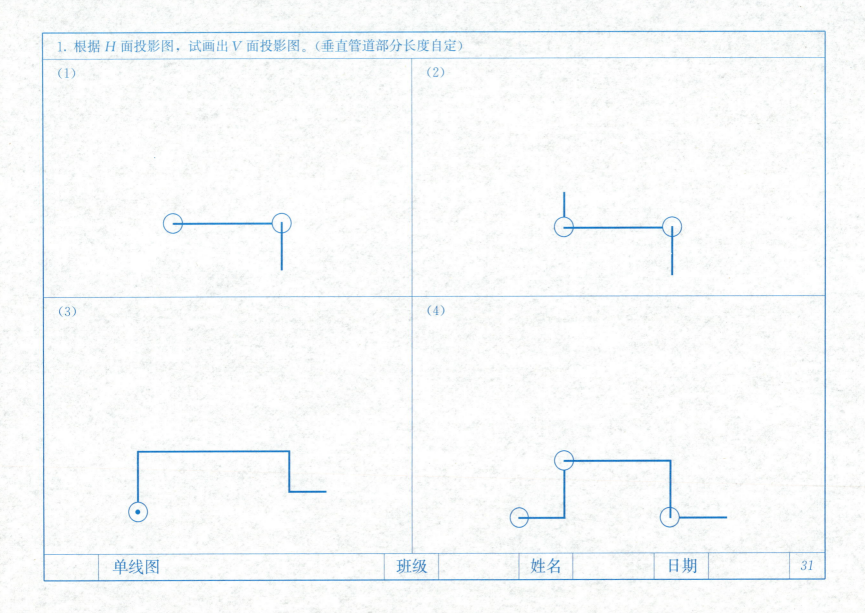

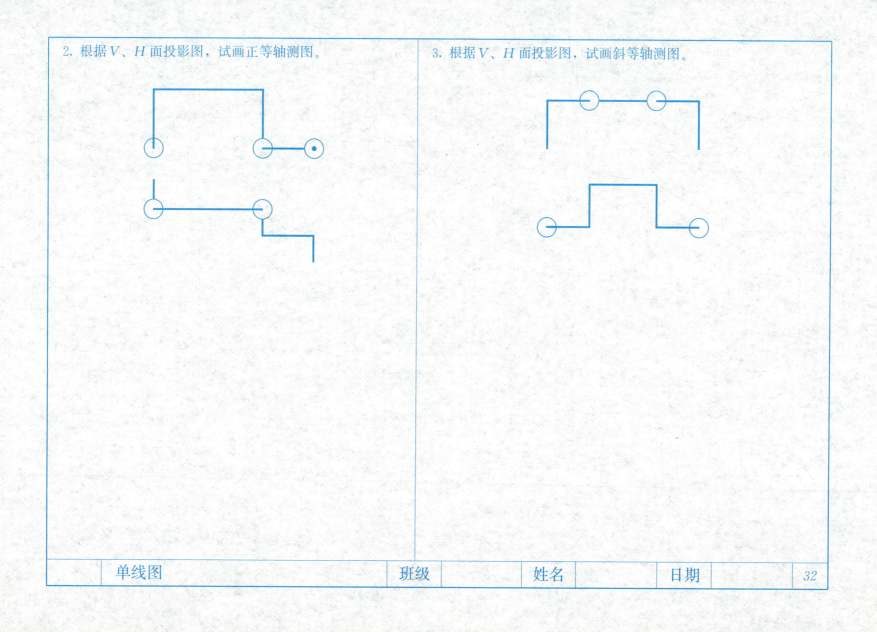

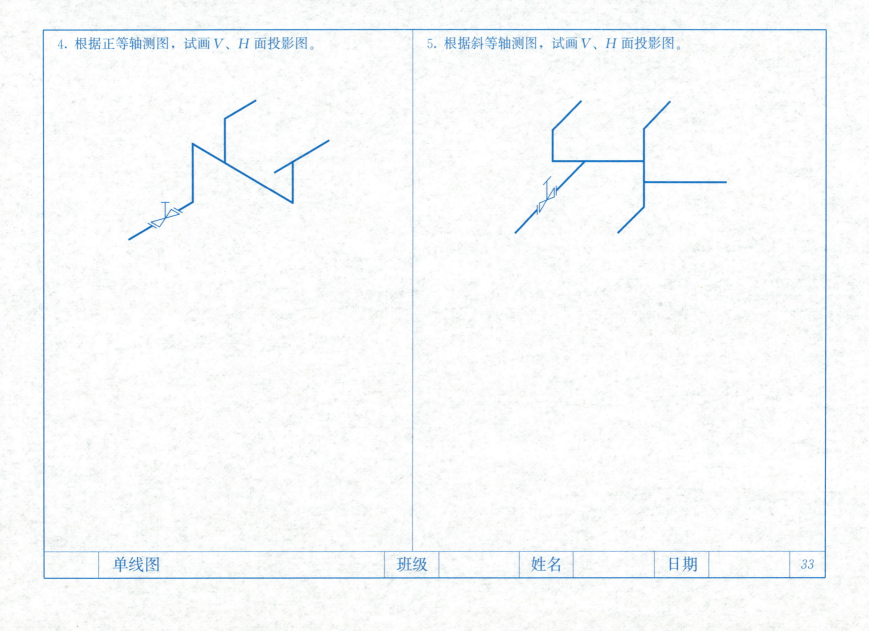

6. 根据 V、H 投影图，试画 1-1 剖面图。

7. 根据 V、H 投影图，试画 2-2 剖面图。

单线图　　　班级　　　姓名　　　日期　　　34

建筑平、立、剖面图作业指示书（一）

一、目的
1. 了解房屋建筑平、立、剖面图的表达方法，熟悉线形和尺寸标注。
2. 熟悉房屋建筑图的绘图步骤。

二、作业内容
根据建筑平、立、剖面图的形成，了解建筑平、立、剖面图的表达方法。

按建筑图的线形要求，加深图线，完成图上遗漏的尺寸标注、轴线编号、标高尺寸、图名、比例等。

三、作业要求
运用线形正确；线条均匀光滑，粗细有别；层次分明统一；接头严密；布局匀称合理；尺寸标注规格；字体工整；图面整洁。

四、线形
图线宽度 b 的选择是根据图的比例确定：

1. 平面图

被剖切到的墙、柱的断面轮廓线画粗实线。

没有剖切到的、投影可见轮廓线，如台阶、花台、梯段及扶手等画中粗线。

尺寸线、标高等标高符号、轴线及编号圆圈画细线。

没有剖到的高窗、墙洞等画中粗虚线。

2. 立面图

室外地坪线用加粗线 $1.4b$ 并超出立面边线 10~15mm。

最外轮廓线用粗实线 b。

主要部分轮廓线（凸出的雨篷、阳台、勒脚、台阶、门窗洞口、窗台等）用中粗线 $0.5b$。细部轮廓线（门窗扇、分格线、装修花饰、雨水管、引出线、标高符号、轴线及编号圆圈等）用细实线 $0.35b$。

3. 剖面图

室外地坪线画加粗线 $1.4b$。

被剖切的墙身以及房间、走廊、楼梯平台的楼板层、屋顶轮廓线画粗线 b。

其他未剖切到的、投影可见轮廓线均画中粗线 $0.5b$。

门窗扇及分格线、水斗、雨水管均画细实线 $0.35b$。

比例在 1：100 或更小时，不画材料图例，钢筋混凝土梁、板、楼梯等涂黑。两个相邻涂黑的图例之间应留有空隙，其宽度不得小于 0.7mm。

五、图名与比例
每个图样，一般均应标注图名。图名宜标注在图样的下方或一侧，并在图名下绘一粗横线，其长度以图名所占长度为准。图名宜用 7 号或 10 号字，比例用 2.5 号字或 3 号字。

六、作图步骤
1. 布图：确定各图的位置并留足标注尺寸和注写图名的位置。
2. 画平、立、剖面图的底稿线。

平面图：定轴线→画墙宽→画门窗洞位置→画室外台阶踏步和散水等细部。

剖面图：画室外地坪线及墙体轴线→画室内地面及层高→画墙体及出挑檐→画屋顶→画门窗洞口及细部。

立面图：画室外地坪线及左右最外墙轴线、边线→确定勒脚的宽高→屋高、檐口高→屋顶高→画门窗洞口高及窗台→定出挑檐高度和宽度→画其他细部。

3. 加深线形。
4. 标注尺寸。
5. 修整图面。

注：
1. 檐口挑出墙面为 400mm。
2. 砖砌窗台高 120mm，挑出墙面 60mm，左右各伸出 60mm。
3. 雨篷（长×宽×高）为 2000mm×1200mm×200mm。

作业资料（一）
抄绘下列图样，并按规定加深图线，补全所缺尺寸、轴线编号等标注。

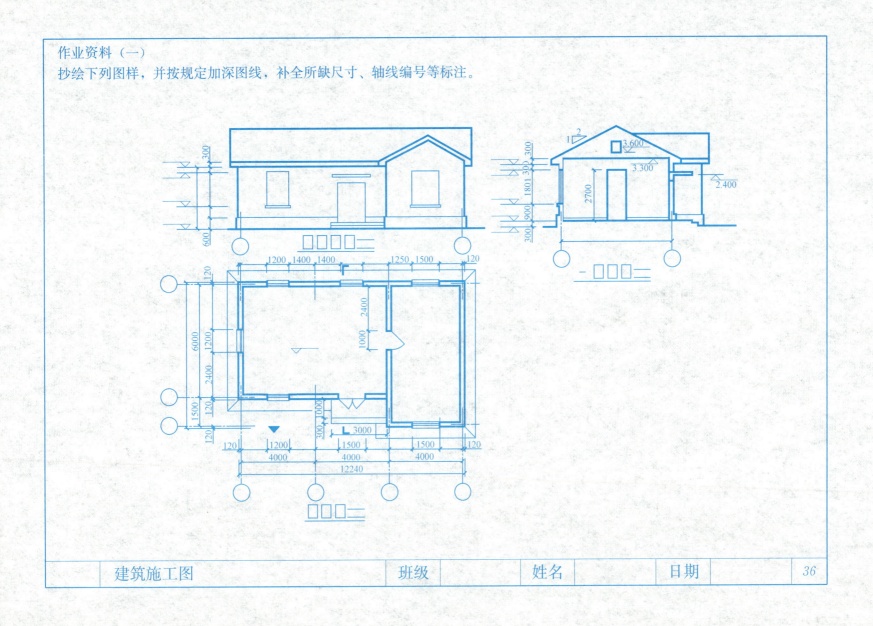

建筑施工图

建筑平、立、剖面图作业指示书（二）

一、目的
1. 进一步熟悉建筑平、立和剖面的表达方法、绘图步骤和尺寸标注。
2. 培养运用线形的能力。

二、作业内容
根据给出的房屋轴测图、透视图、门窗详图绘制建筑平面、立面、剖面图。

三、作业说明
1. 图幅：A2。
2. 图名：建筑平面、立面、剖面图。
3. 图号：No.。
4. 比例：1∶50。

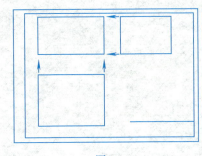

图 1

四、作业要求
作图准确；运用线形正确；线条均匀光滑，粗细有别，层次分明统一，接头严密；布局匀称合理；尺寸标注规格；字体工整；图面整洁。

五、作图步骤
1. 图面布置：如图1。

根据建筑施工图的特点，进一步熟悉布图。首先确定①和Ⓐ轴线相交点的位置，即安排好平面图的布置，再根据剖面的大小，统筹布图。

2. 绘图顺序

平面图→剖面图→立面图。这样根据投影关系较容易绘出立面图。

其他作图步骤参考教材例图。

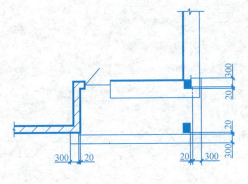

图 2

六、几点说明
1. 轴测平面图给出的尺寸是指剖切平面所在位置的平面尺寸。
2. 踢脚线高150，屋面板搭进墙内120，散水宽600，挑檐板尺寸见檐口及窗台详图。
3. 台阶定位和定形尺寸如图2。

| 建筑施工图 | 班级 | 姓名 | 日期 |

作业资料（二）
根据建筑物的轴测图、透视图、门窗详图画平、立、剖面图。

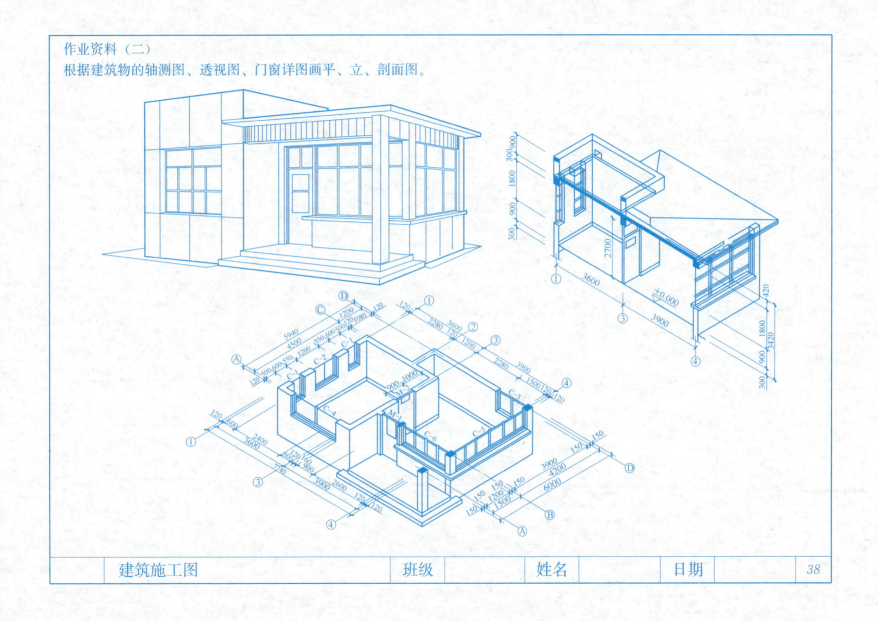

| 建筑施工图 | 班级 | 姓名 | 日期 | 38 |

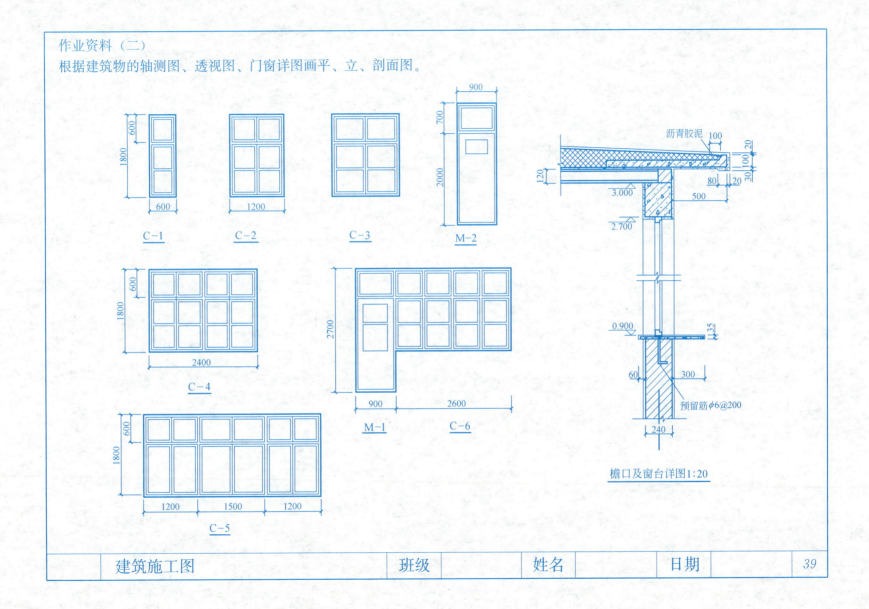

给水排水、暖通空调施工图识图及抄图作业指导书

一、目的
1. 熟悉给水排水、暖通空调施工图的表达内容和图示特点。
2. 掌握暖通空调施工图的绘图方法。
3. 理解建筑与暖通空调施工图的平面图、系统图、剖面图等之间的对应关系。

二、图纸
采用 A3、A2 幅面绘图纸。

三、标题栏

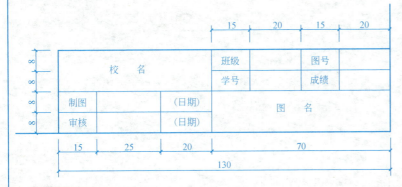

学生制图作业的标题栏格式

四、比例
采用 1∶20、1∶50 比例。

五、内容
抄绘习题集给定的内容（见施工图资料）。

六、要求
1. 在看懂了图样及其各项内容后，方可开始画图。
2. 可用 A3、A2 幅面图纸布置图面。在布置图面时，应做到合理、匀称、美观。
3. 绘图时要严格遵守《房屋建筑制图统一标准》（GB/T 50001—2001）、《给排水制图标准》（GB/T 50106—2001）、《暖通空调制图标准》（GB/T 50114—2001）的各项规定，如有不够熟悉之处，必须查阅有关标准或教材。

七、说明
1. 建议图线的基本线宽 b 用 0.7mm。尺寸数字的字高 2.5mm，文字说明中的汉字的字高用 3.5mm，数字字高用 2.5mm。详图符号中的数字的字高用 5mm，比例数字的字高用 3.5mm。
2. 本作业的尺寸数、文字，一定要认真书写，汉字采用长仿宋体。
3. 图中未注明尺寸处，可按比例估算画出。

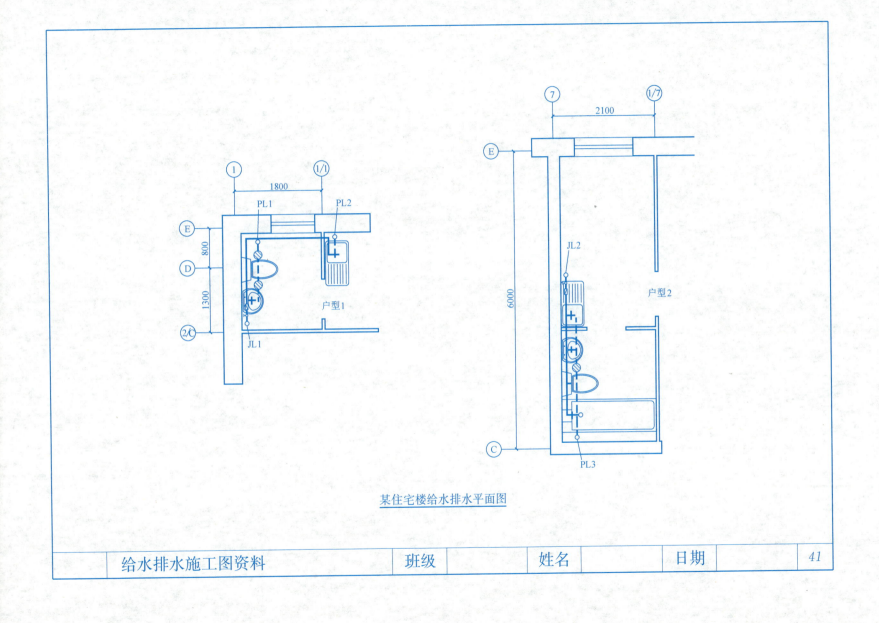

某住宅楼给水排水平面图

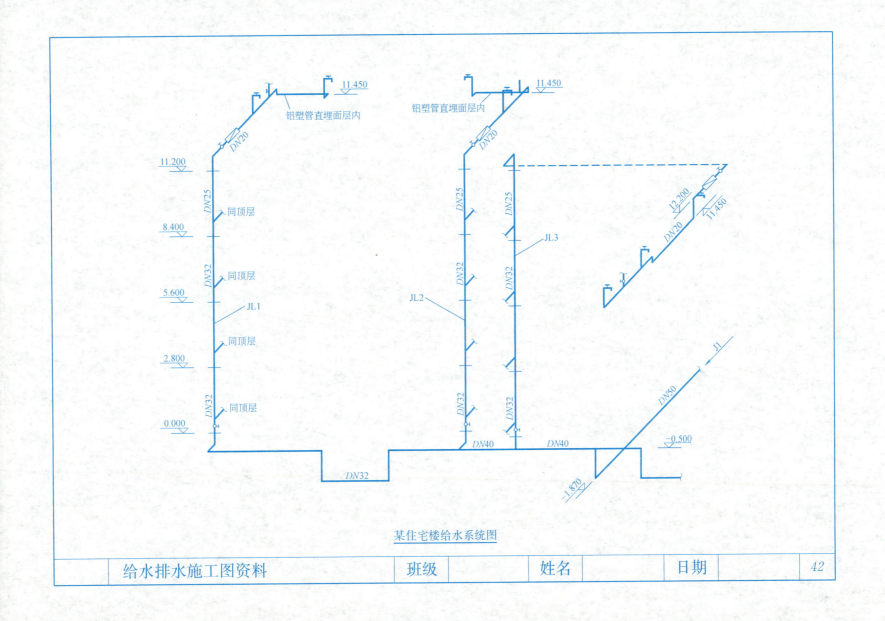

某住宅楼给水系统图

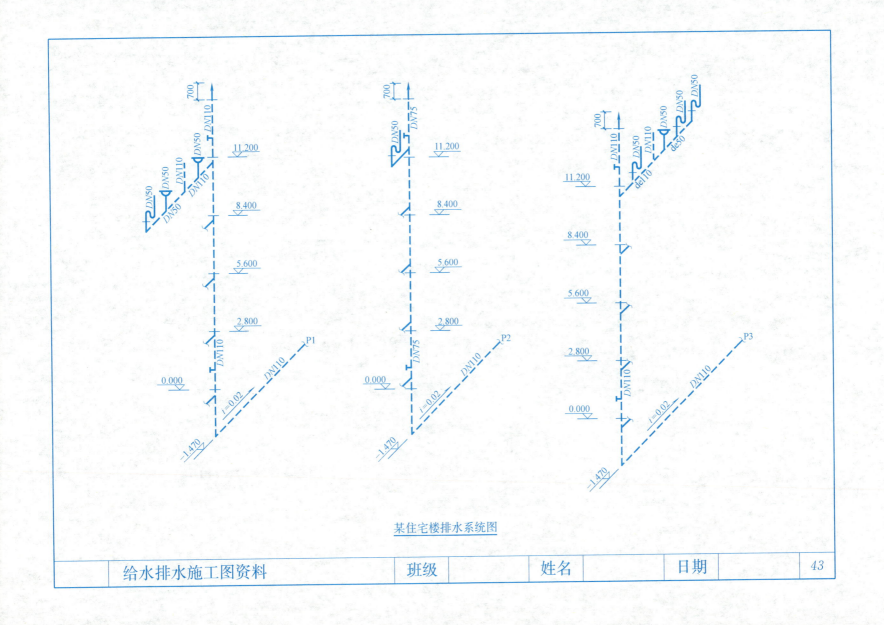

某住宅楼排水系统图

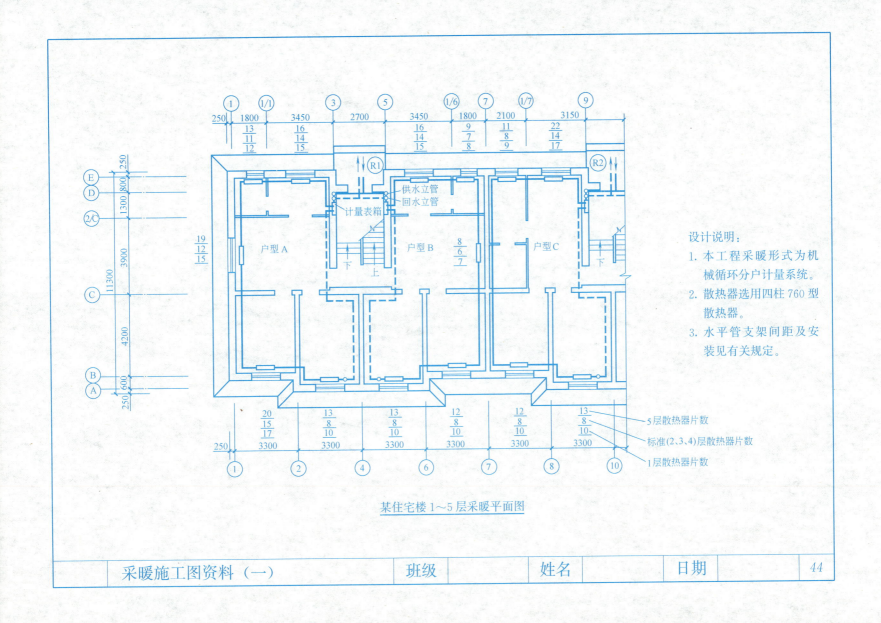

某住宅楼1~5层采暖平面图

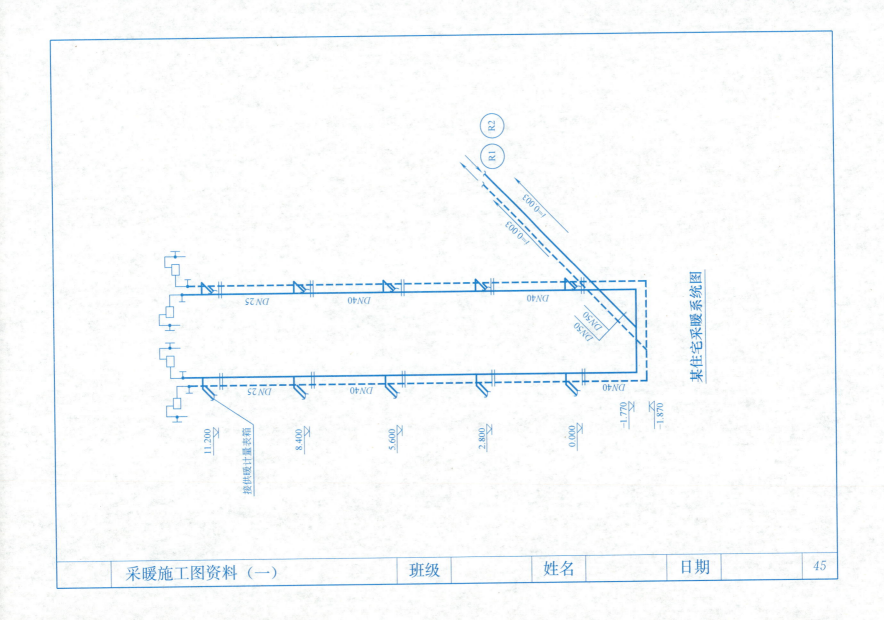

采暖施工图资料（一）

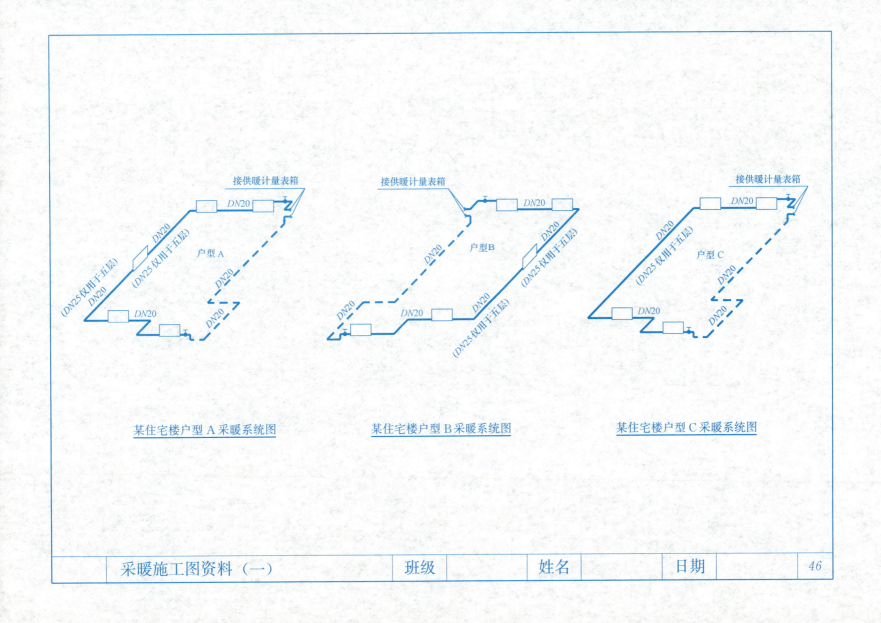

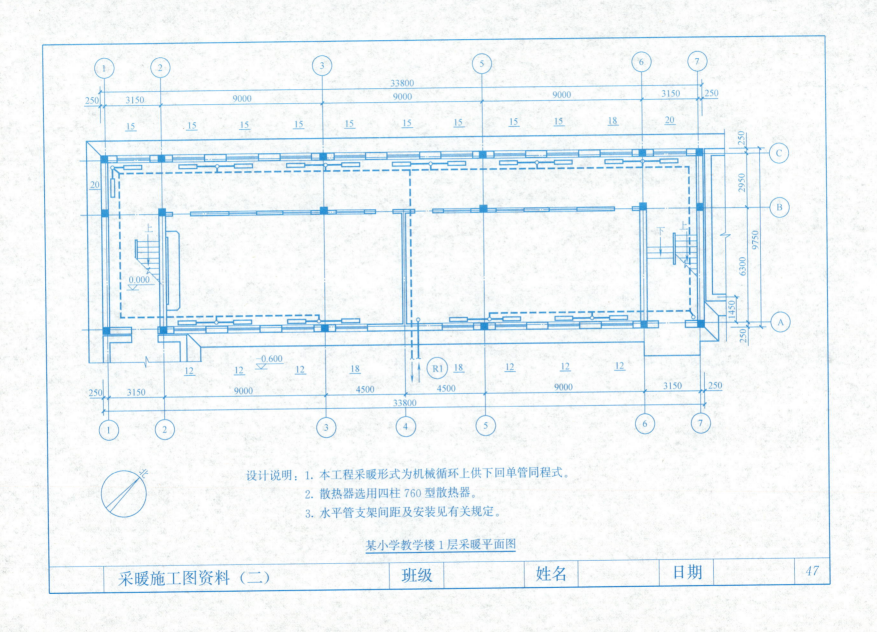

某小学教学楼1层采暖平面图

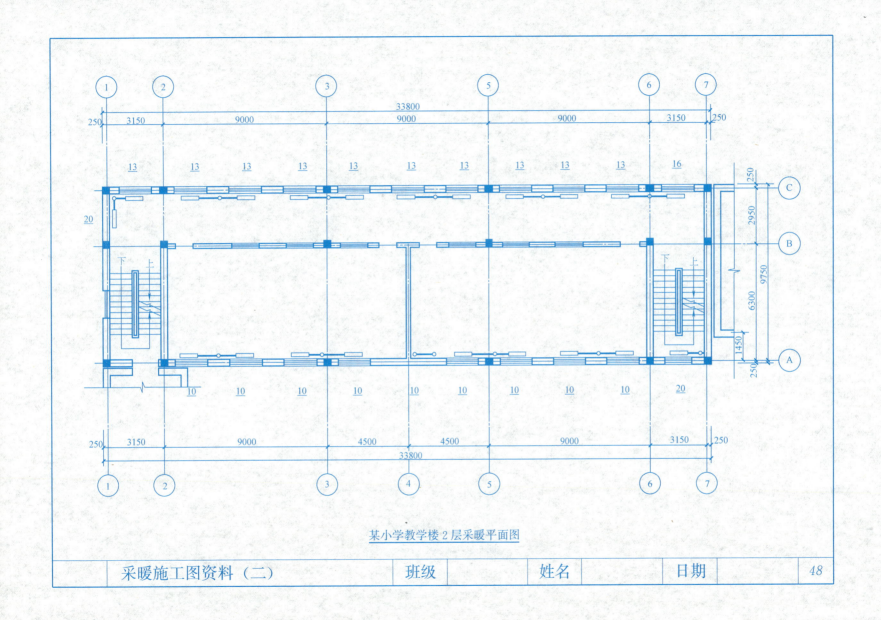

某小学教学楼 2 层采暖平面图

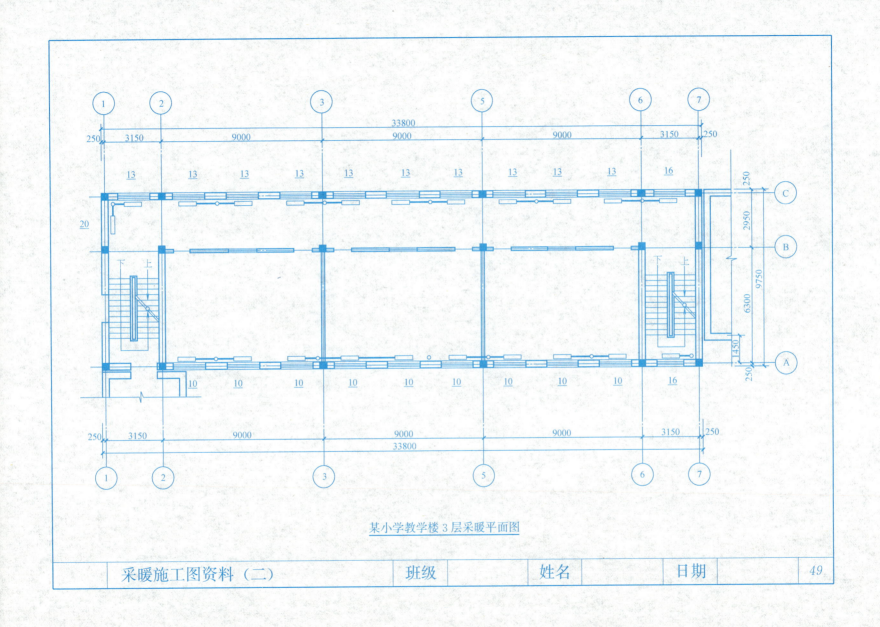

某小学教学楼 3 层采暖平面图

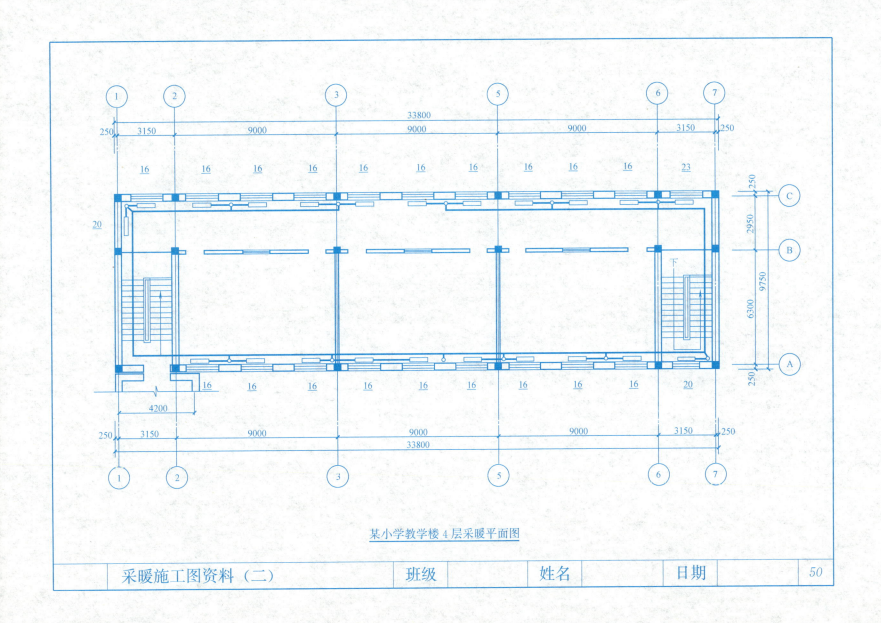

某小学教学楼4层采暖平面图

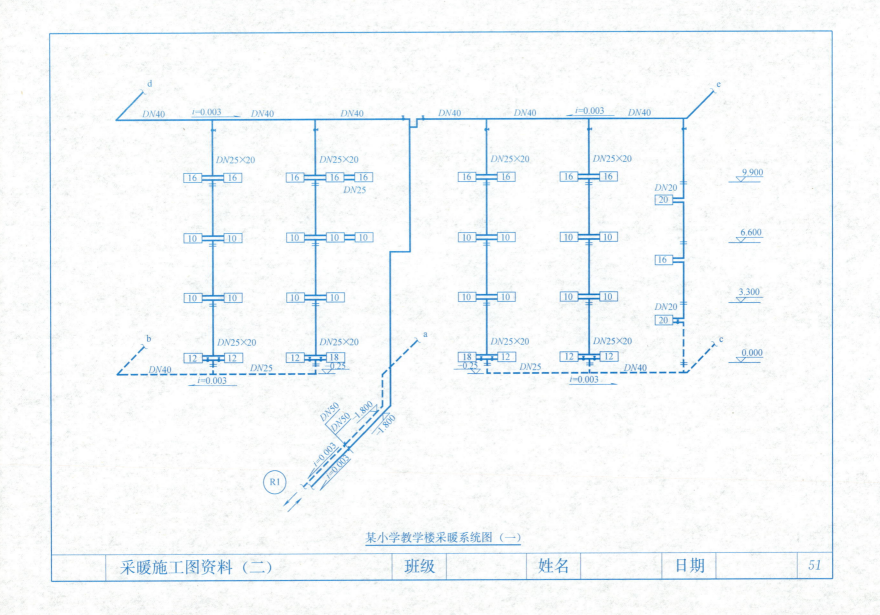

某小学教学楼采暖系统图（一）

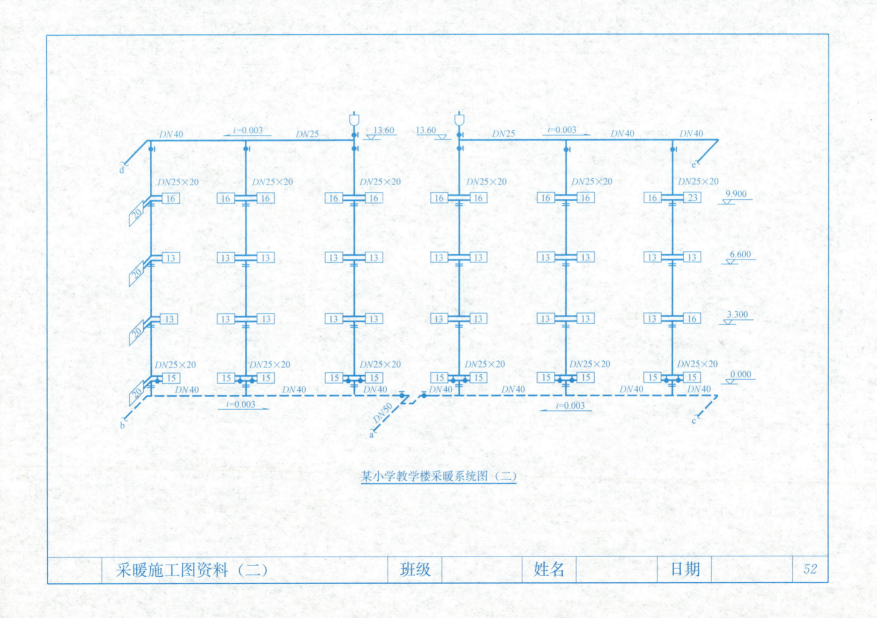

某小学教学楼采暖系统图（二）

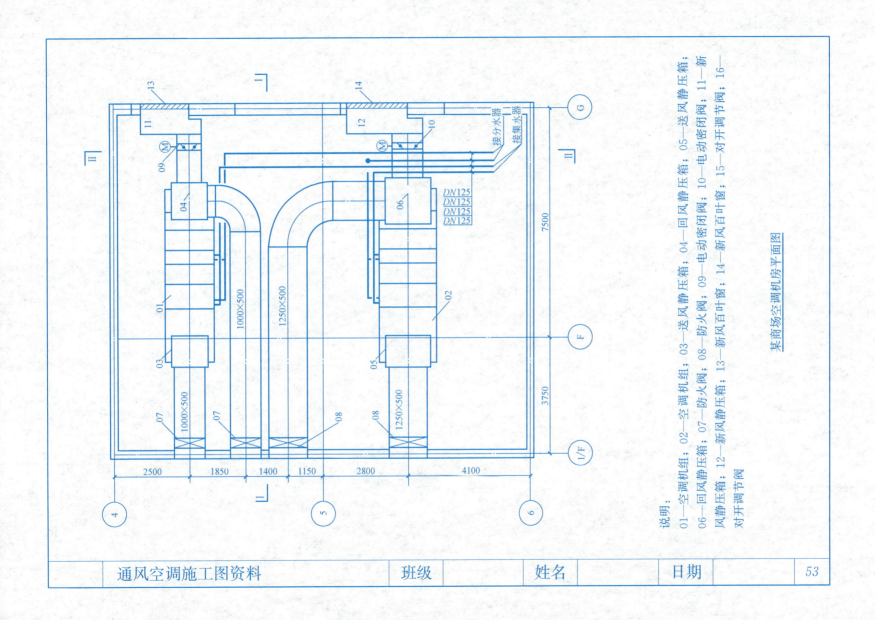

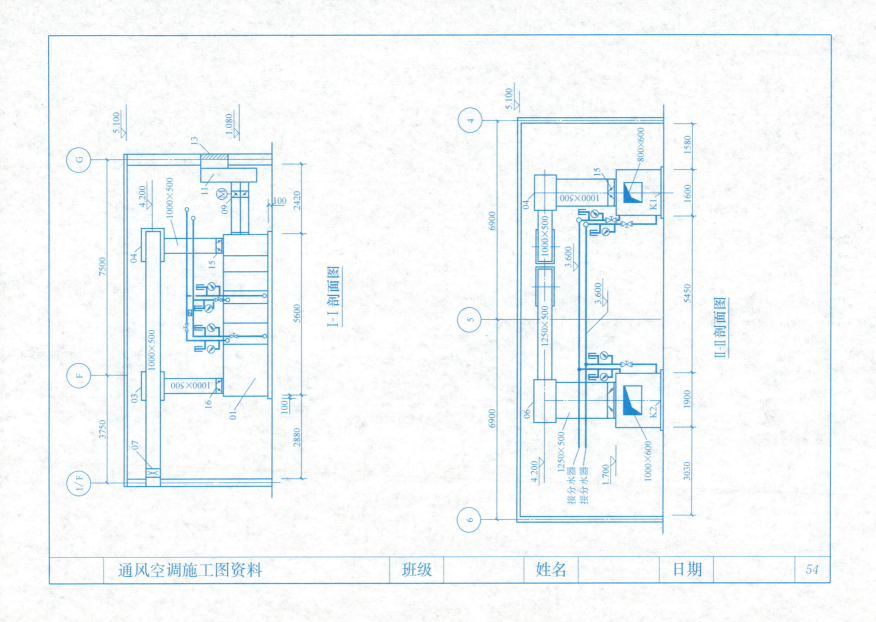

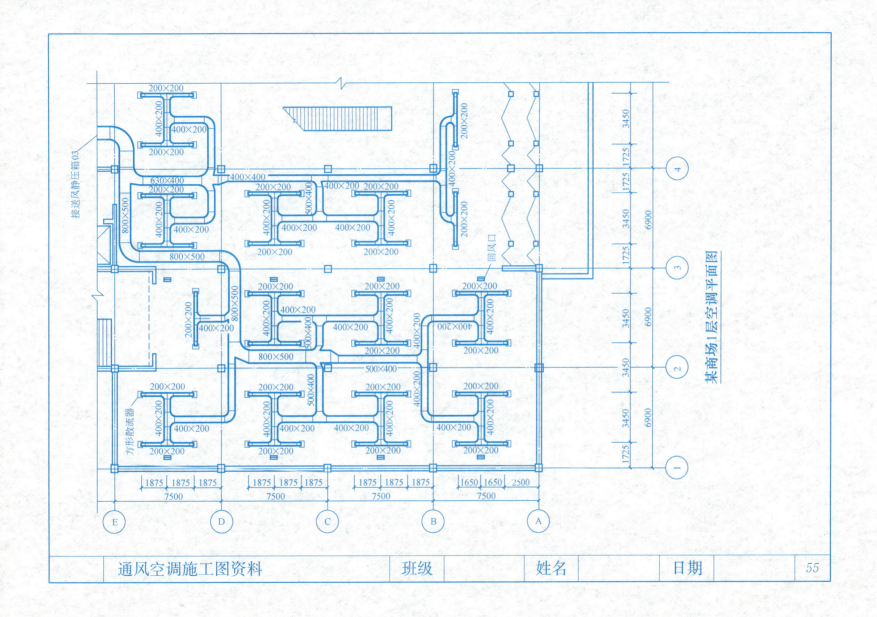

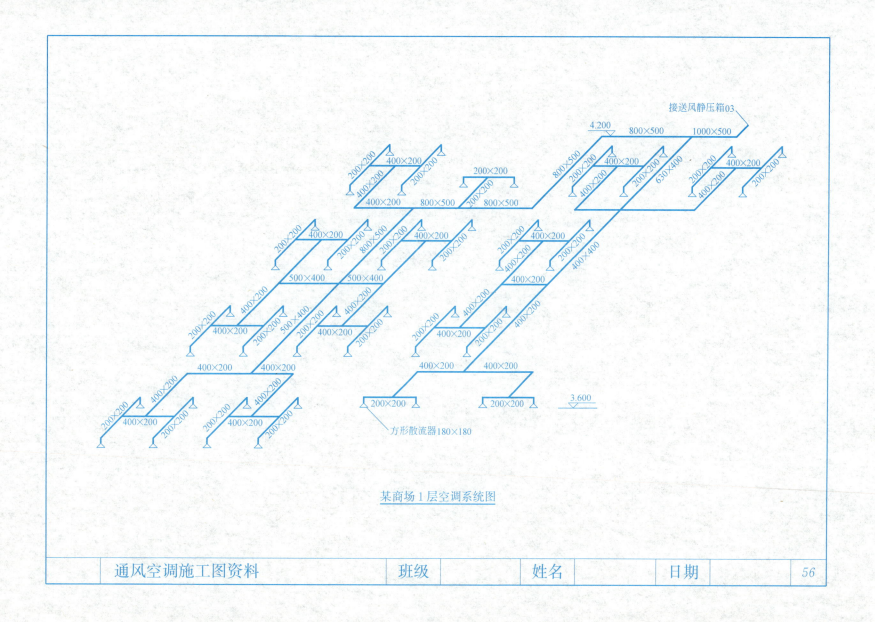

某商场1层空调系统图